Materialien und Basisdaten für gentechnisches Arbeiten und für die

Errichtung und den Betrieb gentechnischer Anlagen

Band 4.1

Umweltschutz

Regelwerke mit Bezug zum Umweltschutz

Das diesem Bericht zugrundeliegende Vorhaben wurde mit Mitteln des Bundesministers für Forschung und Technologie unter dem Förderkennzeichen 0319468A gefördert.

Die Verantwortlichkeit für den Inhalt dieser Veröffentlichung liegt bei den Autoren.

DECHEMA
Deutsche Gesellschaft für Chemisches Apparatewesen,
Chemische Technik und Biotechnologie e. V.
Theodor-Heuss-Allee 25, D-60486 Frankfurt am Main

Die Deutsche Bibliothek - CIP-Einheitsaufnahme

Materialien und Basisdaten für gentechnisches Arbeiten und für die Errichtung und den Betrieb gentechnischer Anlagen
Dechema e. V. - Frankfurt (Main): Dechema, 1994
  ISBN 3-926959-54-1
NE: Deutsche Gesellschaft für Chemisches Apparatewesen,
     Chemische Technik und Biotechnologie

Bd. 4 Umweltschutz.
  1. Regelwerke mit Bezug zum Umweltschutz (1994)
  ISBN 3-926959-58-4

© DECHEMA Deutsche Gesellschaft für Chemisches Apparatewesen, Chemische Technik und Biotechnologie e. V., Frankfurt am Main

Dieses Werk ist urheberrechtlich geschützt. Alle Rechte, auch die der Übersetzung, des Nachdrucks und der Vervielfältigung des Buches oder Teilen daraus sind vorbehalten. Kein Teil des Werkes darf ohne schriftliche Genehmigung der DECHEMA e. V. in irgendeiner Form (Fotokopie, Mikrofilm oder einem anderen Verfahren), auch nicht zum Zwecke der Unterrichtsgestaltung reproduziert oder unter Verwendung elektronischer Systeme verarbeitet, vervielfältigt oder verbreitet werden. Die Herausgeber übernehmen für die Richtigkeit und Vollständigkeit der publizierten Daten keinerlei Gewährleistung. In diesem Buch aufgeführte Handelsnamen und Markenzeichen können auch dann nicht als ungeschützt gelten, wenn ihr Schutz nicht ausdrücklich erwähnt ist.

ISBN 3-926959-58-4

Einführung in das Projekt:

Das Bundesministerium für Forschung und Technologie hat bei der DECHEMA e. V. das Projekt „Erarbeitung von Materialien und Basisdaten für gentechnisches Arbeiten und für die Errichtung und den Betrieb gentechnischer Anlagen" (Förderkennzeichen: 0319468A) gefördert. Dies wurde in einer Presseverlautbarung vom 28.11.1990 bekanntgegeben.

Auszug aus der Presseverlautbarung des BMFT:

"Das Gentechnikgesetz und die hierzu Anfang November in Kraft getretenen 5 wichtigsten Rechtsverordnungen bilden einen verläßlichen rechtlichen Rahmen für die Nutzung der Gentechnik in Deutschland. Anmelde- und Genehmigungsverfahren für gentechnische Arbeiten und Anlagen werden in der Anfangszeit hier und da gewisse Schwierigkeiten bereiten, da es an einschlägigen Erfahrungen noch fehlt. Forschungseinrichtungen und Unternehmen verfügen nicht immer über ausreichende Kenntnisse, welche sicherheitstechnischen und genehmigungsrelevanten Kriterien zu berücksichtigen sind und wie zweckmäßig vorzugehen ist. Ähnlich sieht es bei den für den Vollzug des Gesetzes zuständigen Behörden aus, die ein breites Spektrum sehr unterschiedlicher Anlagen zu betreuen haben.

Um diese Situation zu verbessern, fördert der Bundesminister für Forschung und Technologie (BMFT) ... ein Verbundprojekt der DECHEMA e. V. mit verschiedenen Unterauftragnehmern. Im ersten Teil dieses auf 4 Jahre angelegten Vorhabens sollen Basisdaten und Kriterien für die Errichtung und den Betrieb gentechnischer Anlagen erarbeitet werden ...

Das Projekt soll Grundlagen liefern für die sachgerechte Interpretation und Ausfüllung der gesetzlichen Regelungen, für Genehmigungs- und Anmeldeverfahren sowie für die Entwicklung von Standards und Normen."

Verbundpartner in dem Projekt war die Gesellschaft für Biotechnologische Forschung (GBF), Braunschweig.

Des weiteren wurden die Unterauftragnehmer
- Rheinisch-Westfälischer TÜV, Essen,
- TÜV Südwest, Stuttgart, und
- Töpfer Planung + Beratung GmbH, Aschaffenburg,
- sowie seit 1992 die Holinger AG, Baden/CH

maßgeblich an den Projektarbeiten beteiligt.

Gemäß Vorgabe des BMFT gliedert sich das Projekt in die zwei Teile

- **Materialien und Basisdaten für gentechnisches Arbeiten (*M + B GenT*)**
- **Forschungsprojekte Sicherheit in der Gentechnik (*F + E GenT*)**

In dem ersten Teilprojekt *(M + B GenT)* sollten *„... Basisdaten und Kriterien für die Errichtung und den Betrieb gentechnischer Anlagen erarbeitet werden."* Insbesondere sollten die *„... Themenkomplexe Biologische Sicherheit, Apparate- und Anlagentechnik, Umweltschutz/Entsorgung, Meßtechnik/Nachweismethoden, Systemtechnik bearbeitet werden."*

Die bewerteten Materialien sollen zur möglichen Definition des anerkannten Standes von Wissenschaft und Technik und zur Ausfüllung des Gentechnikrechts verwandt werden. Beurteilungskriterien für die Risikoeinschätzung und mögliche sachgerechte Maßnahmen zur Risikominimierung bei gentechnischen Arbeiten sollen aufgezeigt werden. Außerdem soll das Projekt Grundlagen liefern für die Entwicklung von Standards und Normen im Bereich Biotechnologie/Gentechnik.

In dem zweiten Teilprojekt *(F + E GenT)* sollten *„... Wissenslücken, die sich beim Zusammentragen der Basisdaten ergeben, in Forschungsprojekten bearbeitet werden."*

Zu diesem Zweck wurde für dieses Teilprojekt ein **Lenkungsausschuß** mit Repräsentanten aus Wissenschaft, Technik und den für das Gentechnikrecht zuständigen Behörden eingesetzt, dessen Aufgabe darin bestand, für die sich aus dem Teilprojekt M + B GenT ergebenden Wissenslücken gesonderten Forschungsbedarf aufzuzeigen sowie eingereichte Forschungsanträge zu beurteilen und ggf. dem BMFT/BEO, Jülich, zur Finanzierung anzuempfehlen. Über die Ergebnisse seiner Arbeit wird gesondert informiert.

Die Struktur des Projektes ist Abb. 1 zu entnehmen.

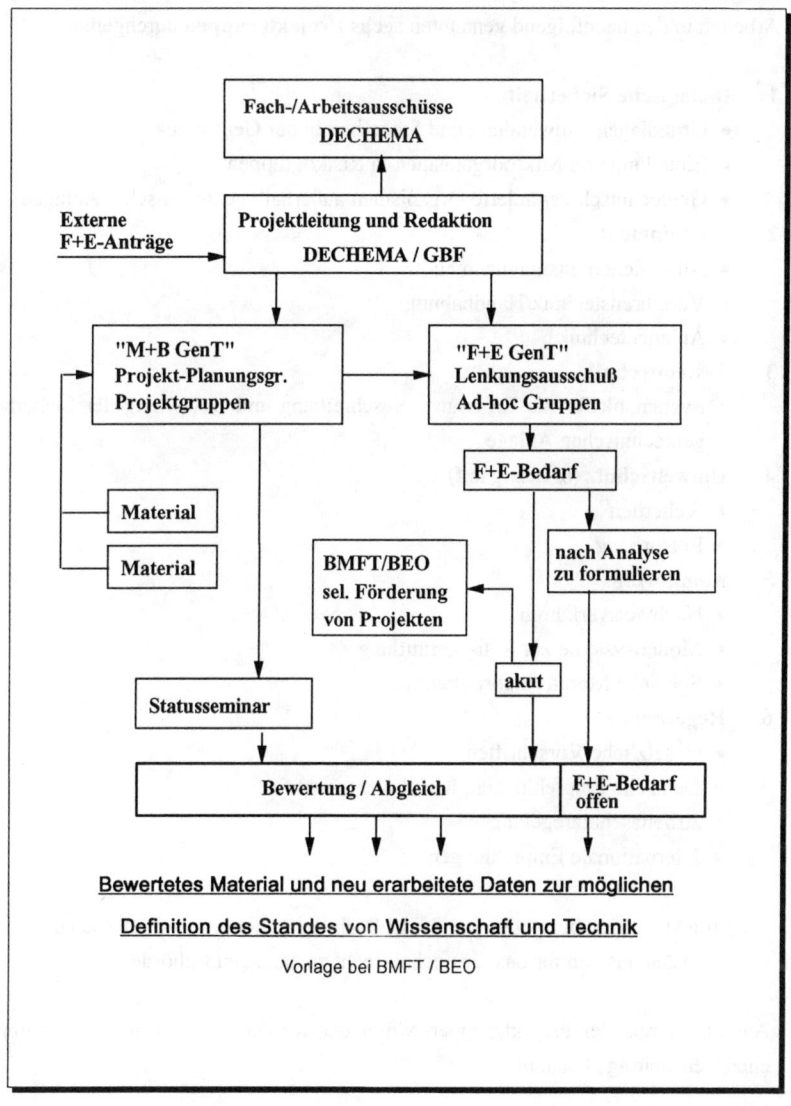

Abb. 1: Ablaufschema für die Teilprojekte M + B GenT und F + E GenT

Ausgehend von dieser Vorgabe des BMFT wurden in dem Teilprojekt **M + B GenT** die Arbeiten in den nachfolgend genannten **sechs Projektgruppen** durchgeführt:

1 **Biologische Sicherheit**
   - Grundlagen, Anwendung und Sicherheit in der Gentechnik
   - Einteilung von Mikroorganismen in Risikogruppen
   - Gentechnisch veränderte Organismen außerhalb gentechnischer Anlagen
2 **Containment**
   - Allg. Sicherheitsmaßnahmen
   - Verfahrenstechnik/Handhabung
   - Anlagentechnik
3 **Systemtechnik**
   - Systematik für die Erfassung, Beschreibung und Bewertung der Sicherheit einer gentechnischen Anlage
4 **Umweltschutz** (in bezug auf)
   - Sicherheit
   - Entsorgung
5 **Monitoring**
   - Nachweisverfahren
   - Modellsysteme zur Risikoermittlung
   - Spezielle Monitoringprogramme
6 **Regelwerke**
   - Gesetzliche Vorschriften
   - Deutsche Empfehlungen, Richtlinien usw.
   - Arbeitsschutzregelungen
   - Internationale Empfehlungen

Die Projektgruppen bestanden aus 8 - 12 Sachverständigen aus Wissenschaft und Technik sowie Gästen aus den für das Gentechnikrecht zuständigen Behörden.

Aus dem Kreis der Projektgruppen-Mitglieder wurden verantwortliche Autoren für die einzelnen Beiträge benannt.

Für die Koordination der Projektgruppenarbeiten und als Redaktionsbeirat wurde die **Projekt-Planungsgruppe** eingesetzt.

Detailkonzepte und erste Ergebnisse wurden im Februar 1992 in einem **Statusseminar** einem erweiterten Kreis von Sachverständigen aus der Zielgruppe des Projekts vorgestellt. Eine erste Akzeptanzprüfung erfolgte außerdem durch Mitglieder der Arbeitsausschüsse des DECHEMA-Fachausschusses Biotechnologie.

Das Ergebnis der Projektarbeit wird in sieben Bänden veröffentlicht. Von jeder Projektgruppe wurde jeweils ein Band, mit Ausnahme der Projektgruppe 4 (zwei Bände) ausgearbeitet. Die Bände tragen die Titel der jeweiligen Projektgruppen.

Der Übersicht halber sind in jedem der sieben Bände die Inhaltsverzeichnisse aller Bände (s. hinten) sowie die Mitglieder der jeweiligen Projektgruppe und die Autoren der einzelnen Kapitel aufgeführt.

Die Verantwortlichkeit für den Inhalt liegt bei der DECHEMA e. V. und bei den Autoren der einzelnen Buch-Beiträge. Alle Beiträge sind jedoch in der Projektgruppe abgestimmt. Einige Beiträge sind darüber hinaus einer Akzeptanzprüfung durch externe Sachverständige unterzogen worden.

Das vorgelegte Material erhebt nicht den Anspruch auf Vollständigkeit und Verbindlichkeit. Aus der Sicht der Autoren soll dem Anwender bei der Durchführung gentechnischer Arbeiten und bei der Errichtung und dem Betreiben gentechnischer Anlagen eine Orientierungshilfe an die Hand gegeben werden, die es ihm ermöglicht, in verantwortlicher Weise nach dem Gentechnikgesetz und seinen Verordnungen zu handeln.

Der Dank der DECHEMA e. V. gilt dem BMFT für die Bereitstellung der Projektmittel und Vergabe der Projektleitung an die DECHEMA e. V. sowie dem Projektträger Biologie, Energie, Ökologie (BEO) für die funktionelle und engagierte Betreuung des Projekts.

Des weiteren gilt unser Dank dem wissenschaftlichen Betreuer des Projekts, Herrn Prof. Dr. W. Frommer, den Mitgliedern der Projektgruppen insbesondere deren Vorsitzenden Herren Prof. Dr. W. Frommer (PG 1), Dipl.-Ing. H. Heine (PG 2), Dipl.-Ing. W. Sittig (PG 3), Dr. W. Crueger (PG 4), Dr. R. Simon (PG 5) und Dr. H. Hasskarl (PG 6), zugleich allen Autoren der Ausarbeitungen, sowie den Repräsentanten des Verbundpartners GBF, Braunschweig, und der Unterauftragnehmer, die in vierjähriger Arbeit diese Publikationen ermöglicht haben.

Allen Verbänden und sonstigen Organisationen, insbesondere dem Verband der chemischen Industrie (VCI), dem Bundesverband der pharmazeutischen Industrie (BPI), dem Verband Deutscher Maschinen- und Anlagenbau (VDMA) und dem Deutschen Institut für Normung (DIN), dem TÜV Rheinland sowie dem Bundesamt für Wald und Landschaft (BUWAL), Schweiz, die das Projekt durch Bereitstellung von Materialien unterstützt haben, sei ebenfalls gedankt.

Projektleitung (DECHEMA e. V.)

Dr. rer. nat. R. Marris (Projektleiter)

Redaktionelle Gesamtbegleitung: Dipl.-Ing. (FH) Ines Matejka

Wissenschaftliche Betreuung

Prof. Dr. rer. nat. W. Frommer, Wuppertal

Verbundarbeit mit der Gesellschaft für Biotechnologische Forschung (GBF), Braunschweig

Prof. Dr. med. L. Flohé

Unterauftragnehmer

Rheinisch-Westfälischer TÜV, Essen   Dr. rer. nat. W. Mundel

TÜV Südwest, Stuttgart   PD Dr. rer. nat. R. Simon

Töpfer Planung + Beratung GmbH, Aschaffenburg   Dr. rer. nat. U. Kaps
    Dipl.-Biol. K. Richter

Holinger AG, Baden/CH   Dr. rer. nat. B. Ruess

Mitglieder der Projektgruppe 4 „Umweltschutz":

Dr. K. Buchta, Ingelheim/Rhein
Dr. W. Crueger, Bayer AG, Leverkusen
Dr. H. J. Ebert, Hoechst AG, Frankfurt
Prof. Dr. W. Frommer, Wuppertal
Prof. Dr. L. Huber, Bayerische Landesanstalt für Wasserforschung, München
Dr. U. Kaps, Töpfer Planung + Beratung GmbH, Aschaffenburg
Dipl.-Biol. K. Richter, Töpfer Planung + Beratung GmbH, Aschaffenburg
Dr. B. Ruess, RUS AG, CH-Baden
Ing. (Grad.) R. Schultze, GBF, Braunschweig
Dr. W. Siller, Universität Heidelberg, Heidelberg
Dr. B. Skrobranek, Boehringer Mannheim GmbH, Penzberg

Autoren:

Dipl.-Biol. K. Richter, Töpfer Planung + Beratung GmbH, Aschaffenburg
Dipl.-Chem. Dr. Ulrich Kaps, Töpfer Planung + Beratung GmbH, Aschaffenburg
Dipl.-Volksw. Peter Töpfer, Töpfer Planung + Beratung GmbH, Aschaffenburg (✝)

Layout und Sekretariat:

Katja Neumann, Töpfer Planung + Beratung GmbH, Aschaffenburg

Externe redaktionelle Mitarbeit:

RA W. Wonde, Heidelberg
Dr. K. Müller, Dingolfing
Prof. W. Storhas, Fachhochschule für Technik, Mannheim

Vorwort

Innerhalb des BMFT/DECHEMA-Projektes M + B GenT wurde in der Projektgruppe 4 „Umweltschutz" der erste Band „Regelwerke mit Bezug zum Umweltschutz" erstellt. In diesem Band sind die wichtigsten Gesetze und untergesetzlichen Regelungen mit Relevanz zum Umweltschutz und ihre Einflußnahme auf verschiedene Teilaspekte bei der Planung, der Errichtung und den Betrieb von gentechnischen Anlagen dargestellt. Ausgangspunkte sind die gentechnikrechtlichen Vorschriften, deren Sicherheitskonzept, dem Schutzzweck des Gentechnikgesetzes entsprechend, mögliche Gefährdungen der Umwelt verhindern soll. Die Vorschriften des Gentechnikrechts werden ergänzt durch umweltrelevante Regelwerke aus den Bereichen Abfall, Wasser- und Gewässerschutz und Luftreinhaltung sowie durch spezielle Regelungen u. a. aus den Bereichen Arbeitsschutz oder technische Sicherheit, deren Bestimmungen teilweise ebenfalls zum Schutz der Umwelt beitragen.

Die Ausarbeitung soll dabei Grundlagen für eine sachgerechte Interpretation und Nutzung der Regelungen liefern.

Besonderer Dank gilt Herrn Dipl.-Biol. K. Richter (Töpfer Planung + Beratung GmbH, Aschaffenburg) für die Erarbeitung der Materialien dieses Bandes und den anderen Mitgliedern der Projektgruppe 4 inklusive Frau Dipl.-Ing. I. Matejka und Herrn Dr. R. Marris, Mitarbeiter der DECHEMA, die die Ausarbeitung begleiteten. Herrn Dr. K. Müller und Herrn Prof. W. Storhas für die fachliche Beratung bei den Kapiteln Wasser- und Gewässerschutz bzw. Luftreinhaltung sowie Herrn RA W. Wonde für seine gesamtredaktionelle Unterstützung in rechtlicher Hinsicht sei an dieser Stelle ebenfalls gedankt.

W. Crueger
Vorsitzender der Projektgruppe „Umweltschutz"

Inhaltsverzeichnis

1 Einleitung 1

1.1 Vorbemerkung 1

1.2 Aufgabenstellung und Lösungsstrategie 3

2 Einteilung der Regelwerke 5

2.1 Gentechnikrechtliche Regelwerke 6

2.2 Umweltschutzregelwerke mit allgemeiner Bedeutung für gentechnische Anlagen und gentechnisches Arbeiten 7

2.2.1 Regelwerke Abfall 7

2.2.2 Regelwerke Gewässerschutz 8

2.2.3 Regelwerke Luftreinhaltung 9

2.3 Spezialregelungen mit umweltschutzrelevanten Bestimmungen für gentechnische Anlagen und gentechnisches Arbeiten im Einzelfall 9

2.3.1 Regelwerke Arbeitssicherheit/Unfallverhütung 9

2.3.2 Regelwerke Technische Sicherheit 10

2.3.3 Regelwerke Chemikalien und Gefahrstoffe 11

2.3.4 Regelwerke Strahlenschutz 11

2.3.5 Regelwerke Seuchen, Tierseuchen, Pflanzenkrankheiten 12

2.3.6 Regelwerke Transport 12

2.3.7 Regelwerke Tierschutz 13

3	Ordnungsschema und Übersichtsmatrix als Nutzungshilfen	13
3.1	Erläuterungen zum Ordnungsschema und zu den dort aufgeführten gentechnischen Teilaspekten	14
3.2	Übersichtsmatrix zur gezielten Nutzung der einzelnen Umweltschutzregelwerke	26
4	Die Regelwerke im Überblick	32
5	Gentechnikrechtliche Regelwerke	75
5.1	Gentechnikrechtliche Regelwerke - Vorbemerkung	76
5.2	Gentechnikrechtliche Regelwerke - Detailfassung mit Hinweisen	79
6	Umweltschutz-Regelwerke mit allgemeiner Bedeutung für gentechnische Anlagen und gentechnische Arbeiten	129
6.1	Regelwerke Abfall	130
6.1.1	Abfall - Vorbemerkung	130
6.1.2	Abfall - Detailfassung mit Hinweisen	137
6.2	Regelwerke Wasser- und Gewässerschutz	182
6.2.1	Wasser- und Gewässerschutz - Vorbemerkung	183
6.2.2	Wasser- und Gewässerschutz - Detailfassung mit Hinweisen	189
6.3	Regelwerke Luftreinhaltung	224
6.3.1	Luftreinhaltung - Vorbemerkung	225
6.3.2	Luftreinhaltung - Detailfassung mit Hinweisen	229

6.4	Spezialregelungen mit umweltschutzrelevanten Bestimmungen für gentechnische Anlagen und gentechnische Arbeiten im Einzelfall	263
6.4.1	Regelwerke Arbeitssicherheit, Unfallverhütung	264
6.4.2	Regelwerke Technische Sicherheit	266
6.4.3	Regelwerke „Gefährliche Stoffe und Zubereitungen"	267
6.4.4	Regelwerke Strahlenschutz	271
6.4.5	Regelwerke Seuchen, Tierseuchen, Pflanzenkrankheiten	272
6.4.6	Regelwerke Transport	276
6.4.7	Regelwerke Tierschutz	281
7	Zusammenfassende Darstellung der regulatorischen Situation im Umweltschutzbereich mit Blick auf die Gentechnik	284
8	Literaturverzeichnis	286
9	Abkürzungsverzeichnis	288

1 Einleitung

1.1 Vorbemerkung

Umweltschutz genießt in einem industriell geprägten und dichtbesiedelten Land wie der Bundesrepublik Deutschland hohe Priorität; die Notwendigkeit, Maßnahmen zum Schutz der Umwelt zu ergreifen, steht heute außer Frage.

Die Erfolge resultieren dabei aus einem sinnvollen Ineinandergreifen von technischen und organisatorischen Maßnahmen zur Vermeidung oder Reduzierung von Umweltbelastungen.

Vorgaben durch Gesetze, Verordnungen, Normen und andere Regelwerke spielen eine wichtige Rolle bei der Durchsetzung von Umweltschutzzielen. Kontrollmaßnahmen technischer oder administrativer Natur unterstützen die Durchsetzung und nachhaltige Gewährleistung der ergriffenen Maßnahmen.

Gentechnik steht für ein umfassendes und weiter wachsendes Methodenarsenal moderner Biotechnologie, u. a. zur Gewinnung von essentiellen Substanzen, mit dessen Hilfe nicht zuletzt wichtige Beiträge zum Schutz der Umwelt im Bereich biotechnologischer Produktionen durch Einsparung von Energie und Rohstoffen bzw. Vermeidung oder Verminderung von Abwasser und Abfällen erbracht werden konnten.

Wie bei allen neuen Technologien wurden auch bei der Gentechnik spezifische Risiken für die Umwelt grundsätzlich nicht ausgeschlossen. Aus diesem Grunde fand eine umfassende Bewertung der Chancen und Risiken der Gentechnik durch die Enquete-Kommission des 10. Deutschen Bundestages *«Chancen und Risiken der Gentechnologie»* statt; Umweltgesichtspunkte wurden dabei angemessen berücksichtigt [1]. Nach den neuesten Feststellungen der OECD setzt sich seit Mitte der achtziger Jahre die Überzeugung durch, daß die von gentechnisch veränderten Organismen (GVO) ausgehenden Risiken, denen von natürlich vorkommenden Organismen vergleichbar sind [2] und daß die von GVO ausgehenden Gefahren ebenso wie die von natürlich vorkommenden Organismen einschätzbar und handhabbar sind [3].

Die nationale und internationale Diskussion nahm Einfluß auf das 1990 vom Gesetzgeber verabschiedete Gentechnikgesetz und die dazu erlassenen Verordnungen, die u. a. *«... den*

Schutz von Leben und Gesundheit von Menschen, Tieren, Pflanzen sowie der sonstigen Umwelt in ihrem Wirkungsgefüge und von Sachgütern vor möglichen Gefahren gentechnischer Verfahren und Produkte sowie die Vorbeugung des Entstehens solcher Gefahren ...» als Zweckbestimmung vorsehen (vergl. § 1 Abs. 1 GenTG).

Das Gentechnikrecht hat den primären Zweck, den Schutz der Umwelt im Hinblick auf potentielle gentechnikspezifische Gefahren umfassend zu gewährleisten. Dies hat zur Folge, daß durch das dem Gentechnikrecht zugrundeliegende Sicherheitskonzept (siehe Band 1, Kapitel 2.2.1) und die damit verbundenen Sicherheitsanforderungen auch eine Reihe möglicher, anderer Umweltgefährdungen mit eingeschränkt werden (z. B. durch den Austritt gefährlicher Stoffe im Sinne der Definition des § 3a ChemG in die Umwelt). Durch eine Reihe von Ausschlußklauseln oder Verweise auf andere Regelwerke schreibt das Gentechnikrecht vor, daß im Rahmen des Anmelde- oder Genehmigungsverfahrens bzw. beim Betrieb gentechnischer Anlagen zusätzliche, für den Umweltschutz relevante Bestimmungen zu berücksichtigen sind. So verweist beispielsweise § 13 Abs. 1 GenTSV auf die nach anderen Vorschriften zu stellenden Anforderungen an die Abwasser- und Abfallbehandlung.

Wichtige Aspekte des Umweltschutzes sind in verschiedenen Gesetzen und anderen Regelwerken fixiert. Sie gewährleisten den Schutz der Umwelt auf hohem Niveau. Dies gilt auch für die Anmeldung und Genehmigung gentechnischer Anlagen sowie für die in diesen Anlagen durchgeführten Arbeiten.

Die hier gewählte Form der Darstellung verschiedener Regelwerke und deren Bestimmungen versteht sich nicht als Leitfaden oder Prüfliste für die Anmeldung bzw. Genehmigung gentechnischer Anlagen oder Arbeiten. Der Länderausschuß Gentechnik (LAG) hat dafür einen Formularsatz (bestehend aus verschiedenen Form- und dazu korrespondierenden Merkblättern) erarbeitet, der die unterschiedlichen Genehmigungs- und Anmeldeerfordernisse entsprechend berücksichtigt und damit das Verfahrensprocedere beschleunigen helfen soll (siehe Abdruck in Band 6, Kapitel 4). Die im Bericht zusammengestellten Basisdaten verstehen sich dagegen in erster Linie als Nachschlagewerk, welche Regelwerke Bestimmungen zu ausgewählten Sachpunkten enthalten, die für den Umweltschutz bedeutsam sein und für den Einzelfall Aussagen treffen können.

1.2 Aufgabenstellung und Lösungsstrategie

Zur Sicherstellung eines umfassenden Umweltschutzes bei Planung, Errichtung und Betrieb gentechnischer Anlagen, ist es aus den genannten Gründen wichtig, die sich aus anderen Regelwerken ergebenden Umweltschutzanforderungen in den entsprechenden Phasen zu berücksichtigen. Zu diesem Zweck wurde ein Ordnungsschema entwickelt, das wesentliche Aspekte enthält, die bei Planung, Errichtung und Betrieb gentechnischer Anlagen Einfluß auf die Umwelt nehmen können. Dieses Schema und seine Verwendung werden in Kapitel 3 erläutert.

Die Vorschriften des Gentechnikrechts werden gemeinsam mit anderen, umweltschutzspezifische Vorgaben enthaltenden Regelwerken zu Regelungsbereichen zusammengefaßt (z. B. Abfall, Wasser- und Gewässerschutz, Luftreinhaltung, etc.). Diese werden mit ihren jeweiligen spezifischen Anforderungen in einer Tabelle den entsprechenden Teilaspekten gentechnischer Arbeiten (Ordnungsschema) zugeordnet (vergl. Tabelle 1).

Tabelle 1 Ordnungsschema (Auszug)

Gentechnik Teilaspekt (Auszug)	Regelungsbereich	
	Abfall	Wasser- und Gewässerschutz
C. Betrieb gentechnischer Anlagen		
C.1 Grundpflichten		
C.1.1 Melde-, Auskunfts- und Unterrichtungspflichten	AbfG § <4a (Beh.)>; § 10 Abs. 1 u. 3; § 11 Abs. 2 u. 3 iVm AbfRestÜberwVO, Abs. 4 u. 5; § 11c Abs. 1 **TierKBG** § 9	WHG § 4 Abs. 1 u. 2; §§ 19i; 21
C.1.2 Überwachungspflichten	AbfG § 11; § 11b Abs. 1 Nr. 1 u. 2 **TA Abfall** Nr. 5, 5.4, 5.4.4 **Merkbl. LAGA** Nr. 7	WHG § 4 Abs. 2 Nr. 1; § 5 Abs. 1 Nr. 2; § 19i Abs. 2 u. 3; §§ <19k>; 21 (Beh.); § 21b Abs. 1 Nr. 1 **Rahmen-AbwasserVwV**
C.1.3 Aufzeichnungspflichten	AbfG § 11 Abs. 2 u. 3 iVm AbfRestÜberwVO **TA Abfall** Nr. 5, 5.4, 5.4.2 u. 5.4.3	WHG § 4; § 21b Abs. 1 Nr. 1
C.1.4 Bewertungspflichten	Siehe B.7.2	
C.1.5 Sonstige Pflichten	AbfG § 3 Abs. 1 - 6	WHG §§ 19; 21; 21b - 21d
C.1.6 Organisatorische und personelle Rahmenbedingungen	AbfG §§ 3; 4; 11a - 11f **TA Abfall I** Nr. 5, 5.2, 5.3, 5.4 - 5.4.2 **Merkbl. LAGA** Nr. 7 - 7.2	WHG § 4 Abs. 2 Nr. 2; § 19g Abs. 3; §§ 19l; 21a - 21e
C.2 Vorgelagerte Bereiche		
C.2.1 Forschungsplanung, Arbeitsplanung, Arbeitsvorbereitung		WHG § 21 Abs. 1 Nr. 2 u. 3
C.2.2 Transport und Lagerung der Einsatzstoffe		Siehe C.5.8

Die in die Darstellung einbezogenen umweltschutzrelevanten Regelungsbereiche mit ihren für die Gentechnik wichtigen Regelwerken werden in Kapitel 2 aufgelistet. Die dort aufgeführten Regelwerke stellen keine abschließende Aufzählung aller für die Planung, die Errichtung und den Betrieb gentechnischer Anlagen potentiell Bedeutung erlangenden Regelwerke dar, sondern konzentrieren sich auf ausgewählte Kernbereiche und Bestimmungen. So sind beispielsweise baurechtliche Bestimmungen, die ebenfalls zu berücksichtigen sind und umweltschutzrelevante Maßgaben enthalten, nicht in die Darstellung einbezogen. Außerdem werden nur die Vorschriften und Regelwerke auf Bundesebene berücksichtigt. Landesrechtliche Vorschriften sind nicht erfaßt, allerdings wird an bestimmten Stellen auf sie verwiesen.

Erläuterungen zur Struktur des Ordnungsschemas und der darin verwendeten Begriffe finden sich in Kapitel 3. Daneben soll eine Übersichtsmatrix die gezielte Nutzung einzelner Regelwerke im Hinblick auf umweltrelevante Aspekte erleichtern.

In Kapitel 4 sind die Ordnungsschemata für alle einbezogenen Regelungsbereiche und Regelwerke in Kurzform dargestellt.

Der als Basis dienende Regelungsbereich Gentechnik und die für den Umweltschutz zentralen Regelungsbereiche Abfall, Wasser- und Gewässerschutz sowie Luftreinhaltung sind in Kapitel 5 bzw. 6 ausführlich und mit Hinweisen versehen dargestellt.

Kapitel 7 stellt, nach Regelungsbereichen geordnet, Spezialregelungen mit Bezugspunkten zum Umweltschutz im Hinblick auf deren Bedeutung für die Planung, die Errichtung und den Betrieb gentechnischer Anlagen dar.

Kapitel 8 betrachtet zusammenfassend die regulatorische Situation bei der Planung, der Errichtung und dem Betrieb gentechnischer Anlagen aus dem Blickwinkel des Umweltschutzes.

2 Einteilung der Regelwerke

Regelwerke, die umweltschutzrelevante Informationen für gentechnische Anlagen und gentechnisches Arbeiten enthalten, können zu Regelungsbereichen zusammengefaßt und 3 Gruppen zugeordnet werden. Die in die tabellarische Darstellung und Charakterisierung einbezogenen Regelwerke sind nachfolgend aufgelistet. Der Redaktionsschluß zur Auswertung der Regelwerke war am 01.04.1994. Die erste Gruppe bilden die gentechnikrechtlichen Regelwerke.

2.1 Gentechnikrechtliche Regelwerke

- Gesetz zur Regelung der Gentechnik (Gentechnikgesetz - GenTG) i. d. F. der Bekanntmachung vom 16.12.1993 (BGBl. I S. 2066)

- Verordnung über die Sicherheitsstufen und Sicherheitsmaßnahmen bei gentechnischen Arbeiten in gentechnischen Anlagen (Gentechnik-Sicherheitsverordnung - GenTSV) vom 24.10.1990 (BGBl. I S. 2340)

- Verordnung über Antrags- und Anmeldeunterlagen und über Genehmigungs- und Anmeldeverfahren nach dem Gentechnikgesetz (Gentechnik-Verfahrensverordnung - GenTVfV) vom 24.10.1990 (BGBl. I S. 2378)

- Verordnung über Aufzeichnungen bei gentechnischen Arbeiten zu Forschungszwecken oder zu gewerblichen Zwecken (Gentechnik-Aufzeichnungsverordnung - GenTAufzV) vom 24.10.1990 (BGBl. I S. 2338)

- Verordnung über Anhörungsverfahren nach dem Gentechnikgesetz (Gentechnik-Anhörungsverordnung - GenTAnhV) vom 24.10.1990 (BGBl. I S. 2375)

- Verordnung über die Zentrale Kommission für die Biologische Sicherheit (ZKBS-Verordnung - ZKBSV) vom 30.10.1990 (BGBl. I S. 2418), zuletzt geändert durch Art. 73 der Verordnung vom 26.02.1993 (BGBl. I S. 278)

- Bundeskostenverordnung zum Gentechnikgesetz (BGenTGKostV) vom 09.10.1991 (BGBl. I S. 1972)

2.2 Umweltschutzregelwerke mit allgemeiner Bedeutung für gentechnische Anlagen und gentechnisches Arbeiten

Eine zweite Gruppe bilden Umweltschutz-Regelwerke mit allgemeiner Bedeutung für gentechnische Anlagen und gentechnisches Arbeiten, die die Kernbereiche des Umweltschutzes umfassen.

2.2.1 Regelwerke Abfall

- Gesetz über die Vermeidung und Entsorgung von Abfällen (Abfallgesetz - AbfG) vom 27.08.1986 (BGBl. I S. 1410, ber. S. 1501), zuletzt geändert durch Art. 7 des Gesetzes vom 13.08.1993 (BGBl. I S. 1489)

- Verordnung zur Bestimmung von Abfällen nach § 2 Abs. 2 des Abfallgesetzes (Abfallbestimmungs-Verordnung - AbfBestV) vom 03.04.1990 (BGBl. I S. 614), zuletzt geändert durch Art. 6 Abs. 26 des Gesetzes vom 27.12.1993 (BGBl. I S. 2378)

- Verordnung zur Bestimmung von Reststoffen nach § 2 Abs. 3 des Abfallgesetzes (Reststoffbestimmungs-Verordnung - RestBestV) vom 03.04.1990 (BGBl. I S. 631, ber. S. 862), zuletzt geändert durch Art. 6 Abs. 27 des Gesetzes vom 27.12.1993 (BGBl. I S. 2378)

- Verordnung über das Einsammeln und Befördern sowie über die Überwachung von Abfällen und Reststoffen (Abfall- und Reststoffüberwachungs-Verordnung - AbfRestÜberwV) vom 03.04.1990 (BGBl. I S. 648)

- Verordnung über Betriebsbeauftragte für Abfall vom 26.10.1977 (BGBl. I S. 1913)

- Gesamtfassung der Zweiten allgemeinen Verwaltungsvorschrift zum Abfallgesetz (TA Abfall), Teil 1: Technische Anleitung zur Lagerung chemisch/physikalischen, biologischen Behandlung, Verbrennung und Ablagerung von besonders überwachungsbedürftigen Abfällen in der ab 01. April 1991 geltenden Fassung (Bundesanzeiger Nr. 61 a vom 28.03.1991, Beilage)

- Gesetz über die Beseitigung von Tierkörpern, Tierkörperteilen und tierischen Erzeugnissen (Tierkörperbeseitigungsgesetz - TierKBG) vom 02.09.1975 (BGBl. I S. 2313, ber. S. 2610)

- Merkblatt über die Vermeidung und Entsorgung von Abfällen aus öffentlichen und privaten Einrichtungen des Gesundheitsdienstes der LAGA-AG „Entsorgung von Abfällen aus öffentlichen und privaten Einrichtungen des Gesundheitsdienstes" vom Mai 1991 (Bundesgesundheitsblatt, Sonderheft, Mai 1992)

2.2.2 Regelwerke Gewässerschutz

- Gesetz zur Ordnung des Wasserhaushalts (Wasserhaushaltsgesetz - WHG) i. d. F. der Bekanntmachung vom 23.09.1986 (BGBl. I S. 1529, ber. S. 1654), zuletzt geändert durch Art. 6 des Gesetzes vom 26.08.1992 (BGBl. I S. 1564)

- Verordnung über die Herkunftsbereiche von Abwasser (Abwasserherkunftsverordnung - AbwHerkV) vom 03.07.1987 (BGBl. I. S. 1578), zuletzt geändert durch Verordnung vom 27.05.1991 (BGBl. I S. 1197)

- Allgemeine Rahmen-Verwaltungsvorschrift über Mindestanforderungen an das Einleiten von Abwasser in Gewässer - Rahmen-Abwasser VwV - i. d. F. der Bekanntmachung vom 25.11.1992 (Bundesanzeiger Nr. 233b vom 11.12.1992, Beilage), zuletzt geändert durch die Allgemeine Verwaltungsvorschrift vom 31.01.1994 (Bundesanzeiger Nr. 27 vom 09.02.1994, S. 1076)

- Allgemeine Verwaltungsvorschrift über die nähere Bestimmung wassergefährdender Stoffe und ihre Einstufung entsprechend ihrer Gefährlichkeit - VwV wassergefährdende Stoffe (VwVwS) - vom 09.03.1990 (GMBl. S. 114)

2.2.3 Regelwerke Luftreinhaltung

- Gesetz zum Schutz vor schädlichen Umwelteinwirkungen durch Luftverunreinigungen, Geräusche, Erschütterungen und ähnliche Vorgänge (Bundes-Immissionsschutzgesetz - BImSchG) i. d. F. der Bekanntmachung vom 14.05.1990 (BGBl. I S. 880), zuletzt geändert durch Art. 8 des Gesetzes vom 22.04.1993 (BGBl. I S. 466)

- Vierte Verordnung zur Durchführung des Bundes-Immissionsschutzgesetzes (Verordnung über genehmigungsbedürftige Anlagen - 4. BImSchV) i. d. F. der Bekanntmachung vom 24.07.1985 (BGBl. I S. 1586), zuletzt geändert durch Art. 3 Nr. 3 der Verordnung vom 26.10.1993 (BGBl. I S. 1782)

- Neunte Verordnung zur Durchführung des Bundes-Immissionsschutzgesetzes (Verordnung über das Genehmigungsverfahren - 9. BImSchV) i. d. F. der Bekanntmachung vom 29.05.1992 (BGBl. I S. 1001), zuletzt geändert durch Verordnung vom 20.04.1993 (BGBl. I S. 494)

2.3 Spezialregelungen mit umweltschutzrelevanten Bestimmungen für gentechnische Anlagen und gentechnisches Arbeiten im Einzelfall

In eine dritte Gruppe lassen sich Spezialregelungen einordnen, die aufgrund ihres sachlichen Anwendungsbereiches auch Belange des Umweltschutzes berühren. Ein Teil der hier eingeordneten Regelwerke ist nur für bestimmte gentechnische Arbeitsgebiete von sachlicher Relevanz, so zum Beispiel die Regelungsbereiche Seuchen, Tierseuchen oder Strahlenschutz.

2.3.1 Regelwerke Arbeitssicherheit/Unfallverhütung

- Unfallverhütungsvorschrift „Biotechnologie" (VBG 102) v. 01.01.1988

- Merkblätter Sichere Biotechnologie
B001: Fachbegriffe (BG Chemie) v. 04/94

- Merkblätter Sichere Biotechnologie
  B002: Ausstattung und organisatorische Maßnahmen:
  LABORATORIEN (BG-Chemie) v. 01/92

- Merkblätter Sichere Biotechnologie
  B003: Ausstattung und organisatorische Maßnahmen:
  BETRIEB (BG-Chemie) v. 01/92

- Merkblätter Sichere Biotechnologie
  B004: Eingruppierung biologischer Agenzien: VIREN (BG-Chemie) v. 04/91

- Merkblätter Sichere Biotechnologie
  B005: Eingruppierung biologischer Agenzien: PARASITEN, besondere Schutzmaßnahmen für den Umgang mit Parasiten (BG-Chemie) v. 08/91

- Merkblätter Sichere Biotechnologie
  B006: Eingruppierung biologischer Agenzien: BAKTERIEN (BG-Chemie) v. 01/92

- Merkblätter Sichere Biotechnologie
  B007: Eingruppierung biologischer Agenzien: PILZE (BG-Chemie) v. 04/91

- Merkblätter Sichere Biotechnologie
  B008: Einstufung gentechnischer Arbeiten: Gentechnisch veränderte Organismen (BG-Chemie) v. 04/93

- Merkblätter Sichere Biotechnologie
  B009: Eingruppierung biologischer Agenzien: ZELLKULTUREN (BG-Chemie) v. 06/92

2.3.2 Regelwerke Technische Sicherheit

- Gesetz über technische Arbeitsmittel (Gerätesicherheitsgesetz) i. d. F. der Bekanntmachung vom 23.10.1992 (BGBl. I S. 1793), zuletzt geändert durch Art. 6 Abs. 90 des Gesetzes vom 27.12.1993 (BGBl. I S. 2378)

- Verordnung über Dampfkesselanlagen (Dampfkesselverordnung - DampfkV) vom 27.02.1980 (BGBl. I S. 173), zuletzt geändert durch Art. 6 Abs. 67 des Gesetzes vom 27.12.1993 (BGBl. I S. 2378)

- Verordnung über Druckbehälter, Druckgasbehälter und Füllanlagen (Druckbehälterverordnung - DruckbehV) i. d. F. der Bekanntmachung vom 21.04.1989 (BGBl. I S. 843), zuletzt geändert durch Art. 6 Abs. 68 des Gesetzes vom 27.12.1993 (BGBl. I S. 2378)

- Verordnung über elektrische Anlagen in explosionsgefährdeten Räumen (ElexV) vom 27.02.1980 (BGBl. I S. 214), zuletzt geändert durch Art 6 Nr. 70 des Gesetzes vom 27.12.1993 (BGBl. I S. 2378)

- Verordnung über Anlagen zur Lagerung, Abfüllung und Beförderung brennbarer Flüssigkeiten zu Lande (Verordnung über brennbare Flüssigkeiten - VbF) vom 27.02.1980 (BGBl. I S. 229), zuletzt geändert durch Art. 6 Nr. 72 des Gesetzes vom 27.12.1993 (BGBl. I S. 2378)

2.3.3 Regelwerke Chemikalien und Gefahrstoffe

- Gesetz zum Schutz vor gefährlichen Stoffen (Chemikaliengesetz - ChemG) i. d. F. der Bekanntmachung vom 14.03.1990 (BGBl. I S. 521), zuletzt geändert durch Art. 2 der Verordnung vom 05.06.1991 (BGBl. I S. 1218)

- Verordnung über gefährliche Stoffe (Gefahrstoffverordnung - GefStoffV) i. d. F. des Artikels 1 der Verordnung vom 26.10.1993 (BGBl. I S. 1782 ber. 2049), zuletzt geändert durch Verordnung vom 10.11.1993 (BGBl. I S. 1870)

2.3.4 Regelwerke Strahlenschutz

- Gesetz über die friedliche Verwendung der Kernenergie und den Schutz gegen ihre Gefahren (Atomgesetz) i. d. F. der Bekanntmachung vom 15.07.1985 (BGBl. I S. 1565), zuletzt geändert durch Art. 6 Abs. 77 des Gesetzes vom 27.12.1993 (BGBl. I S. 2378)

- Verordnung über den Schutz vor Schäden durch ionisierende Strahlen (Strahlenschutzverordnung - StrlSchV) i. d. F. der Bekanntmachung vom 30.06.1989 (BGBl. I S. 1321, ber. S. 1926), zuletzt geändert durch Art. 6 Abs. 78 des Gesetzes vom 27.12.1993 (BGBl. I S. 2378)

2.3.5 Regelwerke Seuchen, Tierseuchen, Pflanzenkrankheiten

- Gesetz zur Verhütung und Bekämpfung übertragbarer Krankheiten beim Menschen (Bundes-Seuchengesetz) i. d. F. der Bekanntmachung vom 18.12.1979 (BGBl. I S. 2262, ber. S. 151), zuletzt geändert durch Art. 6 Abs. 24 des Gesetzes vom 27.12.1993 (BGBl. I S. 2378)

- Tierseuchengesetz (TierSG) i. d. F. der Bekanntmachung vom 29.01.1993 (BGBl. I S. 116), zuletzt geändert durch Art. 80 des Gesetzes vom 27.04.1993 (BGBl. I S. 512, ber. S. 1529)

- Verordnung über das Arbeiten mit Tierseuchenerregern (Tierseuchenerreger-Verordnung) vom 25.11.1985 (BGBl. I S. 2123), zuletzt geändert durch Verordnung vom 02.11.1993 (BGBl. I S. 1845)

- Gesetz zum Schutz der Kulturpflanzen (Pflanzenschutzgesetz - PflSchG) vom 15.09.1986 (BGBl. I S. 1505) zuletzt geändert durch Art. 1 des Gesetzes vom 25.11.1993 (BGBl. I S. 1917)

- Pflanzenbeschauverordnung vom 10.05.1989 (BGBl. I S. 905), zuletzt geändert durch Art. 74 des Gesetzes vom 27.04.1993 (BGBl. I S. 512, ber. S. 1529)

2.3.6 Regelwerke Transport

- Gesetz über die Beförderung gefährlicher Güter vom 06.08.1975 (BGBl. I S. 2121), zuletzt geändert durch Art. 6 Abs. 119 des Gesetzes vom 27.12.1993 (BGBl. I S. 2378)

- Verordnung über die innerstaatliche und grenzüberschreitende Beförderung gefährlicher Güter auf Straßen (Gefahrgutverordnung Straße - GGVS) i. d. F. der Bekanntmachung vom 26.11.1993 (BGBl. I S. 2022), berichtigt 1994 I, S. 908, zuletzt geändert durch Art. 6 Abs. 120 des Gesetzes vom 27.12.1993 (BGBl. I S. 2378)

- Verordnung über die innerstaatliche und grenzüberschreitende Beförderung gefährlicher Güter mit Eisenbahnen (Gefahrgutverordnung Eisenbahn - GGVE) i. d. F. der Bekanntmachung vom 10.06.1991 (BGBl. I S. 1224) zuletzt geändert durch Art. 6 Abs. 121 des Gesetzes vom 27.12.1993 (BGBl. I S. 2378)

- Verordnung über Ausnahmen von den Vorschriften über die Beförderung gefährlicher Güter (Gefahrgut-Ausnahmeverordnung - GGAV) vom 23.06.1993 (BGBl. I S. 994) zuletzt geändert durch Verordnung vom 24.03.1994 (BGBl. I S. 625)

- Allgemeine Geschäftsbedingungen der Deutschen Bundespost POSTDIENST für den Briefdienst Inland (AGB BfD Inl) Stand 01.04.1994

- Allgemeine Geschäftsbedingungen der Deutschen Bundespost POSTDIENST für den Frachtdienst Inland (AGB FrD Inl) Stand 01.09.1993

- Allgemeine Geschäftsbedingungen der Deutschen Bundespost POSTDIENST für den Briefdienst Ausland (AGB BfD Ausl) Stand 01.01.1994

- Allgemeine Geschäftsbedingungen der Deutschen Bundespost POSTDIENST für den Frachtdienst Ausland (AGB FrD Ausl) Stand 01.09.1993

2.3.7 Regelwerke Tierschutz

- Tierschutzgesetz (TierSchG) i. d. F. der Bekanntmachung vom 17.02.1993 (BGBl. I S. 254), zuletzt geändert durch Art. 86 des Gesetzes vom 27.04.1993 (BGBl. I S. 512, ber. S. 1529)

3 Ordnungsschema und Übersichtsmatrix als Nutzungshilfen

3.1 Erläuterungen zum Ordnungsschema und zu den dort aufgeführten gentechnischen Teilaspekten

Das Ordnungsschema gliedert sich in die 6 unten genannten Abschnitte.

A. Allgemeines
B. Genehmigung und Anmeldung gentechnischer Anlagen und Arbeiten
C. Betrieb gentechnischer Anlagen
D. Haftungsvorschriften
E. Straf- und Bußgeldvorschriften
F. Kosten und Gebühren

Diese Abschnitte sind in bestimmte, im Zusammenhang mit Planung, Errichtung und Betrieb gentechnischer Anlagen stehende Teilaspekte untergliedert und nachfolgend, wo es notwendig erscheint, erläutert.

Bei der Zuordnung der in den Regelwerken enthaltenen Vorschriften und sonstigen Bestimmungen zu den im Ordnungsschema aufgeführten gentechnischen Teilaspekten wurde die generelle Zuordnung der speziellen Zuordnung vorgezogen, um Mehrfachnennungen einzuschränken.

A.	ALLGEMEINES

A.1	ZIELSETZUNG UND ZWECK DER REGELWERKE

A.2	GELTUNGSBEREICH UND ANWENDBARKEIT

Häufig wird in Regelwerken synonym zu dem Begriff „sachlicher Geltungsbereich" der Begriff „Anwendungsbereich" verwendet. Eine Reihe von Regelwerken enthalten sehr differenzierte Ausnahmebestimmungen, die den sachlichen Geltungsbereich eingrenzen. Zum Teil wird der Anwendungsbereich erst im Zusammenhang mit bestimmten Begriffsdefinitionen deutlich.

A.3 REGELWERKE ENTHALTEN EXPLIZITE AUSSAGEN ÜBER GVO

A.4 RELEVANZ DER REGELWERKE FÜR PLANUNG, ERRICHTUNG, ÄNDERUNG ODER BETRIEB GENTECHNISCHER ANLAGEN BZW. FÜR DIE FREISETZUNG VON GVO

A.4.1 RELEVANZ DER REGELWERKE FÜR PLANUNG, ERRICHTUNG ODER ÄNDERUNG GENTECHNISCHER ANLAGEN

Bei der Planung, der Errichtung oder bei bestimmten wesentlichen Änderungen einer gentechnischen Anlage sind behördliche Erfordernisse, die sich aus den zu berücksichtigenden Regelwerken ergeben, einzuhalten. Deren Einhaltung bildet eine Voraussetzung für die Erteilung von Genehmigungen, Zulassungen oder anderen behördlichen Entscheidungen, die für einen ordnungsgemäßen Betrieb der Anlagen notwendig sind.

Technische Anforderungen müssen bereits in der Planungsphase berücksichtigt werden. Auch bestimmte organisatorische Vorgaben seitens einiger Regelwerke können teilweise eine Vorplanung, z. B. hinsichtlich unterstützender technischer Umsetzungsmaßnahmen, erforderlich machen und können deshalb für die Nennung des Regelwerkes an dieser Stelle ausschlaggebend sein. Bestimmte personelle Erfordernisse z. B. Beauftragtenfunktionen setzen eine Vorplanung voraus. Auch sie können daher ausschlaggebend für die Zuordnung eines Regelwerkes an dieser Stelle sein.

A.4.2 RELEVANZ DER REGELWERKE FÜR DEN BETRIEB GENTECHNISCHER ANLAGEN

Der Betrieb einer gentechnischen Anlage umfaßt gentechnische Arbeiten sowie damit verknüpfte Arbeiten und Betriebsvorgänge, die von anderen Regelwerken mit erfaßt werden.

A.4.3 RELEVANZ DER REGELWERKE FÜR DIE FREISETZUNG ODER DAS INVERKEHRBRINGEN VON GVO

Freisetzung und Inverkehrbringen werden im Sinne der Definition von § 3 Nr. 7 und 8 GenTG verstanden. Die Begriffe werden nicht im Sinne einer Freisetzung oder eines Inverkehrbringens von Produkten, die mit Hilfe von GVO hergestellt werden, verstanden.

A.5 DIE REGELWERKE BESTIMMEN UNTERSCHIEDLICHE SICHERHEITSSTUFEN ODER RISIKOKATEGORIEN

Die Begriffe „Sicherheitsstufen" bzw. „Risikokategorien" werden nicht ausschließlich im Sinne des Gentechnikrechts verstanden. Eine Reihe von Regelwerken definieren unterschiedliche Sicherheitsstufen oder Risikokategorien. Daraus resultieren unterschiedliche Anforderungen oder Bestimmungen, die entweder in den Regelwerken selbst bzw. in untergeordneten oder anderen Regelwerken, auf die Bezug genommen wird, enthalten sind.

A.6 DIE REGELWERKE UNTERSCHEIDEN IN IHREN ANFORDERUNGEN ZWISCHEN FORSCHUNG UND GEWERBE

Nur wenige Regelwerke enthalten ausdrücklich unterschiedliche Anforderungen für Arbeiten oder Anlagen zu Forschungszwecken bzw. gewerblichen Zwecken, wie beispielsweise das Gentechnikgesetz oder das Bundes-Immissionsschutzgesetz.

B. GENEHMIGUNG UND ANMELDUNG GENTECHNISCHER ANLAGEN UND ARBEITEN

Die Gliederungspunkte decken den Bereich der Planung und Errichtung gentechnischer Anlagen ab bzw. berücksichtigen zusätzliche Änderungen an gentechnischen Anlagen im Sinne des § 8 Abs. 4 GenTG, da dies nach Gentechnikgesetz genehmigungsrechtliche Konsequenzen zur Folge hat. Analoge Bestimmungen sind in anderen Regelwerken zu finden.

B.1 BERATUNG MIT DER BEHÖRDE

Hier sind u. a. Bestimmungen sehr unterschiedlicher Art aufgeführt, deren Inhalt und sachliche Relevanz in einem Beratungsgespräch zwischen Behörde und Betreiber bzw. potentiellem Betreiber Gegenstand der Erörterung sein können. Der Gliederungspunkt stellt insofern eine Sammelposition dar.

B.2 ART UND UMFANG DER ANTRAGS- UND ANMELDEUNTERLAGEN

Die gentechnikrechtliche Anlagengenehmigung schließt sonstige, eventuell nach anderen Rechtsvorschriften erforderliche, behördliche Entscheidungen mit ein (vergl. § 22 Abs. 1 GenTG). Soweit also neben der gentechnikrechtlichen Anlagengenehmigung für das Vorhaben weitere behördliche Genehmigungen (z. B. nach BImSchG) erforderlich sind, müssen die Antragsunterlagen dem materiellen Recht dieser anderen Rechtsvorschriften Rechnung tragen. Soweit die Konzentrationswirkung des § 22 Abs. 1 GenTG nicht eintritt, bestimmen sich Art und Umfang der gentechnikrechtlichen Antrags- und Anmeldeunterlagen nach den gentechnikrechtlichen Vorschriften und Art und Umfang der Antragsunterlagen für die behördlichen Entscheidungen nach anderen Rechtsvorschriften nach dem materiellen Recht und dem Verfahrensrecht dieser anderen Rechtsvorschriften.

B.2.1 TECHNISCHE ERFORDERNISSE (GEBÄUDE, RÄUME, ANLAGEN, APPARATUREN, EINRICHTUNGEN)

Aufgeführt sind Bestimmungen und Anforderungen, deren Realisierung im allgemeinen bestimmte anlagen- oder gerätetechnische Umsetzungen erforderlich macht.

B.2.2 ORGANISATORISCHE UND PERSONELLE ERFORDERNISSE

Aufgeführt sind Bestimmungen und Anforderungen, deren Realisierung im allgemeinen bestimmte organisatorische und personelle Vorplanungen, Konzeptionen, Entscheidungen im Zusammenhang mit der Planung, Genehmigung und Anmeldung gentechnischer Anlagen oder Arbeiten erforderlich macht.

B.2.3 SONSTIGE ERFORDERNISSE

B.3 EINREICHEN DER ANTRAGS- UND ANMELDEUNTERLAGEN

B.4 DAUER DES GENEHMIGUNGS- BZW. ANMELDEVERFAHRENS (FRISTEN)

Einige Regelwerke legen Fristen für bestimmte behördliche Entscheidungen fest.

B.5 ÖFFENTLICHKEITSBETEILIGUNG

Einige Vorschriften sehen bei bestimmten behördlichen Entscheidungsverfahren eine Öffentlichkeitsbeteiligung vor.

B.6 BETRIEBSGEHEIMNISSE

Zum Schutz des Anlagenbetreibers sind bei Entscheidungsverfahren mit Öffentlichkeitsbeteiligung Bestimmungen im Umgang mit Betriebsgeheimnissen erlassen.

B.7 PFLICHTEN IM RAHMEN DES GENEHMIGUNGS- BZW. ANMELDEVERFAHRENS SEITENS DES ANTRAGSTELLERS ODER DER BEHÖRDE

Viele Regelwerke nennen Pflichten, denen der Antragsteller im Zusammenhang mit der Genehmigung bzw. der Anmeldung gentechnischer Anlagen und Arbeiten nachkommen muß. Nicht immer wird dabei ausdrücklich der Begriff „Pflicht" für einen analogen Sachverhalt verwendet. Die sich aus den Regelwerken ergebenden Pflichten werden 3 Gliederungspunkten zugeordnet, die nachfolgend genannt sind. Pflichten, denen die Behörden nachkommen müssen, sind ebenfalls aufgeführt und durch „(Behörde)" gekennzeichnet.

B.7.1 MELDE- UND AUSKUNFTSPFLICHTEN

B.7.2 BEWERTUNGSPFLICHTEN (SICHERHEITSEINSTUFUNG)

| **B.7.3** | **SONSTIGE PFLICHTEN** |

| **B.8** | **ENTSCHEIDUNG DER BEHÖRDE** |

Hier werden die Vorschriften aufgeführt, nach denen die zuständigen Behörden die Genehmigung oder sonstige Zulassung zu erteilen haben.

| **B.8.1** | **VORZEITIGER BEGINN GENTECHNISCHER ARBEITEN** |

| **B.8.2** | **TEILGENEHMIGUNG** |

| **B.8.3** | **GENEHMIGUNG** |

| **B.9** | **ANTRAG AUF SOFORTVOLLZUG DER GENEHMIGUNG** |

| **B.10** | **ERLÖSCHEN DER GENEHMIGUNG** |

| **C.** | **BETRIEB GENTECHNISCHER ANLAGEN** |

| **C.1** | **GRUNDPFLICHTEN** |

Verschiedene Regelwerke legen dem Betreiber gentechnischer Anlagen bestimmte Pflichten auf, um einen bestimmungsgemäßen Betrieb zu gewährleisten. Sie werden den 6 nachfolgend genannten Gliederungspunkten zugeordnet.

| **C.1.1** | **MELDE-, AUSKUNFTS- UND UNTERRICHTUNGSPFLICHTEN** |

| **C.1.2** | **ÜBERWACHUNGSPFLICHTEN** |

| **C.1.3** | **AUFZEICHNUNGSPFLICHTEN** |

| **C.1.4** | **BEWERTUNGSPFLICHTEN** |

C.1.5 SONSTIGE PFLICHTEN

C.1.6 ORGANISATORISCHE UND PERSONELLE RAHMENBEDINGUNGEN

Um eine bestimmte Schutzvorgabe zu gewährleisten, wird allgemein von der Rangfolge technischer, organisatorischer und personeller Maßnahmen ausgegangen. Die Regelwerke treffen teilweise sehr detaillierte Bestimmungen hinsichtlich organisatorischer oder personeller Rahmenbedingungen. Manche Vorschriften lassen offen, wie ein bestimmter Schutz zu gewährleisten ist, ob durch technische, organisatorische oder personelle Maßnahmen oder einer Kombination daraus.

C.2 VORGELAGERTE BEREICHE

Vorgelagerte Bereiche sind Einsatzstoffe sowie deren Handhabung und Lagerung.

C.2.1 FORSCHUNGSPLANUNG, ARBEITSPLANUNG, ARBEITSVORBEREITUNG

Es gibt keine einheitlichen Definitionen für die oben verwendeten Begriffe. Die Schwierigkeiten resultieren u. a. aus der engen Verflechtung technischer, betriebswirtschaftlicher und organisatorischer Aufgaben und Ziele, die in diese Begriffe einfließen.

Die Begriffe sind stellvertretend für sämtliche planerischen und vorbereitenden Tätigkeiten insbesondere in personeller und ablaufspezifischer Hinsicht zu verstehen, die notwendig sind, um einen wirtschaftlichen und effizienten Ablauf gentechnischer Arbeiten in Forschung und Betrieb zu gewährleisten.

C.2.2 TRANSPORT UND LAGERUNG DER EINSATZSTOFFE

Einsatzstoffe sind alle im Rahmen des gentechnischen Anlagenbetriebs verwendeten Stoffe, insbesondere GVO selbst. Der Unterpunkt umfaßt dabei sowohl den außerbetrieblichen als auch den innerbetrieblichen Transport und die entsprechende Lagerung.

C.2.3 QUALITÄTSKONTROLLE DER EINSATZSTOFFE

Die Identitäts- und Qualitätskontrolle der Einsatzstoffe ist in vielen Bereichen vorgeschrieben.

C.2.4 ÜBERWACHUNG UND DOKUMENTATION

C.3 HAUPTBEREICH LABOR

Die Abgrenzung des Laborbereiches orientiert sich an der in § 9 GenTSV vorgenommenen Kennzeichnung des Laborbereiches. Damit ist keine Zuordnung der Arbeit zu Forschungszwecken oder zu gewerblichen Zwecken verbunden.

C.3.1 LABORKERNBEREICH

Dieser Gliederungspunkt umfaßt die eigentlichen labortypischen Tätigkeiten mit allen wesentlichen Arbeitsbereichen und Ausstattungselementen, die für die Herstellung von und dem Umgang mit GVO notwendig sind.

C.3.2 TRANSPORT UND LAGERUNG

C.3.3 ÜBERWACHUNG UND DOKUMENTATION

C.4 HAUPTBEREICH PRODUKTION

Ebenso wie beim Laborbereich orientiert sich die Abgrenzung des Produktionsbereiches an der diesbezüglichen Festlegung des § 9 GenTSV.

C.4.1 PRODUKTIONSKERNBEREICHE (FERMENTATION UND AUFARBEITUNG)

Der Produktionskernbereich umfaßt die Anlagenteile und damit verbundene Arbeiten, die wesentlich zur Kultur, Anzucht und großtechnischen Vermehrung von GVO erforderlich sind und ebenso den Bereich der Produktisolierung und -reinigung.

C.4.2 TRANSPORT UND LAGERUNG DER ZWISCHENPRODUKTE

C.4.3 PROZESS- UND QUALITÄTSKONTROLLE

C.4.4 PRODUKTKONFEKTIONIERUNG, -FORMULIERUNG UND -VERPACKUNG

Produktformulierung und -verpackung als Endstufen bei der Herstellung eines Erzeugnisses im Produktionsprozeß und damit verbunden die Konfektionierung des Erzeugnisses im Vorfeld sind Teilbereiche, die Einfluß auf die Sicherheit der Umwelt haben können.

C.4.5 ÜBERWACHUNG UND DOKUMENTATION

C.5 NEBENGELAGERTE BEREICHE

Der Gliederungspunkt „Nebengelagerte Bereiche" faßt sachlich und/oder organisatorisch eigenständige Tätigkeiten und Bereiche zusammen, die beim Betrieb gentechnischer Anlagen in Wechselbeziehung zu den beiden Hauptbereichen Labor und Produktion und den dazu nachgelagerten Bereichen stehen.

C.5.1 EINRICHTUNGEN UND MASSNAHMEN ZUR REINIGUNG UND DEKONTAMINIERUNG

Der Gliederungspunkt umfaßt im engeren Sinne Maßnahmen, z. B. Desinfektions- oder Sterilisationsmaßnahmen, in bezug auf die Gefährdung durch biologische Agenzien aber auch sonstige Dekontaminations- und Reinigungsmaßnahmen in bezug auf andere gefährliche Stoffe. Teilweise ergeben sich Überschneidungen mit C.5.2.

C.5.2 EMISSIONSSCHUTZ

Emissionen im hier verwendeten Sinne sind Feststoffe, Flüssigkeiten, gasförmige Stoffe, Aerosole oder Stäube. Sie können GVO, Gefahrstoffe oder Mensch und Umwelt belästigende Stoffe enthalten (z. B. geruchsintensive Stoffe).

C.5.3 INSTANDHALTUNG

C.5.4 ARBEITSSCHUTZ, ARBEITSSICHERHEITSMASSNAHMEN

Belange des Arbeitsschutzes und der Arbeitssicherheit werden durch verschiedene speziell dafür erlassene Vorschriften und Regelwerke abgedeckt. In der Darstellung werden technische, organisatorische und personelle Maßnahmen des Arbeitsschutzes gleichermaßen berücksichtigt.

C.5.5 UMWELTANALYTIK, UMWELTMONITORING

Die Begriffe umfassen technische, organisatorische und personelle Maßnahmen.

C.5.6 QUALITÄTSSICHERUNG

Qualitätssicherung umfaßt alle technischen, organisatorischen und personellen Maßnahmen, die der Schaffung und Erhaltung einer festgelegten Produkt- oder Ausführungsqualität dienen.

C.5.7 EINRICHTUNGEN UND MASSNAHMEN FÜR DIE HALTUNG UND AUFBEWAHRUNG VON GENTECHNISCH VERÄNDERTEN UND GENTECHNISCH NICHT VERÄNDERTEN ORGANISMEN

Im Rahmen gentechnischer Arbeiten werden sehr verschiedene Organismen eingesetzt. Die Organismen stellen hinsichtlich ihrer Haltung, Kultivierung und Aufbewahrung verschiedene Anforderungen. Sie lassen sich phänologisch in 3 verschiedene Kategorien einordnen.

C.5.7.1 EINRICHTUNGEN UND MASSNAHMEN FÜR DIE HALTUNG UND AUFBEWAHRUNG VON MIKROORGANISMEN UND ZELLKULTUREN

C.5.7.2 EINRICHTUNGEN UND MASSNAHMEN FÜR DIE HALTUNG UND AUFBEWAHRUNG VON TIEREN

C.5.7.3 EINRICHTUNGEN UND MASSNAHMEN FÜR DIE HALTUNG UND AUFBEWAHRUNG VON PFLANZEN

C.5.8 TRANSPORT UND LAGERUNG

C.6 NACHGELAGERTE BEREICHE

Nachgelagerte Bereiche sind der Umgang mit Fertigprodukten, Abfällen, Reststoffen, Abwasser, gasförmigen und partikulären Emissionen und Maßnahmen zur Dokumentation und Überwachung dieser Bereiche.

C.6.1 LAGERUNG, TRANSPORT UND ABGABE VON PRODUKTEN

C.6.2 VERMEIDUNG, VERWERTUNG UND ENTSORGUNG VON ABFÄLLEN UND RESTSTOFFEN

Diesem Gliederungspunkt liegen im wesentlichen die Begriffsbestimmungen und Abgrenzungen des Abfallrechts zugrunde. Aufgrund der hohen Bedeutung des Teilbereiches Abfall für den Umweltschutz wird eine weitere Untergliederung vorgenommen.

C.6.2.1 LAGERUNG VON ABFÄLLEN UND RESTSTOFFEN

C.6.2.2 TRANSPORT VON ABFÄLLEN UND RESTSTOFFEN

C.6.2.3 VERWERTUNG VON ABFÄLLEN UND RESTSTOFFEN

C.6.2.4 BEHANDLUNG UND ENTSORGUNG VON ABFÄLLEN

C.6.3 BEHANDLUNG VON ABWASSER, GEWÄSSERSCHUTZ

Maßnahmen zur Abwasserbehandlung leisten einen wesentlichen Beitrag zum Gewässerschutz. In diesem Gliederungspunkt wird der Umgang mit wassergefährdenden Stoffen ebenfalls mitbetrachtet.

C.6.4 BEHANDLUNG VON GASFÖRMIGEN UND PARTIKULÄREN EMISSIONEN, LUFTREINHALTUNG

C.6.5 ÜBERWACHUNG UND DOKUMENTATION

D. HAFTUNGSVORSCHRIFTEN

E. STRAF- UND BUSSGELDVORSCHRIFTEN

F. KOSTEN UND GEBÜHREN

3.2 Übersichtsmatrix zur gezielten Nutzung der einzelnen Umweltschutzregelwerke

Gentechnische Arbeiten finden heute zunehmend Einsatz in vielen Gebieten klassischer Biotechnologie. Dabei sind aus regulatorischer Sicht umweltspezifische Anforderungen bei Planung, Errichtung und Betrieb zu berücksichtigen.

Tabelle 2/Teil 1 bis Teil 5 gibt einen Überblick, welche Regelungen Bestimmungen zu den in der Tabelle ausgewiesenen Sachverhalten enthalten.

Band 4.1 "Umweltschutz- Regelwerke"   Kapitel 3 „Ordnungsschema und Übersichtsmatrix"

Kapitel 3 „Ordnungsschema und Übersichtsmatrix" Band 4.1 "Umweltschutz- Regelwerke"

Band 4.1 "Umweltschutz- Regelwerke"   Kapitel 3 „Ordnungsschema und Übersichtsmatrix"

Tabelle 2/Teil 3: Regelwerke mit Bestimmungen zu wichtigen umweltschutzrelevanten Sachverhalten; die bei Planung, Errichtung und Betrieb gentechnischer Anlagen im Einzelfall von Bedeutung sein können

Regelwerke, die Bestimmungen zu den in Spalte 1 der Tabelle ausgewiesenen Sachverhalten enthalten:

Sachverhalt	Regelwerk					
Tierschutz	TierSchG					
Transport	AGB FrD Ausl					
	AGB BfD Ausl					
	AGB FrD Inl					
	AGB BfD Inl					
	GGAV					
	GGVE/RID					
	GGVS/ADR					
	GBGG					
Seuchen, Tierseuchen, Pflanzenschutz	PflBeschV					
	PflSchG					
	TierSErrV					
	TierSG					
	VBG 103					
	BSeuchG					
Strahlenschutz	StrlSchV					
	AtomG					
Chemik. u. Gef. stoffe	GefStoffV					
	ChemG					
Technische Sicherheit	VbF	o				x
	ElexV	o			x	
	DruckbehV	o	x			
	DampfKV	o	x			
	GSG	x				
Arbeitssicherheit/ Unfallverhütung	SichBio B009					
	SichBio B008					
	SichBio B007					
	SichBio B006					
	SichBio B005					
	SichBio B004					
	SichBio B003					
	SichBio B002					
	VBG 102					
Luftreinhaltung	Landes-ImSchVorschr.					
	9. BImSchV					
	4. BImSchV					
	BImSchG					
Wasser-/ Gewässerschutz	Landeswasservorschr.					
	VwVwS					
	AllgAbwVwV					
	RahmenAbwVwV					
	AbwHerkV					
	WHG					
Abfall	Länderabfallvorschr.					
	TierKBG					
	Merkblatt LAGA Ges					
	TA Abfall I					
	AbfBetrBV					
	AbfRestÜberwV					
	RestBestV					
	AbfBestV					
	AbfG					
Gentechnik	BGenRGKostV					
	ZKBSV					
	GenTAnhV					
	GenTAufzV					
	GenTVfV					
	GenTSV					
	GenTG					

Umweltschutzrelevante Sachverhalte, zu denen die in der Tabelle aufgeführten Regelwerke Bestimmungen enthalten:

- Technische Sicherheit
- Einsatz überwachungsbedürftiger Anlagen i. S. des § 1 a GSG z. B.:
- Einsatz von Dampfkesselanlagen im Sinne der §§ 1 - 3 DampfkesselV
- Einsatz von Druckbehältern, Druckgasbehältern oder Füllanlagen i. S. der §§ 1 - 3 DruckbehälterV
- Einsatz von elektrischen Anlagen in explosionsgefährdeten Räumen i. S. der ElexV
- Einsatz von Anlagen zur Lagerung brennbarer Flüssigkeiten i. S. der §§ 1 - 3 der VO über brennbare Flüssigkeiten

29

Kapitel 3 „Ordnungsschema und Übersichtsmatrix" Band 4.1 "Umweltschutz- Regelwerke"

Tabelle 2/Teil 4: Regelwerke mit Bestimmungen zu wichtigen umweltschutzrelevanten Sachverhalten, die bei Planung, Errichtung und Betrieb gentechnischer Anlagen im Einzelfall von Bedeutung sein können

Umweltschutzrelevante Sachverhalte, zu denen die in der Tabelle aufgeführten Regelwerke Bestimmungen enthalten:	Regelwerke, die Bestimmungen zu den in Spalte 1 der Tabelle ausgewiesenen Sachverhalten enthalten:		Chemikalien und Gefahrstoffe	Inverkehrbringen von Stoffen, gefährlichen Stoffen, Zubereitungen und Erzeugnissen i. S. der Definitionen nach §§ 3 und 3a	Durchführung von nichtklinischen experimentellen Prüfungen von Stoffen oder Zubereitungen zur Bewertung möglicher Gefahren für Mensch und Umwelt nach den Grundsätzen guter Laborpraxis	Umgang mit gefährlichen Stoffen oder Gefahrstoffen i. S. der Definition nach §§ 3a und 19 ChemG	Strahlenschutz	Genehmigungsbedürftiger und genehmigungsfreier Umgang mit radioaktiven Stoffen oder Einsatz ionisierender Strahlung	Umgang mit radioaktiven Abfällen	Transport radioaktiver Stoffe/Abfälle
Gentechnik	GenTG									
	GenTSV									
	GenTVfV									
	GenTAufzV									
	GenTAnhV									
	ZKBSV									
	BGenRGKostV									
Abfall	AbfG									
	AbfBestV									
	RestBestV									
	AbfRestÜberwV									
	AbfBetrBV									
	TA Abfall I									
	Merkblatt LAGA Ges									
	TierKBG									
	Länderabfallvorschr.									
Wasser-Gewässerschutz	WHG									
	AbwHerkV									
	RahmenAbwVwV									
	AllgAbwVwV									
	VwVwS									
	Landeswasservorschr.									
Luftreinhaltung	BImSchG									
	4. BImSchV									
	9. BImSchV									
	Landes-ImSchVorschr.									
Arbeitssicherheit/ Unfallverhütung	VBG 102									
	SichBio B002									
	SichBio B003									
	SichBio B004									
	SichBio B005									
	SichBio B006									
	SichBio B007									
	SichBio B008									
	SichBio B009									
Technische Sicherheit	GSG									
	DampfkV									
	DruckbehV									
	ElexV									
	VbF									
Chemik. u. Gef. stoffe	ChemG		x		x		x x			
	GefStoffV					x x				
Strahlenschutz	AtomG							x x	x x	x x
	StrlSchV							x x	x x	x x
Seuchen, Tierseuchen, Pflanzenschutz	BSeuchG			o [4]						
	VBG 103									
	TierSG									
	TierSErrV									
	PflSchG									
	PflBeschV									
Transport	GBGG									
	GGVS/ADR									
	GGVE/RID									
	GGAV									
	AGB BfD Inl									
	AGB FrD Inl									
	AGB BfD Ausl									
	AGB FrD Ausl									
Tierschutz	TierSchG									

Tabelle 2/Teil 5: Regelwerke mit Bestimmungen zu wichtigen umweltschutzrelevanten Sachverhalten, die bei Planung, Errichtung und Betrieb gentechnischer Anlagen im Einzelfall von Bedeutung sein können

Legende zu Tabelle 2:

x   Regelwerk enthält konkrete Bestimmungen zu den in Spalte 1 ausgewiesenen Sachverhalten.

o   Regelwerk enthält sehr allgemeine Bestimmungen zu den in Spalte 1 ausgewiesenen Sachverhalten oder stellt Sachbezüge zu neben- bzw. untergeordneten Regelwerken her.

[ ]   Anmerkungen

[1]   Betreiber genehmigungsbedürftiger Anlagen nach dem Bundes-Immissionsschutzgesetz sind gemäß § 5 BImSchG zur Vermeidung und Verwertung von Reststoffen verpflichtet oder soweit beides technisch nicht möglich oder unzumutbar ist, zur Abfallbeseitigung ohne Beeinträchtigung des Wohls der Allgemeinheit verpflichtet.

[2]   Die Nutzung von bestimmten, in der Verordnung über genehmigungspflichtige Anlagen (4. BImSchV) oder der Verordnung für Abfälle und ähnliche brennbare Stoffe (17. BImSchV) bezeichneten Anlagen zur Verwertung/Verbrennung/Beseitigung von Reststoffen oder Abfällen kann auch für die Verwertung bzw. Entsorgung von Reststoffen/Abfällen aus gentechnischen Anlagen erforderlich sein.

[3]   Beim Umgang mit Zellkulturen sind gemäß Merkblatt B009 "Zellkulturen" zum Schutz der Beschäftigten Maßnahmen durchzuführen, die dem Gefährdungspotential der Kontaminanten entsprechen.

[4]   Eine Erlaubnis gemäß § 19 BSeuchG in bezug auf das Arbeiten und den Verkehr mit Krankheitserregern ist nach § 20 BSeuchG nicht erforderlich für Sterilitätsprüfungen nach den Vorschriften des Arzneibuches und Bestimmungen der Koloniezahl im Zusammenhang mit der Herstellung von Arzneimitteln.

[5]   Das Pflanzenschutzgesetz enthält lediglich eine Verordnungsermächtigung in § 3 Abs. 1 Nr. 14 < *das Züchten und das Halten bestimmter Schadorganismen sowie das Arbeiten mit ihnen zu verbieten, zu beschränken oder von einer Genehmigung oder Anzeige abhängig zu machen;* > . Verordnungen, die der Bekämpfung einzelner Pflanzenkrankheiten dienen, wurden erlassen. Sie enthalten unter anderem Bestimmungen zum Umgang mit den entsprechenden Krankheitserregern.

4 Die Regelwerke im Überblick

Nachfolgend sind die Vorschriften der in die Darstellung einbezogenen Regelwerke nach Regelungsbereichen und bestimmten Ordnungsgesichtspunkten, die die Planung, die Errichtung und den Betrieb gentechnischer Anlagen betreffen, synoptisch nebeneinander gestellt. Die Anmerkungen wurden der tabellarischen Übersicht am Ende von Kapitel 4 beigefügt.

A. ALLGEMEINES
A.1 ZIELSETZUNG UND ZWECK DER REGELWERKE

Gentechnik	Abfall	Wasser- und Gewässerschutz	Luftreinhaltung
GenTG § 1	**AbfG** §§ 1a; 2 § 3 Abs. 2	**WHG** § 1a Abs. 1 u. 2	**BImSchG** § 1
GenTSV §§ 1; 2	**TA Abfall** Nr. 1	**AbwHerkV** § 1	
GenTVfV § 1	**Merkblatt LAGA** Nr. 1; 2	**VwVwS** 1. Nr. 1.1	
GenTAufzV § 1	**TierKBG** § 2		
GenTAnhV § 1			
ZKBS			
BGenTGKostV § 1			

	Arbeitssicherheit/ Unfallverhütung	Technische Sicherheit	Chemikalien und Gefahrstoffe	Strahlenschutz	Seuchen, Tierseuchen, Pflanzenkrankheiten	Transport	Tierschutz
	VBG 102[1]	**GSG**[3] § 11 Abs. 1	**ChemG** § 1	**AtomG** § 1 Abs. 2	**TierSG** § 1	**GBGG**[4/5] § 1	**TierschG** § 1
	SichBio B001[1] Abschn. 1		**GefStoffV** § 1			**GGVS/ADR**[4/5] § 1	
	SichBio B002[1] Abschn. 4					**GGVE/RID**[4/5] § 1	
	SichBio B003[1] Abschn. 5						
	SichBio B008[2]						

Kapitel 4 „Die Regelwerke im Überblick" Band 4.1 "Umweltschutz- Regelwerke"

A.2 GELTUNGSBEREICH UND ANWENDBARKEIT

Gentechnik	Abfall	Wasser- und Gewässerschutz	Luftreinhaltung
GenTG § 2 iVm § 3; § 3	**AbfG** §§ 1; 1a	**WHG** § 1 Abs. 1; § 3 Abs. 1 Nr. 4, 4a, 5; Abs. 2 Nr. 2; §§ 7; <19a>; 19g; 21a; 26; <27>; <32b>; § 34 Abs. 2	**BImSchG** § 2 Abs. 1 Nr. 1 u. 2; § 3
GenTSV § 1	**AbfBestV** § 1	**AbwherkV** § 1	**4. BImSchV** § 1 iVm Anh.; § 2 iVm Anh. Anhang
GenTVfV § 1	**RestBestV** § 1	**Rahmen-AbwasserVwV/AllgAbwVwV** Nr. 1	**9. BImSchV** § 1
GenTAufzV § 1	**AbfRestÜberwV** §§ 1; 2	**VwVwS** 1. Nr. 1.1; 1.2 iVm §§ 19g - 191 WHG	
GenTAnhV § 1 Nr. 1 - 5	**AbfBetrBV** § 1		
ZKBSV § 1	**TA Abfall** Nr. 1		
	Merkblatt LAGA Nr.3; 3.1; 3.2		
	TierKBG §§ 1; 2		

Arbeitssicherheit/ Unfallverhütung	Technische Sicherheit	Chemikalien und Gefahrstoffe	Strahlenschutz	Seuchen, Tierseuchen, Pflanzenkrankheiten	Transport	Tierschutz
VBG 102 §§ 1; 2	**GSG** §§ 1a; 2a	**ChemG** §§ 2; 3; § 3a iVm § 4 GefStoffV; § 19 Abs. 2 iVm § 4 GefStoffV	**AtomG** § 2 Abs. 1 Nr. 4, 4a, 5; Abs. 2	**BSeuchG** § 19	**GBGG**[4/5] §§ 1; 2; 6	**TierSchG**[a] Abschn. 2 - 7
SichBio B002 Abschn. 2, 3	**DampfkV** §§ 1; 2	**GefStoffV** §§ 2 - 4b; 35	**StrlSchV** § 11 Abs. 1 Nr. 1; § 12	**VBG 103**[6] § 1 Abs. 1 Nr. 3 u. 4	**GGVS/ADR**[4/5] §§ 1; 2; 6	
SichBio B003 Abschn. 2, 3	**Druckbeh V** §§ 1 - 3		**StrlSchV** § 2 iVm Anl. I z. StrlSchV	**TierSG** § 1	Anlage A Rdnr. 2002 Anlage B Rdnr. 10001, 10003, 10010 - 10014	
SichBio B004	**ElexV** §§ 1; 2			**TierSErrV** §§ 1 - 3	**GGAV**[4/5] § 1	
SichBio B005 Abschn. 1.9; 2	**VbF** § 1; § 2 insb. Abs. 2				**GGVE/RID**[4/5] § 1; § 2 iVm Anl. Rdnr. 2 Abs. 2 iVm Abs. 3; § 5	
SichBio B006 Abschn. 4; 7					**AGB BfD Inl**[4/7] Anlage Rdnr. 1	
SichBio B007 Abschn. 7; 8					Abschn. 1; Abschn. 9 iVm Anl. 3; Anlage 3 VfG 630/ 1989 iVm DIN 55515 Teil 1	
SichBio B008[2] Abschn. 8; 9					Abschn. 1, 3.1 - 3.3	
SichBio B009					Verfg. Abschn. 2	

Fortsetzung zu A.2 GELTUNGSBEREICH UND ANWENDBARKEIT

Arbeitssicherheit/ Unfallverhütung	Technische Sicherheit	Chemikalien und Gefahrstoffe	Strahlenschutz	Seuchen, Tierseuchen, Pflanzenkrankheiten	Transport	Tierschutz
					AGB FrD Inl Abschn. 1; Abschn. 11 iVm Anl. 3 d. AGB BfD Inl **AGB BfD Ausl**[9] Abschn. 1; Abschn. 2 Abs. 10 iVm Anl. 12, Abs. 11 iVm AGB FrD Ausl; Anlage 12 **AGB FrD Ausl**[9] Abschn. 1 u. 12 Anlage 3 u. 4	

A.3 REGELWERKE ENTHALTEN EXPLIZITE AUSSAGEN ÜBER GVO

Gentechnik				Wasser- und Gewässerschutz		Luftreinhaltung
		Abfall				**BImSchG**
ja		nein		nein		§ 67 Abs. 6

Arbeitssicherheit/ Unfallverhütung	Technische Sicherheit	Chemikalien und Gefahrstoffe	Strahlenschutz	Seuchen, Tierseuchen, Pflanzenkrankheiten	Transport	Tierschutz
ja	nein	nein	nein	nein	ja, GGVS/ADR[10], GGVE/RID[10]	ja, TierSchG

A.4	RELEVANZ DER REGELWERKE FÜR PLANUNG, ERRICHTUNG, ÄNDERUNG ODER BETRIEB GENTECHNISCHER ANLAGEN BZW. FÜR DIE FREISETZUNG VON GVO						
A.4.1	RELEVANZ DER REGELWERKE FÜR PLANUNG, ERRICHTUNG ODER ÄNDERUNG GENTECHNISCHER ANLAGEN						
Gentechnik	Abfall		Wasser- und Gewässerschutz	Luftreinhaltung			
GenTG	AbfG		WHG	BImSchG			
GenTSV	AbfBetrBV		AbwHerkV	4. BImSchV			
GenTVfV	TA Abfall		Rahmen-AbwasserVwV	5. BImSchV			
<GenTAufzV>	Merkblatt LAGA		VwVwS	9. BImSchV			
GenTAnhV	TierKBG						
ZKBSV							
BGenTGKostV							
Arbeitssicherheit/ Unfallverhütung	Technische Sicherheit	Chemikalien und Gefahrstoffe	Strahlenschutz	Seuchen, Tierseuchen, Pflanzenkrankheiten	Transport	Tierschutz	
VBG 102	GSG	ChemG	AtomG	<BSeuchG>	<GGVS/ADR[4/5]>	TierSchG[1]	
SichBio B001	DampfkV	GefStoffV	StrlSchV	VBG 103	<GGVE/RID[4/5]>		
SichBio B002	DruckbehV			<TierSG>			
SichBio B003	ElexV			TierSErrV			
SichBio B004	VbF						
SichBio B005							
SichBio B006							
SichBio B007							
SichBio B008							
SichBio B009							
Merkblätter können als anschaulicher Leitfaden dienen; GenTSV regelt abschließend							

A.4.2 RELEVANZ DER REGELWERKE FÜR DEN BETRIEB GENTECHNISCHER ANLAGEN							
Gentechnik	Abfall	Wasser- und Gewässerschutz		Luftreinhaltung			
GenTG GenTSV GenTVfV GenTAufzV ZKBSV	AbfG AbfRestÜberwV AbfBetrBV AbfBestV RestBestV TA Abfall Merkblatt LAGA TierKBG	WHG AbwHerkV Rahmen-AbwasserVwV VwVwS		BImSchG			
Arbeitssicherheit/ Unfallverhütung	Technische Sicherheit	Chemikalien und Gefahrstoffe	Strahlenschutz	Seuchen, Tierseuchen, Pflanzenkrankheiten	Transport		Tierschutz
VBG 102 SichBio B001 SichBio B002 SichBio B003 SichBio B004 SichBio B005 SichBio B006 SichBio B007 SichBio B008 SichBio B009	GSG DampfkV DruckbehV ElexV VbF	ChemG GefStoffV	AtomG StrlSchV	BSeuchG VBG 103 TierSG TierSErrV	GBGG[4/5] (indirekt) GGVS/ADR[4/5] GGAV[4/5] GGVE/RID[4/5] AGB BfD Inl[4] AGB FrD Inl[4] AGB BfD Ausl[4] AGB FrD Ausl[4]		TierSchG[1]

A.4.3 RELEVANZ DER REGELWERKE FÜR DIE FREISETZUNG ODER DAS INVERKEHRBRINGEN VON GVO							
Gentechnik	Abfall	Wasser- und Gewässerschutz		Luftreinhaltung			
GenTG GenTVfV GenTAnhV ZKBSV BGenTGKostV	AbfG § 14	WHG					
Arbeitssicherheit/ Unfallverhütung	Technische Sicherheit	Chemikalien und Gefahrstoffe	Strahlenschutz	Seuchen, Tierseuchen, Pflanzenkrankheiten	Transport		Tierschutz
nein	nein	ChemG GefStoffV	nein	ja	GBGG[4/5] (indirekt) GGVS/ADR[4/5] GGAV[4/5] GGVE/RID[4/5] AGB BfD Inl[4] AGB FrD Inl[4] AGB BfD Ausl[4] AGB FrD Ausl[4]		

A.5 DIE REGELWERKE BESTIMMEN UNTERSCHIEDLICHE SICHERHEITSSTUFEN ODER RISIKOKATEGORIEN					
Gentechnik	Abfall		Wasser- und Gewässerschutz	Luftreinhaltung	Tierschutz
GenTG § 7 **GenTSV** §§ 2; 4 - 7	**AbfG** § 2 **AbfBestV** § 1 **RestBestV** § 1 **TA Abfall** Nr. 4.4 **Merkblatt LAGA** Nr. 3.2		**WHG** §§ 7a; 19g **AbwHerkV** (indirekt) **VwVwS** Nr. 3	**BImSchG** §§ 4; 22	nein

Arbeitssicherheit/ Unfallverhütung	Technische Sicherheit	Chemikalien und Gefahrstoffe	Strahlenschutz	Seuchen, Tierseuchen, Pflanzenkrankheiten	Transport
VBG 102 § 3 **SichBio B002**[11] Abschn. 4 **Sich Bio B003**[11] Abschn. 5	**DampfkV** § 4 **DruckbehV** § 8 **ElexV** § 2 Abs. 4 **VbF** § 3 Abs. 1	**ChemG** § 3a iVm § 4 Abs. 1 GefStoffV; § 19 Abs. 2[12] iVm § 4 Abs. 2 GefStoffV **GefStoffV** § 3 Abs. 1[12], §§ 4[12], 4a[12], 4b[12], 15; § 15a Abs. 1; § 35	**AtomG** nicht explizit **StrlSchV** nicht explizit	**BSeuchG** § 19 iVm DIN 58 956 Teil 1 **VBG 103** Kap. III	**GGVS/ADR**[4/5] Anlage A Rdnr. 2002 Abs. 2 Gef.kl. 1 - 9, insb. Kl. 6.2 **GGVE/RID**[4/5] Anlage Rdnr. 1 Abs. 2 Gef.kl. 1 - 9, insb. Kl. 6.2 **AGB BfD Inl**[4/7] Abschn. 1 u. 2 Anlage 3 Abschn. 3.1 u. 3.2 **AGB FrD Inl** Anlage 7 Abschn. 3 - 7 u. 11 **AGB FrD Ausl** Abschn. 12 **AGB BfD Ausl** Abschn. 2 Abs. 10 - 13

A.6 DIE REGELWERKE UNTERSCHEIDEN IN IHREN ANFORDERUNGEN ZWISCHEN FORSCHUNG UND GEWERBE

Gentechnik	Abfall	Wasser- und Gewässerschutz	Luftreinhaltung
GenTG §§ 9 - 11; § 18 Abs. 1 **GenTSV** § 5 iVm Anh.I; § 7 Abs. 2 u. 3 iVm Anh.I Anhang I Teil A Nr. I u. II.; Teil B Nr. I. u. II. **GenTVfV** § 4 iVm Anl. 1 Anlage 1 **GenTAufzV** **GenTAnhV**	Nur indirekt: **AbfBestV** § 1 Abs. 2 **RestBestV** § 1 Abs. 2 **AbfBetrBV** § 1 **TierKBG** § 8 Abs. 2	nein	**BImSchG** § 4 Abs. 1; § 12 Abs. 2 **4. BImSchV** § 2 Abs. 3 iVm Anh. Anhang Nr. 4

Arbeitssicherheit/ Unfallverhütung	Technische Sicherheit	Chemikalien und Gefahrstoffe	Strahlenschutz	Seuchen, Tierseuchen, Pflanzenkrankheiten	Transport	Tierschutz
nicht explizit	**VbF** (indirekt § 2 Abs. 2)	**GefStoffV** § 37 Abs. 8; <§ 43>; § 41 Abs. 8	nein	**BSeuchG** § 20 Abs. 1 Nr. 4 **TierSG** § 17d Abs. 2; § 17e **TierSErrV** § 3 Abs. 2 **TierSErrEinfV** § 1 Abs. 2 u. 3; § 2 Abs. 2; §§ 3; 4; 7	nein	nein

B. GENEHMIGUNG UND ANMELDUNG GENTECHNISCHER ANLAGEN UND ARBEITEN

Gentechnik	Abfall	Wasser- und Gewässerschutz	Luftreinhaltung
GenTG §§ 2; 3; § 6 Abs. 1 u. 2; §§ 7 - 12; 18			**BImSchG** § 4 Abs. 1 **4. BImSchV** § 1 iVm Anh.; § 2 iVm Anh. Anhang Nr. 4; Anhang Nr. 8 **9. BImSchV**

B.1 BERATUNG MIT DER BEHÖRDE

Gentechnik	Abfall	Wasser- und Gewässerschutz	Luftreinhaltung
GenTG § 8; § 9 Abs. 2; § 10 Abs. 3; §§ 11 - 13; 17; 19; <21>; 22; § 41 Abs. 1 - 4 **GenTVfV** § 1 Nr. 1a - 1d; 2a; 3a - 3d; §§ 2; 4; 7; 8 Anlage 1 **ZKBSV** §§ 1; 14	**AbfG** §§ 4a; 6; § 7 Abs. 1; §§ 11a; 19; <29a> **AbfBetrBV** **TA Abfall** Nr. 3; 4 **Merkblatt LAGA** Nr.7; 7.3; 8 **TierKBG** § 8 Abs. 2	**WHG** § 2 iVm § 3; §§ 4 - 7a; 9a; 18a; 18b; <18<>; 19g; 19h; <32a>; <33>; <§ 34 Abs. 1> **AbwHerkV** iVm § 7a Abs. 1 WHG **Rahmen-AbwasserVwV** **VwVwS**	**BImSchG** § 4 Abs. 1; § 10; § 15 Abs. 1; §§ 19; 22 **4. BImSchV**

Arbeitssicherheit/ Unfallverhütung	Technische Sicherheit	Chemikalien und Gefahrstoffe	Strahlenschutz	Seuchen, Tierseuchen, Pflanzenkrankheiten	Transport	Tierschutz
Anm.: Beratung erfolgt falls notwendig mit der BG-Chemie	**DampfkV** §§ 10; 12; 13	**GefStoffV** <§ 15d Abs. 2>; <§ 37>	**AtomG** § 24 **StrlSchV** § 3 Abs. 1 iVm § 2 Abs. 1 Nr. 2 d. AtomG § 4 iVm Anl. II u. III d. StrlSchV	**BSeuchG** § 77; § 78 Abs. 1 Nr. 6 **TierSG** § 17 Abs. 1 Nr. 16 iVm TierSErV; § 17 d iVm TierImpfstoffV **TierSErrV** §§ 2 - 4	**GBGG**[4/5] § 5 **GGVS/ADR**[4/5] § 3 Abs. 1; §§ 5; 6 **GGVE/RID**[4/5] § 3 Abs. 1; §§ 5; 6 **AGB BfD Inl**[4/7] Deutsche Bundespost **AGB FrD Inl** Deutsche Bundespost	**TierSchG** § 7; § 8 iVm Nr. 1 u. Anl. 1 TierSchGAVwV § 8a iVm Nr.2 u. Anl.2 TierSchGAVwV; § 11 Abs. 1 iVm Nr. 5 u. Anl. 5 TierSchGAVwV; § 11a Abs. 3 iVm VersuchstierV

40

B 2	ART UND UMFANG DER ANTRAGS- UND ANMELDEUNTERLAGEN					
Gentechnik	Abfall			Wasser- und Gewässerschutz	Luftreinhaltung	
GenTG[3] §§ 11; 12; 17; 17a **GenTVfV**[13] § 3; § 4 iVm Anl.1; §§ 7; 8 Anlage 1 Teile I - IV **ZKBSV** § 1 Abs. 2; § 14	**AbfG**	**TA Abfall** Anhang A			**BImSchG** § 10 Abs. 1, 5, 7, 10 iVm 9. BImSchV; § 19 iVm 9. BImSchV **9. BImSchV** § 2 Abs. 1; §§ 3 - 4d; <4e>; 5; 7; § 22 Abs. 1; § 23 Abs. 1; §§ 24; 24a	
Arbeitssicherheit/ Unfallverhütung	Technische Sicherheit	Chemikalien und Gefahrstoffe	Strahlenschutz	Seuchen, Tierseuchen, Pflanzenkrankheiten	Transport	Tierschutz
VBG 102 §§ 17; 18; 20 **SichBio B008** Abschn. 7 iVm Anh.5[13]	**DampfkV** § 10 Abs. 1 u. 2	**GefStoffV** <§ 15d Abs. 2>; §§ 37; <42>; <43>; § 44 Abs. 3				**TierSchG** § 8
B 2.1	TECHNISCHE ERFORDERNISSE (GEBÄUDE, RÄUME, ANLAGEN, APPARATUREN, EINRICHTUNGEN)					
Gentechnik	Abfall			Wasser- und Gewässerschutz	Luftreinhaltung	
GenTG § 3 Nr. 4 u. 13; § 6 Abs.2; § 7 iVm §§ 4ff. **GenTSV**; § 19; § 21 Abs. 2; § 23 **GenTSV** § 8; § 9 iVm Anh. III; § 10 iVm Anh. IV; § 11 iVm Anh. V; § 12 Abs. 5 u. 6; § 13 Anhang III Teil A; Teil B Anhang IV Anhang V	**AbfG** § 1a Abs. 1 u. 2; § 3 Abs. 1 - 6 insb. Abs. 3 u. 4; § 4 **TA Abfall** Nr.6; 7; 8 **Merkblatt LAGA** Nr. 5 IVm Nr. 3.2; Nr. 6 iVm Nr. 3.2; Nr. 6.1 **TierKBG** § 13			**WHG** §§ 4; 5; § 7a iVm AbwHerkV, Rahmen-AbwasserVwV; §§ 18a; 18b; § 19g iVm VwVwS; §§ 19h; 19k; <§ 26 Abs. 2>; <§ 27> **Rahmen-AbwasserVwV** **VwVwS**	**BImSchG** § 5 Abs. 1 Nr. 1 - 3, Abs. 3; § 7 Abs.1 - 4, auch iVm 12.BImSchV	
Arbeitssicherheit/ Unfallverhütung	Technische Sicherheit	Chemikalien und Gefahrstoffe	Strahlenschutz	Seuchen, Tierseuchen, Pflanzenkrankheiten	Transport	Tierschutz
VBG 102 §§ 4; <5>; 6; 7; <1> **SichBio B002**[14] Abschn. 8; 9 **SichBio B003**[14] Abschn. 9; 10 **SichBio B005**[15] Abschn. 8 **SichBio B009** Abschn. 1.4	**DampfkV** § 6 Abs. 1 iVm Anh.; §§ 7; 8; 15 **DruckbehV** § 4 Abs. 1 iVm Anh. I; §§ 5; 6; 8 § 9 iVm § 8; § 30a **ElexV** § 3 Abs. 1 iVm Anh.; §§ 4; 5; 7; 8; 10 - 12	**GefStoffV** §§ 15d; 17; 19; 22 - 26; 36; 40; § 44 Abs. 1 u. 2	**AtomG** § 14 Abs. 3	**BSeuchG** § 20 Abs. 1 u. 3 Nr. 2; § 22 Abs.1 Nr.2; §§ 23; 24; 75 **VBG 103** §§ 6; 7; 16; 21; 24 - 28 **TierSG** § 17d iVm TierImpfstoffV		**TierSchG** <§ 2a iVm TierBetSchV>

Fortsetzung B.2.1 TECHNISCHE ERFORDERNISSE (GEBÄUDE, RÄUME, ANLAGEN, APPARATUREN, EINRICHTUNGEN)						
Arbeitssicherheit/ Unfallverhütung	Technische Sicherheit	Chemikalien und Gefahrstoffe	Strahlenschutz	Seuchen, Tierseuchen, Pflanzenkrankheiten	Transport	Tierschutz
	VbF § 4 Abs. 1 iVm Anh. II u. III; §§ 5; 6; § 12 Abs. 1 u. 2					

B.2.2 ORGANISATORISCHE UND PERSONELLE ERFORDERNISSE						
Gentechnik	Abfall		Wasser- und Gewässerschutz		Luftreinhaltung	
GenTG § 3 Nr. 9, 10 u. 11; § 6 Abs. 2 u. 4; § 7 iVm GenTSV; § 19 **GenTSV** §§; § 9 iVm Anh. III; § 10 iVm Anh. IV; § 11 iVm Anh. V; §§ 12; 14 - 18 Anhang III Teil A; Teil B Anhang IV Anhang V	**AbfG** § 4 Abs. 3; § 8; § 11a Abs. 1 iVm AbfBetrBV; § 11c **AbfBetrBV** **TA Abfall** Nr. 5		**WHG** § 4 Abs. 2 Nr. 2; §§ 19i; 19l; 21a		**BImSchG** §§ 52a; 53; 58a	

Arbeitssicherheit/ Unfallverhütung	Technische Sicherheit	Chemikalien und Gefahrstoffe	Strahlenschutz	Seuchen, Tierseuchen, Pflanzenkrankheiten	Transport	Tierschutz
VBG 102 §§ 5; 8 **B002-B009**[16]		**GefStoffV** §§ 15d; 17 - 22; <23>; <24>; 25; 26; 28 ff.; 36; 40; § 44 Abs. 1 u. 2		**BSeuchG** § 20 Abs. 1 u. 3 Nr. 1; § 21; § 22 Abs. 1 Nr. 1, Abs. 2 - 4; §§ 23 - 25 **VBG 103** § 2; § 2a iVm Anl. z. §§ 2a; 4 **TierSG** § 17 Abs. 1 Nr. 16 iVm TierSErrV; § 17d iVm TierImpfstoffV **TierSErrV** §§ 4; 5		**TierschG** § 8b iVm Nr. 3 TierSchGAVwV; § 9 iVm Nr. 3 u. 4 u. Anl. 3 u. 4 TierSchGAVwV

B.2.3	SONSTIGE ERFORDERNISSE						
Gentechnik	Abfall			Wasser- und Gewässerschutz		Luftreinhaltung	
GenTSV § 12 Abs. 5						**BImSchG** § 28	
Arbeitssicherheit/ Unfallverhütung	Technische Sicherheit	Chemikalien und Gefahrstoffe	Strahlenschutz	Seuchen, Tierseuchen, Pflanzenkrankheiten	Transport		Tierschutz
	DampfkV §§ 10; 11 **VbF** § 8 Abs. 1 Nr. 1 u. 4; § 9 Abs. 1 Nr. 1, 3 u. 4; § 10; § 13 Abs. 1 Nr. 1 u. 2 Nr. 1						

B.3	EINREICHEN DER ANTRAGS- UND ANMELDEUNTERLAGEN						
Gentechnik	Abfall			Wasser- und Gewässerschutz		Luftreinhaltung	
GenTG § 8 Abs. 2; § 9 Abs. 1; § 10 Abs. 1; § 11 Abs. 5; § 12 Abs. 4, 6 **GenTVfV** § 3						**BImSchG** § 10 Abs. 1 **9. BImSchV** § 2 Abs. 1	
Arbeitssicherheit/ Unfallverhütung	Technische Sicherheit	Chemikalien und Gefahrstoffe	Strahlenschutz	Seuchen, Tierseuchen, Pflanzenkrankheiten	Transport		Tierschutz
VBG 102 §§ 17; 18 **SichBio** B002 Abschn. 6 **SichBio** B003 Abschn. 7 iVm Formu- larsatz ZH 1/195 d. BG-Chemie		**GefStoffV** <§ 15d Abs.2>; §§ 37; 40		**BSeuchG** § 20 Abs. 2			**TierSchG** § 8 iVm Nr. 1 u. Anl. 1 TierSchGAVwV; § 8a iVm Nr. 2 u. Anl. 2 TierSchGAVwV

B.4 DAUER DES GENEHMIGUNGS- BZW. ANMELDEVERFAHRENS (FRISTEN)						
Gentechnik	Abfall			Wasser- und Gewässerschutz		Luftreinhaltung
GenTG § 11 Abs. 6 u. 7; § 12 Abs. 6 - 9 **GenTVfV** §§ 9; 10 **GenTAnhV** §§ 2; 3; § 5 Abs. 1; §§ 6; 8; 9 **ZKBSV** § 9 Abs. 1; § 14 Abs. 1						**BImSchG** § 10 Abs. 6a
Arbeitssicherheit/ Unfallverhütung	Technische Sicherheit	Chemikalien und Gefahrstoffe	Strahlenschutz		Seuchen, Tierseuchen, Pflanzenkrankheiten	Transport	Tierschutz
		GefStoffV §§ 37 Abs. 1 u. 3; § 40					

B.5 ÖFFENTLICHKEITSBETEILIGUNG						
Gentechnik	Abfall			Wasser- und Gewässerschutz		Luftreinhaltung
GenTG § 17a; § 18 Abs. 1 u. 3 **GenTVfV** § 4 **GenTAnhV** §§ 1 - 10	**AbfG** § 7 Abs. 1			**WHG** §§ 7; <9>; <18c>		**BImSchG** <§§ 10; 19> **4. BImSchV** <§ 2> **9. BImSchV** <2. Abschn, 3. Abschn.>
Arbeitssicherheit/ Unfallverhütung	Technische Sicherheit	Chemikalien und Gefahrstoffe	Strahlenschutz		Seuchen, Tierseuchen, Pflanzenkrankheiten	Transport	Tierschutz
nein		nein	i. d. R. nein		nein	nein	nein

B.6 BETRIEBSGEHEIMNISSE						
Gentechnik	Abfall			Wasser- und Gewässerschutz		Luftreinhaltung
GenTG § 17a **GenTVfV** § 4 Abs. 3						**BImSchG** <§ 10 Abs. 2>; <§ 19>; <§ 27 Abs. 3> **9. BImSchV** <§ 4 Abs. 3>

Band 4.1 "Umweltschutz- Regelwerke" Kapitel 4 „Die Regelwerke im Überblick"

PFLICHTEN IM RAHMEN DES GENEHMIGUNGS- BZW. ANMELDEVERFAHRENS SEITENS DES ANTRAGSTELLERS ODER DER BEHÖRDE

B.7

B.7.1 MELDE- UND AUSKUNFTSPFLICHTEN

Gentechnik	Abfall	Technische Sicherheit / Arbeitssicherheit/ Unfallverhütung	Chemikalien und Gefahrstoffe	Strahlenschutz	Wasser- und Gewässerschutz	Seuchen, Tierseuchen, Pflanzenkrankheiten	Luftreinhaltung	Transport	Tierschutz
GenTG § 21 Abs. 1, 1a, 2 u. 5; § 25 Abs. 2 - 5; § 28	**TA Abfall** Anhang A	**VBG 102** §§ 17; 18 **SichBio B002** Abschn. 6 **SichBio B003** Abschn. 7 iVm Formularsatz ZH 1/195 d. BG-Chemie	**GefStoffV** §§ 37; 40	**AtomG** § 19 Abs. 2	**WHG** § 21	**BSeuchG** §§ 19; 20; 21; 22 **TierSErrV** §§ 5; 6			

B.7.2 BEWERTUNGSPFLICHTEN (SICHERHEITSEINSTUFUNG)

Gentechnik	Abfall	Technische Sicherheit / Arbeitssicherheit/ Unfallverhütung	Chemikalien und Gefahrstoffe	Strahlenschutz	Wasser- und Gewässerschutz	Seuchen, Tierseuchen, Pflanzenkrankheiten	Luftreinhaltung	Transport	Tierschutz
GenTG § 5; § 6 Abs. 1; § 7; § 11 Abs. 2 Nr. 5 (iVm § 6 Abs. 1), Abs. 8 (Beh.); § 12 Abs. 5 (Beh.) **GenTSV** §§ 4; 5; § 6 iVm Anh. II; § 7	**TA Abfall** Nr. 4 Anhang A	**VBG 102** §§ 3; 4 **SichBio B002** Abschn. 7 iVm SichBio B004 - B009, Merkbl. A002 u. A003 **SichBio B003** Abschn. 8 iVm SichBio B004 - B009, Merkbl. A002 u. A003 **SichBio B004** Abschn. 1.9	**GefStoffV** §§ 2 - 4b; § 18 Abs. 1; §§ 16; 35; § 36 Abs. 1 u. 2; § 40	**StrlSchV** § 3 Abs. 1 iVm § 2 Abs. 1 Nr. 2 AtomG; § 4 iVm Anl. II u. III StrlSchV	**VwVwS** iVm §§ 19g - 19l WHG	**BSeuchG** § 19 iVm DIN 58 956 Teil 1			

Fortsetzung zu B.7.2 BEWERTUNGSPFLICHTEN (SICHERHEITSEINSTUFUNG)						
Arbeitssicherheit/ Unfallverhütung	Technische Sicherheit	Chemikalien und Gefahrstoffe	Strahlenschutz	Seuchen, Tierseuchen, Pflanzenkrankheiten	Transport	Tierschutz
SichBio B005 Abschn. 4; 7 **SichBio B006** Abschn. 7 **SichBio B007** Abschn. 8 **SichBio B008** **SichBio B009** Abschn. 1.5; 2						

B.7.3 SONSTIGE PFLICHTEN						
Gentechnik		Abfall		Wasser- und Gewässerschutz		Lufreinhaltung
GenTG § 6 Abs. 2 u. 4; §§ 21; 25; 36 **GenTSV** § 8 Abs. 1, 4, 5 u. 6		**AbfG** § 3 Abs. 1 - 6 **TA Abfall** Nr. 3.2		**WHG** § 19i		

B.8 ENTSCHEIDUNG DER BEHÖRDE						
Gentechnik		Abfall		Wasser- und Gewässerschutz		Lufreinhaltung
GenTVfV §§ 10 - 12; 14						

Arbeitssicherheit/ Unfallverhütung	Technische Sicherheit	Chemikalien und Gefahrstoffe	Strahlenschutz	Seuchen, Tierseuchen, Pflanzenkrankheiten	Transport	Tierschutz
				BSeuchG § 20 Abs. 2; §§ 22; 23		**TierSchGAVwV** Nr. 1.4

B.8.1 VORZEITIGER BEGINN GENTECHNISCHER ARBEITEN						
Gentechnik		Abfall		Wasser- und Gewässerschutz		Lufreinhaltung
GenTG § 12 Abs. 8				**WHG** § 9a		**BImSchG** § 15a **9. BImSchV** § 24a

B.8.2 TEILGENEHMIGUNG						
Gentechnik		Abfall		Wasser- und Gewässerschutz		Lufreinhaltung
GenTG § 13 Abs. 2						**BImSchG** §§ 8; 9; 11; § 12 Abs. 3 **9. BImSchV** §§ 22; 23

B.8.3 GENEHMIGUNG						
Gentechnik	Abfall			Wasser- und Gewässerschutz	Luftreinhaltung	
GenTG § 13 Abs. 1 u. 3	**AbfG** § 7 Abs. 1				**BImSchG** § 4 Abs. 1; §§ 6; 12; 13 **9. BImSchV** §§ 20; 21	
Arbeitssicherheit/ Unfallverhütung	Technische Sicherheit	Chemikalien und Gefahrstoffe	Strahlenschutz	Seuchen, Tierseuchen, Pflanzenkrankheiten	Transport	Tierschutz
			StrlSchV § 6			
B.9 ANTRAG AUF SOFORTVOLLZUG DER GENEHMIGUNG						
Gentechnik	Abfall			Wasser- und Gewässerschutz	Luftreinhaltung	
					BImSchG	
B.10 ERLÖSCHEN DER GENEHMIGUNG						
Gentechnik	Abfall			Wasser- und Gewässerschutz	Luftreinhaltung	
GenTG § 20 Abs. 1					**BImSchG** § 18; § 21 Abs. 1	
Arbeitssicherheit/ Unfallverhütung	Technische Sicherheit	Chemikalien und Gefahrstoffe	Strahlenschutz	Seuchen, Tierseuchen, Pflanzenkrankheiten	Transport	Tierschutz
				BSeuchG § 23 iVm § 22		

C.	BETRIEB GENTECHNISCHER ANLAGEN						
C.1	GRUNDPFLICHTEN						
C.1.1	MELDE-, AUSKUNFTS- UND UNTERRICHTUNGSPFLICHTEN						
Gentechnik		Abfall	Chemikalien und Gefahrstoffe	Strahlenschutz	Wasser- und Gewässerschutz	Luftreinhaltung	
GenTG §§ 21; 25 Abs. 2 - 5; §§ 28; 35 **GenTSV** § 8; § 9 iVm Anh. III; § 10 iVm Anh. IV; § 14 Nr. 6, 8 Anhang III Teil A Anhang IV Anhang V **GenTAufzV** § 4 Abs. 1		**AbfG** <§ 4a (Beh.)>; § 10 Abs. 1 u. 3; § 11 Abs. 2 u. 3 iVm AbfRestÜberVO, Abs. 4 u. 5; § 11c Abs. 1 **TierKBG** § 9	**ChemG**[17] §§ 4 - 6; 16 - 16e **GefStoffV** § 15d Abs. 2 iVm Anh. V Nr. 5; § 15e iVm Anh. V Nr. 6; § 21; 37; 40; § 44 Abs. 3	**AtomG** § 19 Abs. 2 **StrlSchV** § 78	**WHG** § 4 Abs. 1 u. 2; §§19; 21	**BImSchG** § 16; § 27 iVm 11. BImSchV; § 31; § 52 Abs. 2, 5	
Arbeitssicherheit/ Unfallverhütung	Technische Sicherheit				Seuchen, Tierseuchen, Pflanzenkrankheiten	Transport	Tierschutz
VBG 102 §§ 17; 18 **SichBio B002** Abschn. 6 iVm Formularsatz ZH 1/195 d. BG-Chemie **SichBio B003** Abschn. 7 iVm Formularsatz ZH 1/195 d. BG-Chemie	**DampfkV** § 28 **DruckbehV** §§ 33; 34 **ElexV** § 17 **VbF** §§ 22; 23				**BSeuchG** § 10; § 12 Abs. 1 Satz 2f, Abs. 3; §§ 12a; 24; 25 **VBG 103** § 5 Abs. 1 **TierSG** § 17d Abs. 2 **TierSErrV** §§ 5; 6; <9> **TierSG** § 10 iVm MeldTierKrV[18]	**GBGG**[45] § 9 Abs. 2 **AGBFrInl** Abschn. 11 Abs. 3	**TierSchG** § 9a iVm VersuchstierMV

C.1.2 ÜBERWACHUNGSPFLICHTEN							
Gentechnik	Abfall		Wasser- und Gewässerschutz		Luftreinhaltung	
GenTG § 25 Abs. 1 (Beh.) **GenTSV** § 9 iVm Anh. III; § 10 iVm Anh. IV; § 11 iVm Anh. V; § 18 Abs. 1 Nr. 1 Anhang III Teil A; Teil B Anhang IV Anhang V	**AbfG** § 11; § 11b Abs. 1 Nr. 1 u. 2 **TA Abfall** Nr. 5, 5.4, 5.4.4 **Merkblatt LAGA** Nr. 7		**WHG** § 4 Abs. 2 Nr. 1; § 5 Abs. 1 Nr. 2; § 19i Abs. 2 u. 3; §§ <19k>; 21 (Beh.); § 21b Abs. 1 Nr. 1 **Rahmen-AbwasserVwV**		**BImSchG** § 28; § 29 Abs. 1 u. 2; § 29a; § 52 Abs. 1 (Beh.); § 54 Abs. 1 Nr. 3	
Arbeitssicherheit/ Unfallverhütung	Technische Sicherheit	Chemikalien und Gefahrstoffe	Strahlenschutz	Seuchen, Tierseuchen, Pflanzenkrankheiten	Transport	Tierschutz
VBG 102 § 10 Abs. 5; §§ 12; 13; 15	**DampfkV** §§ 25; <26> **DruckbehV** § 13 **ElexV** § 13 **VbF** § 21	**ChemG**[17] § 21 (Beh.) **GefStoffV** § 18; <§ 19 Abs. 4>[19]; § 25 Anhang V Nr. 5.2.4	**AtomG** § 19 **StrlSchV** §§ 61; 68	**BSeuchG** § 10; § 12 Abs. 1 Satz 2f, Abs. 2; §§ 12a; 25 (Beh.) **TierSG** §§ 17e (Beh.); 73	**GBGG**[4/5] §§ 8; 9	**TierSchG** <§ 2a Abs. 1> **TierSchGAVwV** Nr. 1.3 (Beh.)

C.1.3 AUFZEICHNUNGSPFLICHTEN			
Gentechnik	Abfall	Wasser- und Gewässerschutz	Luftreinhaltung
GenTG § 6 Abs. 3 **GenTSV** § 9 iVm Anh. III; § 10 iVm Anh. IV; § 11 iVm Anh. V; § 12 Abs. 3 Satz 4 u. 6; § 14 Nr. 5; § 18 Abs. 2 Anhang III Teil A; Teil B Anhang IV Anhang V **GenTAufzV** §§ 1 - 4	**AbfG** § 11 Abs. 2 u. 3 iVm AbfRestÜberwVO **TA Abfall** Nr. 5, 5.4, 5.4.2 u. 5.4.3	**WHG** § 4; § 21b Abs. 1 Nr. 1	**BImSchG** § 29 Abs.1 u. 2; § 31

Kapitel 4 „Die Regelwerke im Überblick" Band 4.1 "Umweltschutz- Regelwerke"

Fortsetzung zu C.1.3 AUFZEICHNUNGSPFLICHTEN

Arbeitssicherheit/ Unfallverhütung	Technische Sicherheit	Chemikalien und Gefahrstoffe	Strahlenschutz	Seuchen, Tierseuchen, Pflanzenkrankheiten	Transport	Tierschutz
VBG 102 § 9 Abs. 2 **SichBio B008** Abschn. 8 iVm Anh. 6	**DampfkV** § 22 **DruckbehV** § 14 **ElexV** § 14 **VbF** § 18	**ChemG**[17] Anhang 1 **GefStoffV** § 16 Abs. 3a; § 18 Abs. 3 u. 5; <§ 34> Anhang V Nr. 5.2.3; Nr. 6.4.3	**StrlSchV** §§ 66; 78	**TierSErrV** § 9		**TierSchG** § 9a iVm VersuchstierMV § 11a Abs. 1 u. 3 iVm VersuchstierV

C.1.4 BEWERTUNGSPFLICHTEN

Gentechnik	Abfall		Luftreinhaltung			
GenTG § 6 Abs.1 u. 2 **GenTSV** § 4; § 5 iVm Anh.I; § 6 iVm Anh.II; § 7 iVm Anh.I u. II; § 12 Abs. 6	Siehe B.7.2					

Arbeitssicherheit/ Unfallverhütung	Technische Sicherheit	Chemikalien und Gefahrstoffe	Strahlenschutz	Seuchen, Tierseuchen, Pflanzenkrankheiten	Transport	Tierschutz
VBG 102 §§ 3; 4 **SichBio B002** Abschn. 7 iVm SichBio B004 - B009, Merkbl. A002 u. A003 **SichBio B003** Abschn. 8 iVm SichBio B004 - B009, Merkbl. A002 u. A003 **SichBio B004** Abschn. 1.9 **SichBio B005** Abschn. 4 u. 7 **SichBio B006** Abschn. 7 **SichBio B007** Abschn. 8 **SichBio B008** **SichBio B009** Abschn. 1.5 u. 2		**ChemG**[17] § 13 **GefStoffV** §§ 3 - 4b; 16; § 18 Abs. 1; § 35; § 36 Abs. 1 u. 2; § 40 Anhang I Nr. 5	**AtomG** § 24 **StrlSchV** § 3 Abs. 1 iVm § 2 Abs. 1 Nr. 2 AtomG; § 4 iVm Anl. II u. III StrlSchV	**BSeuchG** § 19 iVm DIN 58 956 Teil 1	**AGBInl** Abschn. 2	

Wasser- und Gewässerschutz

50

C.1.5 SONSTIGE PFLICHTEN

Gentechnik	Abfall	Wasser- und Gewässerschutz	Seuchen, Tierseuchen, Pflanzenkrankheiten	Luftreinhaltung
GenTG § 6 **GenTSV** §§ 8; 14; 18; 19	**AbfG** § 3 Abs. 1 - 6	**WHG** §§ 19; 21; 21b - 21d		**BImSchG** § 5 Abs. 1 Nr. 1 - 3, Abs. 3; § 7 Abs.1 - 4, auch iVm 12.BImSchV; §§ 22; 23

Arbeitssicherheit/ Unfallverhütung	Technische Sicherheit	Chemikalien und Gefahrstoffe	Strahlenschutz	Transport	Tierschutz
VBG 102[20] §§ 4 - 16	**GSG** § 12 Abs. 3 u. 4 iVm § 11 (Beh.); § 13 **DampfkV** §§ 15 - 23 **DruckbehV** §§ 10 - 14; 30b; 30c **ElexV** §§ 9 - 14 **VbF** § 13 Abs. 2; § 15	**ChemG**[17] §§ 13; 20; 20a **GefStoffV** §§ 5 - 14; 17; § 23[21]; §§ 36, 40	**AtomG** § 19 **StrlSchV** §§ 31; 35	**GGVS/ADR**[^{U5}] <Anlage B Rdnr. 10050>	

C.1.6 ORGANISATORISCHE UND PERSONELLE RAHMENBEDINGUNGEN

Gentechnik	Abfall	Wasser- und Gewässerschutz	Luftreinhaltung
GenTG § 3 Nr. 9 - 11, 13; § 6 Abs. 4; § 11 Abs. 2, 4 u. 8; § 12 Abs. 2, 3 u. 5; § 13 Abs. 1 Nr. 1 - 4; § 21 Abs. 1; § 31 (Beh.) **GenTSV** § 8; § 9 iVm Anh. III; § 10 iVm Anh. IV; § 11 iVm Anh. V; § 12 iVm Anh. VI; §§ 13; 14 - 19 **Anhang V**	**AbfG** §§ 3; 4; 11a - 11f **TA Abfall** Nr. 5, 5.2, 5.3, 5.4 - 5.4.2 **Merkblatt LAGA** Nr. 7 - 7.2	**WHG** § 4 Abs. 2 Nr. 2; § 19g Abs.3; §§ 19l; 21a - 21e	**BImSchG** §§ 52a - 58c

Fortsetzung zu C.1.6 ORGANISATORISCHE UND PERSONELLE RAHMENBEDINGUNGEN							
Arbeitssicherheit/ Unfallverhütung	Technische Sicherheit	Chemikalien und Gefahrstoffe	Strahlenschutz	Seuchen, Tierseuchen, Pflanzenkrankheiten		Transport	Tierschutz
VBG 102 § 8; § 9 Abs. 1; §§ 10; 16	DampfkV §§ 25; <26> DruckbehV	ChemG § 19b Anhang 1	StrlSchV §§ 28 - 35; 39; 40; 49 - 56	BSeuchG §§ 10b; 12a; 19 - 22; 24; 25		GGVS/ADR[05] Anlage A RdNr. 2002 Abs. 3, 4 u. 9	TierSchG § 8b iVm Nr. 3 TierSchGAVwV; § 9 iVm Nr. 4
SichBio B002 Abschn. 8 - 11	ElexV § 13	GefStoffV § 15d iVm Anh. V Nr. 5; § 15e iVm		VBG 103 § 2; § 2a iVm Anl. zu §§ 2a: 4; § 5 Abs. 1;		Anlage B Rdnr. 10381, 10404, 10405, 10419 GGVE/RID[45]	TierSchGAVwV
SichBio B003 Abschn. 9 - 12	VbF § 13	Anh. 5 Nr. 6; §§ 16; 17; § 18 Abs. 2; §§ 19 -		§§ 9; 19; 20; 22; 23 TierSG		Anlage Rdnr. 2	
SichBio B005 Abschn. 8	§ 21	34; § 36 Abs. 6; § 40		§ 17d Abs. 4			
SichBio B008 Abschn. 8 iVm Anh. 6							
Abschn. 9							

C.2 VORGELAGERTE BEREICHE							
Gentechnik		Abfall		Wasser- und Gewässerschutz		Luftreinhaltung	
GenTG § 6 iVm GenTAufzV; § 7 Abs. 2 iVm GenTAufzV GenTSV § 9 iVm Anh. III						BImSchG § 5 Abs. 1 Nr. 1 - 3, Abs. 3; § 7 auch iVm 12.BImSchV; § 17	
Arbeitssicherheit/ Unfallverhütung	Technische Sicherheit	Chemikalien und Gefahrstoffe	Strahlenschutz	Seuchen, Tierseuchen, Pflanzenkrankheiten		Transport	Tierschutz
		GefStoffV §§ 17; 19; 22; 23; 36; 40; § 44 Abs. 1 u. 2					

C.2.1 FORSCHUNGSPLANUNG, ARBEITSPLANUNG, ARBEITSVORBEREITUNG						
Gentechnik		Abfall		Wasser- und Gewässerschutz		Luftreinhaltung
GenTSV § 4 iVm Anh.I; § 5 iVm Anh.I; § 6 iVm Anh. II; §§ 7; 9; § 10 iVm Anh. IV; § 11 iVm Anh. V; §§ 12; 13 Anhang III Teil A; Teil B Anhang IV Anhang V				WHG § 21b Abs. 1 Nr. 2 u. 3		BImSchG Siehe C.2

Band 4.1 "Umweltschutz- Regelwerke" Kapitel 4 „Die Regelwerke im Überblick"

Fortsetzung zu C.2.1 FORSCHUNGSPLANUNG, ARBEITSPLANUNG, ARBEITSVORBEREITUNG						
Arbeitssicherheit/ Unfallverhütung	Technische Sicherheit	Chemikalien und Gefahrstoffe	Strahlenschutz	Seuchen, Tierseuchen, Pflanzenkrankheiten	Transport	Tierschutz
VBG 102[22] §§ 3; 4; § 6 Abs. 2; § 8 **SichBio B002** Abschn. 8 u. 9 **SichBio B003**[22] Abschn. 9 u. 10 **SichBio B004**[22] **SichBio B005**[22] **SichBio B007**[22] **SichBio B008**[22] **SichBio B009**[22]		**GefStoffV** § 16 Abs. 4; §§ 19; 20; § 26 Abs. 2; §§ 36; 40	**StrlSchV** § 28 Abs. 1	**BSeuchG** § 19; § 20 Abs. 1	**GBGG**[4/5] §§ 7 - 9 **GGVS/ADR**[4/5] §§ 3; 4 **GGVE/RID**[4/5] §§ 3; 4	

C.2.2 TRANSPORT UND LAGERUNG DER EINSATZSTOFFE						
Gentechnik		Abfall		Wasser- und Gewässerschutz	Luftreinhaltung	
Siehe C.5.8				Siehe C.5.8	**BImSchG** Siehe C.2	
Arbeitssicherheit/ Unfallverhütung	Technische Sicherheit	Chemikalien und Gefahrstoffe	Strahlenschutz	Seuchen, Tierseuchen, Pflanzenkrankheiten	Transport	Tierschutz
SichBio B005[23] Abschn. 8	Insbesondere: **DampfkV**[24] **Druckbeh V**[24] **VbF**[24]	**GefStoffV** <§§ 5 ff.>[25], §§ 23; 24; 36; 40 Anhang V Nr. 5		**BSeuchG** § 19; § 20 Abs. 1 **TierSG** <§§ 6 - 7b>; § 17 Abs. 1 Nr. 16 iVm **TierSErrEinfV** **TierSErrEinfV** §§ 1 - 9 Anlagen 1 u. 2	**GBGG**[4/5] §§ 7 - 9 **GGVS/ADR**[4/5] §§ 3 - 5; 7; <7a>; Anlage A Rdnrn. 2002. 2650 - 2699; Anlage B Rdnrn. 62000 - 70999 iVm in Rdnr. 62010 genannten Rdnrn. **GGAV**[4/5/6] § 1; Anlage Nr. 47 **GGVE/RID**[4/5] §§ 3 - 5; 7; 8; Anlage Rdnrn. 1, 650 - 699 **AGB FrD Inl** Abschn.1; Abschn.11 iVm Anl.3 d. AGB BfD Inl	**TierSchG** § 2a Abs. 2 iVm **TierBetSchV**

Fortsetzung zu C.2.2 TRANSPORT UND LAGERUNG DER EINSATZSTOFFE

Arbeitssicherheit/ Unfallverhütung	Technische Sicherheit	Chemikalien und Gefahrstoffe	Strahlenschutz	Seuchen, Tierseuchen, Pflanzenkrankheiten	Transport	Tierschutz
					AGB BfD Ausl[9] Abschn. 1; Abschn. 2 Abs. 10 iVm Anl. 12, Abs. 11 iVm AGB FrD Ausl; Anlage 12 AGB FrD Ausl[9] Abschn. 1 u. 12; Anlage 3 u. 4 AGBInl Abschn. 1; Abschn. 9 iVm Anl. 3; Anlage 3 Vfg 630/1989 iVm DIN 5515 Teil 1 Abschn. 3 - 7	

C.2.3 QUALITÄTSKONTROLLE DER EINSATZSTOFFE

Gentechnik	Abfall	Wasser- und Gewässerschutz		Luftreinhaltung		
GenTSV § 9 iVm Anh. III Anhang III Teil A; <Teil B>						

Arbeitssicherheit/ Unfallverhütung	Technische Sicherheit	Chemikalien und Gefahrstoffe	Strahlenschutz	Seuchen, Tierseuchen, Pflanzenkrankheiten	Transport	Tierschutz
SichBio B004 Abschn. 1.5 **SichBio B006** Abschn. 3 **SichBio B007** Abschn. 2 **SichBio B009** Abschn. 2.2.1.4 Abschn. 2.3 - 2.5		**GefStoffV** § 16 Abs. 1		**BSeuchG** § 19; § 20 Abs. 1		

C.2.4 ÜBERWACHUNG UND DOKUMENTATION							
Gentechnik	Abfall			Wasser- und Gewässerschutz		Luftreinhaltung	
Siehe C.1.2 u. C.1.3						BImSchG § 7 auch iVm 12.BImSchV; §§ 27; 29; 31; 53; 58a	
Arbeitssicherheit/ Unfallverhütung	Technische Sicherheit	Chemikalien und Gefahrstoffe	Strahlenschutz		Seuchen, Tierseuchen, Pflanzenkrankheiten	Transport	Tierschutz
Siehe C.1.2 u. C.1.3	Siehe C.1.2 u. C.1.3 Zusätzlich: **DruckbehV** § 34	**GefStoffV** § 16 Abs. 3a; § 18 Anhang V Nr. 5.2.3; 5.2.4			**TierSG** § 17e (Beh.)	**GGVS/ADR**[4/5] Anlage A Rdnr. 2002 insb. Abs. 3 u. 4; <Anlage B Rdnr. 10381> **GGVE/RID**[4/5] §§ 8; 9	

C.3 HAUPTBEREICH LABOR							
Gentechnik	Abfall			Wasser- und Gewässerschutz		Luftreinhaltung	
GenTG §§ 6; § 7 Abs. 2 iVm GenTSV **GenTSV** § 4; § 5 iVm Anh.I; § 6 iVm Anh. II; § 7 iVm Anh. I u.II; § 9 iVm Anh. III, A						**BImSchG** §§ 5 Abs. 1 u. 3; § 7 auch iVm 12.BImSchV; § 17	
Arbeitssicherheit/ Unfallverhütung	Technische Sicherheit	Chemikalien und Gefahrstoffe	Strahlenschutz		Seuchen, Tierseuchen, Pflanzenkrankheiten	Transport	Tierschutz
		GefStoffV §§ 17; 19; 22; 23; 36; 40; § 44 Abs. 1 u. 2					

C.3.1 LABORKERNBEREICH							
Gentechnik	Abfall			Wasser- und Gewässerschutz		Luftreinhaltung	
GenTSV § 9 iVm Anh. III, A Anhang III Teil A Anhang V						**BImSchG** Siehe C.3	
Arbeitssicherheit/ Unfallverhütung	Technische Sicherheit	Chemikalien und Gefahrstoffe	Strahlenschutz		Seuchen, Tierseuchen, Pflanzenkrankheiten	Transport	Tierschutz
SichBio B002 insgesamt wichtig		**GefStoffV** §§ 23; 24			**BSeuchG** § 19; § 20 Abs. 1 **TierSG** §§ 17c - 17e		**TierSchG** § 4 Abs. 1; §§ 4b - 9; 10

C.3.2 TRANSPORT UND LAGERUNG							
Gentechnik	Abfall			Wasser- und Gewässerschutz		Luftreinhaltung	
Siehe C.5.8				Siehe C.5.8		BImSchG Siehe C.3	
Arbeitssicherheit/ Unfallverhütung	Technische Sicherheit	Chemikalien und Gefahrstoffe	Strahlenschutz	Seuchen, Tierseuchen, Pflanzenkrankheiten		Transport	Tierschutz
VBG 102 <§ 14 Abs. 1> SichBio B005[23] Abschn. 8	Insbesondere: DampfkV[24] DruckbehV[24] VbF[24]	GefStoffV § 15d iVm Anh. V Nr. 5; §§ 23; 24; 36; 40		BseuchG § 19; § 20 Abs. 1		GBGG[4/5] §§ <7 - 9> GGVS/ADR[4/5] §§ <5>; <7>; <7a> <Anlage A Rdnm. 2002, 2650 -2699 Kl. 6.2>; <Anlage B Rdnm. 10000 - 10607, 62000 - 70999 iVm in Rdnr. 62010 genannten Rdnm.> GGAV[4/5] § 1 Anlage Nr. 47 <Nr.33> GGVE/RID[4/5] §§ <5>; <7>; <8> <Anlage Rdnm. 1, 650 -699> AGBInl Verfg. Abschn. 1 Verfg. Abschn. 2 Verfg. Abschn. 3 Nr. 3 - 6 AGBFrInl Abschn. 11, Anl. 7	

C.3.3 ÜBERWACHUNG UND DOKUMENTATION

Gentechnik	Abfall			Wasser- und Gewässerschutz		Luftreinhaltung		
Siehe C.1.2 u. C.1.3						BImSchG Siehe C.2.4		
Arbeitssicherheit/ Unfallverhütung	Technische Sicherheit	Chemikalien und Gefahrstoffe	Strahlenschutz		Seuchen, Tierseuchen, Pflanzenkrankheiten		Transport	Tierschutz
Siehe C.1.2 u. C.1.3	Siehe C.1.2 u. C.1.3 Zusätzlich: **DruckbehV** § 34	**GefStoffV** § 16 Abs. 3a; § 18					**GGVS/ADR**[2/5] <Anlage A Rdnr. 2002 insb. Abs. 3 u. 4>; <Anlage B Rdnr. 10381> **GGVE/RID**[4/5] §§ 8; 9	**TierSchG** § 8b; § 9a iVm VersuchstierV; § 11a Abs. 3 iVm VersuchstierV

C.4 HAUPTBEREICH PRODUKTION

Gentechnik	Abfall			Wasser- und Gewässerschutz		Luftreinhaltung		
GenTG § 6; § 7 Abs. 2 iVm GenTSV **GenTSV** § 9 iVm Anh. III, A I. u. B						BImSchG § 5 Abs. 1 u. 3; § 7 auch iVm 12.BImSchV; § 17		
Arbeitssicherheit/ Unfallverhütung	Technische Sicherheit	Chemikalien und Gefahrstoffe	Strahlenschutz		Seuchen, Tierseuchen, Pflanzenkrankheiten		Transport	Tierschutz
		GefStoffV §§ 17 - 19; 22; 23; 36; 40; § 44 Abs. 1 u. 2						

C.4.1 PRODUKTIONSKERNBEREICHE (FERMENTATION UND AUFARBEITUNG)

Gentechnik	Abfall			Wasser- und Gewässerschutz		Luftreinhaltung		
GenTSV § 9 iVm Anhang III, B Anhang III Teil B				**WHG** §§ 19g - 19l		BImSchG Siehe C.4		
Arbeitssicherheit/ Unfallverhütung	Technische Sicherheit	Chemikalien und Gefahrstoffe	Strahlenschutz		Seuchen, Tierseuchen, Pflanzenkrankheiten		Transport	Tierschutz
VBG 102 § 14 Abs. 1 **SichBio B03** insgesamt wichtig		**GefStoffV** §§ 23; <24>			**BSeuchG** § 19; § 20 Abs. 1 **TierSG** §§ 17c - 17e			

C.4.2	**TRANSPORT UND LAGERUNG DER ZWISCHENPRODUKTE**						
Gentechnik	Abfall			Wasser- und Gewässerschutz		Luftreinhaltung	
Siehe C.5.8				Siehe C.5.8		**BImSchG** Siehe C.4	
Arbeitssicherheit/ Unfallverhütung	Technische Sicherheit	Chemikalien und Gefahrstoffe	Strahlenschutz	Seuchen, Tierseuchen, Pflanzenkrankheiten	Transport		Tierschutz
SichBio B005[23] Abschn. 8	Insbesondere: **DampfkV**[24] **DruckbehV**[24] **VbF**[24]	**GefStoffV** §§ 23; 24		**BSeuchG** § 19 Abs. 1; § 20 Abs. 1	Siehe C.3.2		
C.4.3	**PROZESS- UND QUALITÄTSKONTROLLE**						
Gentechnik	Abfall			Wasser- und Gewässerschutz		Luftreinhaltung	
GenTSV § 9 iVm Anh. III, B Anhang III Teil B				Siehe C.4.1		**BImSchG** Siehe C.4	
Arbeitssicherheit/ Unfallverhütung	Technische Sicherheit	Chemikalien und Gefahrstoffe	Strahlenschutz	Seuchen, Tierseuchen, Pflanzenkrankheiten	Transport		Tierschutz
Siehe C.2.3				**BSeuchG** § 19; § 20 Abs. 1			
C.4.4	**PRODUKTKONFEKTIONIERUNG, -FORMULIERUNG UND -VERPACKUNG**						
Gentechnik	Abfall			Wasser- und Gewässerschutz		Luftreinhaltung	
nein				Siehe C.4.1		**BImSchG** Siehe C.4	
Arbeitssicherheit/ Unfallverhütung	Technische Sicherheit	Chemikalien und Gefahrstoffe	Strahlenschutz	Seuchen, Tierseuchen, Pflanzenkrankheiten	Transport		Tierschutz
		ChemG § 13; § 14 iVm **GefStoffV** §§ 4 - 14; 42 Anhang I Anhang II		**BSeuchG** § 19; § 20 Abs. 1	**GGVS/ADR**[25] Anlage A Rdnm. 2002, 2652 - 2665 **GGAV**[I/5] **GGVE/RID**[I/5] Anlage Rdnm. 652 - 664		

Band 4.1 "Umweltschutz- Regelwerke" Kapitel 4 „Die Regelwerke im Überblick"

C.4.5 ÜBERWACHUNG UND DOKUMENTATION							
Gentechnik	Abfall			Wasser- und Gewässerschutz		Luftreinhaltung	
Siehe C.1.2 u. C.1.3						BImSchG Siehe C.2.4	
Arbeitssicherheit/ Unfallverhütung	Technische Sicherheit	Chemikalien und Gefahrstoffe	Strahlenschutz	Seuchen, Tierseuchen, Pflanzenkrankheiten		Transport	Tierschutz
Siehe C.1.2 u. C.1.3	Siehe C.1.2 u. C.1.3 Zusätzlich: **DruckbehV** § 34	**ChemG** Anhang 1 **GefStoffV** § 16 Abs. 3a; § 18		**BSeuchG** § 19; § 20 Abs. 1 **TierSG** § 17e (Beh.)		**GGVS/ADR**[4/5] Anlage A Rdnr. 2002 insb. Abs.3 u. 4; <Anlage B Rdnr. 10381> **GGVE/RID**[4/5] §§ 8; 9 Anlage Rdnr. ½	

C.5 NEBENGELAGERTE BEREICHE							
Gentechnik	Abfall			Wasser- und Gewässerschutz		Luftreinhaltung	
GenTG § 6; § 7 Abs. 2 iVm GenTSV **GenTSV** § 9 iVm Anh. III						**BImSchG** § 5 Abs. 1 u. 3; § 7 auch iVm 12. BImSchV; § 17	
Arbeitssicherheit/ Unfallverhütung	Technische Sicherheit	Chemikalien und Gefahrstoffe	Strahlenschutz	Seuchen, Tierseuchen, Pflanzenkrankheiten		Transport	Tierschutz
SichBio B002 insgesamt wichtig **SichBio B003** insgesamt wichtig		**GefStoffV** §§ 17; 19; 22; 23; 36; 40; § 44 Abs. 1 u. 2		**BSeuchG** § 19; § 20 Abs. 1 **TierSG** §§ 17c - 17e			

C.5.1 EINRICHTUNGEN UND MASSNAHMEN ZUR REINIGUNG UND DEKONTAMINIERUNG							
Gentechnik	Abfall			Wasser- und Gewässerschutz		Luftreinhaltung	
GenTSV § 9 iVm Anh. III; § 10 iVm Anh. IV; § 11 iVm Anh. V; § 12 Abs. 5	**TierKBG** § 10 Abs. 2; § 11 Abs. 1 Anhang III Teil A; Teil B Anhang IV Anhang V			**WHG** § 19i Abs. 1		**BImSchG** Siehe C.5	

Fortsetzung zu C.5.1 EINRICHTUNGEN UND MASSNAHMEN ZUR REINIGUNG UND DEKONTAMINIERUNG						
Arbeitssicherheit/ Unfallverhütung	Technische Sicherheit	Chemikalien und Gefahrstoffe	Strahlenschutz	Seuchen, Tierseuchen, Pflanzenkrankheiten	Transport	Tierschutz
VBG 102 §§ 11; 13 **SichBio B002** Abschn. 8.x.2.4 (x = 3 - 6) Abschn. 9.5 - 9.7 **SichBio B003** Abschn. 9.y.2.6 Abschn. 9.y.2.7 (y = 2 - 5) Abschn. 10.5 - 10.7		**GefStoffV** § 15 iVm Anh. V Nr. 5; § 15e iVm Anh. V Nr. 6; § 25 iVm Anh. V; § 36 Abs. 6 Nr. 9; § 40; § 43 Abs. 8		**BSeuchG** §§ 10a - 10c; 12a; 13 **VBG 103** §§ 6; 7; 9 - 11; 16; 25 **TierSG** <§ 17f>	**GGVS/ADR**[4/5] Anlage A Rdnr. 2673; Anlage B Rdnrn. 10413, 10415, 62415 **GGVE/RID**[4/5] Anlage Rdnr. 672	

C.5.2 EMISSIONSSCHUTZ						
Gentechnik		Abfall		Wasser- und Gewässerschutz		Luftreinhaltung
GenTSV § 9 iVm Anh. III; § 10 iVm Anh. IV; § 11 iVm Anh. V; Anhang III Teil A; Teil B Anhang IV Anhang V		**TierKBG** § 10 Abs. 2; § 11 Abs. 1		**WHG** § 7a iVm AbwHerkV, Rahmen-AbwasserVwV **Rahmen-AbwasserVwV**		**BImSchG** Siehe C.5

Arbeitssicherheit/ Unfallverhütung	Technische Sicherheit	Chemikalien und Gefahrstoffe	Strahlenschutz	Seuchen, Tierseuchen, Pflanzenkrankheiten	Transport	Tierschutz
VBG 102 § 6 **SichBio B002** Abschn. 8.x.1.2 Abschn. 8.x.2.2 (x = 3 - 6) **SichBio B003** Abschn. 9.y.1.2 Abschn. 9.y.2.1 (y = 2 - 5)		**GefStoffV** § 15d iVm Anh. V Nr. 5; § 15e iVm Anh. V Nr. 6; §§ 17; 19; 24; <26>; § 36 Abs. 7 u. 8; § 40; <§ 44 Abs. 1 u. 2>	**StrlSchV** §§ 46; 64	**BSeuchG** §§ 10a - 10c; 12a; 13 **VBG 103** §§ 12; 16; 26 **TierSG** <§ 17f>	**GGVS/ADR**[4/5] <Anlage A Rdnrn. 2652 - 2699> **GGVE/RID**[4/5] <Anlage Rdnrn. 652 - 699>	

C.5.3 INSTANDHALTUNG

Gentechnik	Abfall			Wasser- und Gewässerschutz		Luftreinhaltung	
GenTSV § 12 Abs. 5				**WHG** § 19g Abs. 1; §§ 19i; 19l		**BImSchG** Siehe C.5	
Arbeitssicherheit/ Unfallverhütung	Technische Sicherheit	Chemikalien und Gefahrstoffe	Strahlenschutz		Seuchen, Tierseuchen, Pflanzenkrankheiten	Transport	Tierschutz
VBG 102 § 12 **SichBio B002** Abschn. 8.x.2.6 (x = 3 - 6) **SichBio B003** Abschn. 9.y.2.11 (y = 2 - 5)	**DampfkV** §§ 16 - 22; 25; 27; § 12 Abs. 1 u. 3 **DruckbehV** §§ 10 - 14; § 12 iVm Anh. II **ElexV** §§ 9; 11 - 13 **VbF** §§ 21 - 23	**GefStoffV** <§ 15a>; § 26 Abs. 3, 4 u. 5					

C.5.4 ARBEITSSCHUTZ; ARBEITSSICHERHEITSMASSNAHMEN

Gentechnik	Abfall	Wasser- und Gewässerschutz	Luftreinhaltung
GenTG § 3 Nr. 11; § 6 **GenTSV** § 8; § 9 Abs. 4 iVm Anh. III; § 10 iVm Anh. IV; § 11 iVm Anh. V; § 12 iVm Anh. VI; §§ 14 - 18 Anhang III Teil A; Teil B Anhang IV Anhang V Anhang VI	**AbfG** § 11b Abs. 1 Nr. 3 **TierKBG** § 10 Abs. 3; § 11 Abs. 1		**BImSchG** Siehe C.5

Fortsetzung zu C.5.4 ARBEITSSCHUTZ; ARBEITSSICHERHEITSMASSNAHMEN						
Arbeitssicherheit/ Unfallverhütung	Technische Sicherheit	Chemikalien und Gefahrstoffe	Strahlenschutz	Seuchen, Tierseuchen, Pflanzenkrankheiten	Transport	Tierschutz
VBG 102 insgesamt wichtig insb. aber §§ 6; 10; 13; 15; 16 **SichBio B002** insgesamt wichtig insb. aber Abschn. 9, 10 u. 11 Anlage 2 **SichBio B003** insgesamt wichtig insb. aber Abschn. 10 - 12 Anlage 2 **SichBio B009** Abschn. 1.1.1, 1.5, 2, 3 Insb. hier ebenfalls zu berücksichtigen: **VBG 100**[4]	Insbesondere: **GSG**[3] **DampfkV**[3] **DruckbehV**[3] **ElexV**[3] **VbF**[3]	**ChemG** § 3a iVm GefStoffV; § 19 iVm GefStoffV; § 23 **GefStoffV** §§ 15 - 37; 40; 41; § 44 Abs. 1 u. 3; § 43 <Anhang IV> Anlage V Nr. 5, 6 Anhang VI	**StrlSchV** §§ 28 - 35; 39; 40; 49 - 56; 58; 60 - 62; 64	**BSeuchG** §§ 10a - 10c; 12a; 13; § 20 Abs. 3; § 22 Abs. 1 **VBG 103** insgesamt wichtig insb. aber §§ 2 - 13; 18 - 28 Anlage zu § 2a	**GGVS/ADR**[4/5] § 4 Anlage B Rdnrn. 10381, 10500, 62000 - 70999 **GGVE/RID**[4/5] § 4 Anlage Rdnrn. 650 - 699 **AGBInl** Verfg. Abschn. 1 Verfg. Abschn. 2 Verfg. Abschn. 3 Nr. 3 - 6	

C.5.5 UMWELTANALYTIK, UMWELTMONITORING						
		Abfall		Wasser- und Gewässerschutz		Luftreinhaltung
		TA Abfall Nr. 8.3 - 8.3.1.1		**WHG** § 4 Abs. 1 u. 2 Nr. 1; § 19i Abs. 2 u. 3 **Rahmen-AbwasserVwV** Nr. 2 Anlage Anhänge		**BImSchG** § 7 Abs. 1 Nr. 3 auch iVm 12. BImSchV; §§ 26; 28; § 29 Abs. 1 u. 2
Gentechnik						
GenTSV § 9 iVm Anh. III; § 10 iVm Anh. IV; § 12 Abs. 7; § 13 Abs. 3, 4 u. 5 Anhang III Teil A; Teil B Anhang IV Anhang V						
Arbeitssicherheit/ Unfallverhütung	Technische Sicherheit	Chemikalien und Gefahrstoffe	Strahlenschutz	Seuchen, Tierseuchen, Pflanzenkrankheiten	Transport	Tierschutz
		GefStoffV <§ 18[7]>				

C.5.6 QUALITÄTSSICHERUNG						
Gentechnik	Abfall			Wasser- und Gewässerschutz	Luftreinhaltung	
GenTSV § 9 iVm Anh. III, A Anhang III Teil A; <Teil B>						
Arbeitssicherheit/ Unfallverhütung	Technische Sicherheit	Chemikalien und Gefahrstoffe	Strahlenschutz	Seuchen, Tierseuchen, Pflanzenkrankheiten	Transport	Tierschutz
		ChemG § 19a Abs. 1 iVm Anh. 1 Anhang 1		**BSeuchG** § 19; § 20 Abs. 1		
C.5.7 EINRICHTUNGEN UND MASSNAHMEN FÜR DIE HALTUNG UND AUFBEWAHRUNG VON GENTECHNISCH VERÄNDERTEN UND GENTECHNISCH NICHT VERÄNDERTEN ORGANISMEN						
Gentechnik	Abfall			Wasser- und Gewässerschutz	Luftreinhaltung	
GenTSV § 6 iVm Anh.II; § 9 i Vm Anh. III						
Arbeitssicherheit/ Unfallverhütung	Technische Sicherheit	Chemikalien und Gefahrstoffe	Strahlenschutz	Seuchen, Tierseuchen, Pflanzenkrankheiten	Transport	Tierschutz
	VBG 102 § 6 **SichBio B004** Abschn. 2	**GefStoffV** § 15d iVm Anh. V Nr. 5; § 15e iVm Anh. V Nr. 6; § 25; § 43 Abs. 8		**BSeuchG** § 19; § 20 Abs. 1		
C.5.7.1 EINRICHTUNGEN UND MASSNAHMEN FÜR DIE HALTUNG UND AUFBEWAHRUNG VON MIKROORGANISMEN UND ZELLKULTUREN						
Gentechnik	Abfall			Wasser- und Gewässerschutz	Luftreinhaltung	
GenTSV § 6 iVm Anh. II; § 9 iVm Anh. III Anhang II Anhang III Teil A						
Arbeitssicherheit/ Unfallverhütung	Technische Sicherheit	Chemikalien und Gefahrstoffe	Strahlenschutz	Seuchen, Tierseuchen, Pflanzenkrankheiten	Transport	Tierschutz
SichBio B004 Abschn. 2 insb. 2.1 **SichBio B009** Abschn. 1 u. 2		Siehe C.5.7		**BSeuchG** § 19		

Kapitel 4 „Die Regelwerke im Überblick" Band 4.1 "Umweltschutz- Regelwerke"

C.5.7.2 EINRICHTUNGEN UND MASSNAHMEN FÜR DIE HALTUNG UND AUFBEWAHRUNG VON TIEREN

Gentechnik	Abfall	Wasser- und Gewässerschutz	Luftreinhaltung
GenTSV § 6 iVm Anh.II; § 11 iVm Anh. V Anhang II Anhang V	**TierKBG** §§ 1 - 3; 5; 8; 9; 13		

Arbeitssicherheit/ Unfallverhütung	Technische Sicherheit	Chemikalien und Gefahrstoffe	Strahlenschutz	Seuchen, Tierseuchen, Pflanzenkrankheiten	Transport	Tierschutz
SichBio B004 Abschn. 2 insb. Abschn. 2.2 **SichBio B005** insb. Abschn. 8		Siehe C.5.7		**TierSG**[18] § 10 iVm MeldTierKrV		**TierSchG** § 2; § 2a iVm TierBetSchV; § 3 Pkt. 9 u. 10

C.5.7.3 EINRICHTUNGEN UND MASSNAHMEN FÜR DIE HALTUNG UND AUFBEWAHRUNG VON PFLANZEN

Gentechnik	Abfall	Wasser- und Gewässerschutz	Luftreinhaltung
GenTSV § 6 iVm Anh. II; § 10 iVm Anh. IV Anhang II Anhang IV			

Arbeitssicherheit/ Unfallverhütung	Technische Sicherheit	Chemikalien und Gefahrstoffe	Strahlenschutz	Seuchen, Tierseuchen, Pflanzenkrankheiten	Transport	Tierschutz
SichBio B004 Abschn. 2 insb. 2.3 **SichBio B009** Abschn. 1 u. 2		Siehe C.5.7				

C.5.8 TRANSPORT UND LAGERUNG

Gentechnik	Abfall	Wasser- und Gewässerschutz	Luftreinhaltung
GenTSV § 9 iVm Anh. III; § 10 iVm Anh. IV; § 11 iVm Anh. V Anhang III Teil A; Teil B Anhang IV Anhang V		**WHG** §§ 19g - 19i; <19k>; 19l; § 26 Abs. 2; <§ 32b>; § 34 Abs. 2	**BImSchG** Siehe C.5

Arbeitssicherheit/ Unfallverhütung	Technische Sicherheit	Chemikalien und Gefahrstoffe	Strahlenschutz	Seuchen, Tierseuchen, Pflanzenkrankheiten	Transport	Tierschutz
Siehe C.3.2	Insbesondere: **DampfkV**[24] **DruckbehV**[24] **VbF**[24]	**GefStoffV** §§ 23; 24; 36; 40 Anhang V Nr. 5			Siehe C.3.2	

C.6 NACHGELAGERTE BEREICHE					
Gentechnik	Abfall			Wasser- und Gewässerschutz	Luftreinhaltung
GenTG § 6; § 7 Abs. 2 iVm GenTSV **GenTSV** § 9 iVm Anh. III					**BImSchG** § 5 Abs. 1 u. 3; § 7 auch iVm 12. BImSchV; § 17
Arbeitssicherheit/ Unfallverhütung	Technische Sicherheit	Chemikalien und Gefahrstoffe	Strahlenschutz	Seuchen, Tierseuchen, Pflanzenkrankheiten	Tierschutz
SichBio B002 insgesamt wichtig **SichBio B003** insgesamt wichtig		**ChemG** §§ 4 - 8; <9>; <9a>; 11 - 13; § 14 iVm Anh. 1; § 23 **GefStoffV** §§ 17; 19; 22; 23; 36; 40; § 44 Abs. fü. 2		**BSeuchG** § 19; § 20 Abs. 1 **TierSG** §§ 17c - 17e	Transport

C.6.1 LAGERUNG, TRANSPORT UND ABGABE VON PRODUKTEN					
Gentechnik	Abfall			Wasser- und Gewässerschutz	Luftreinhaltung
GenTG §§ 14 - 16	**AbfG** § 14			Siehe C.5.8	**BImSchG** Siehe C.6
Arbeitssicherheit/ Unfallverhütung	Technische Sicherheit	Chemikalien und Gefahrstoffe	Strahlenschutz	Seuchen, Tierseuchen, Pflanzenkrankheiten	Tierschutz
SichBio B005[23] Abschn. 8	Siehe C.5.8	**GefStoffV** §§ 4 - 14; 23; 24; 42 Anhang I Anhang II Anhang V Nr. 5		**BSeuchG** § 19; § 20 Abs. 1; <§ 27> **TierSG** § 17 Abs. 1 Nr. 16 iVm TierSErrEinfV; §§ 17c - 17e **TierSErrEinfV** §§ 1 - 9 Anlagen 1 u. 2	Siehe C.3.2	**TierSchG** § 2a iVm TierBefSchV

C.6.2 VERMEIDUNG, VERWERTUNG UND ENTSORGUNG VON ABFÄLLEN UND RESTSTOFFEN					
Gentechnik	Abfall		Wasser- und Gewässerschutz		Luftreinhaltung
GenTG § 3 Nr. 2b **GenTSV** § 9 iVm Anh. III; § 10 iVm Anh. IV; § 11 iVm Anh. V; § 13 Anhang III Teil A; Teil B Anhang IV Anhang V **GenTVfV** § 4 iVm Anl. 1 Anlage 1 Teil III u.Teil IV	**AbfG** §§ 1 - 2; § 3 Abs. 1 - 6; §§ 4; 4a; <§ 5a Abs. 1>; § 6 Abs. 1 u. 3; §§ 11a - 11f; § 14 Abs. 1 Nr. 2 iVm VO **AbfBestV** § 1 **RestBestV** § 1 **AbfBetrBV** **TA Abfall** Nr. 2 **Merkblatt LAGA** Nr. 1 - 4.2, 4.4, <4.5 - 4.9>, 5 - 7.2 u. 8 **TierKBG** § 1 - 3		**WHG** § 21b Abs. 1 Nr. 2 u. 3		**BImSchG** § 4 Abs. 1; § 5 Abs. 1 u. 3; § 7 auch iVm 12. BImSchV; § 17 **4. BImSchV** § 1 iVm Anh. Nr. 8 Anhang Nr. 8
Arbeitssicherheit/ Unfallverhütung	Technische Sicherheit	Chemikalien und Gefahrstoffe	Strahlenschutz	Seuchen, Tierseuchen, Pflanzenkrankheiten	Transport	Tierschutz

Arbeitssicherheit/Unfallverhütung	Technische Sicherheit	Chemikalien und Gefahrstoffe	Strahlenschutz	Seuchen, Tierseuchen, Pflanzenkrankheiten	Transport	Tierschutz
SichBio B002 insb. Abschn. 8.x.2.5 (x = 3 - 6) **SichBio B003** insb. Abschn. 9.y.2.8 Abschn. 9.y.2.9 (y = 2 - 5)		**GefStoffV** § 20 Abs. 1; § 36 Abs. 6; § 40 <Anhang V Nr. 5>	**StrlSchV** §§ 46; 82 - 85			

C.6.2.1 LAGERUNG VON ABFÄLLEN UND RESTSTOFFEN			
Gentechnik	Abfall	Wasser- und Gewässerschutz	Luftreinhaltung
GenTSV § 9 iVm Anh. III; § 10 iVm Anh. IV; § 11 iVm Anh. V Anhang III Teil A; Teil B Anhang IV Anhang V	**AbfG** § 3 Abs. 2; § 4 iVm TA Abfall Teil 1 **TA Abfall** Nr. 4.2, 6, 6.3.3, 7 u. 7.6 **Merkblatt LAGA** Nr. 4, 6 - 6.2 **TierKBG** § 12; 13	Siehe C.5.8	**BImSchG** Siehe C.6.2

Fortsetzung C.6.2.1 LAGERUNG VON ABFÄLLEN UND RESTSTOFFEN						
Arbeitssicherheit/ Unfallverhütung	Technische Sicherheit	Chemikalien und Gefahrstoffe	Strahlenschutz	Seuchen, Tierseuchen, Pflanzenkrankheiten	Transport	Tierschutz
	Siehe C.5.8	**GefStoffV** § 20 Abs. 1; §§ 23; 24; § 36 Abs. 6; § 40		**BSeuchG** § 19		

C.6.2.2 TRANSPORT VON ABFÄLLEN UND RESTSTOFFEN					
Gentechnik	Abfall		Wasser- und Gewässerschutz	Luftreinhaltung	
GenTSV § 9 iVm Anh. III; § 10 iVm Anh. IV; § 11 iVm Anh. V Anhang III Teil A; Teil B Anhang IV Anhang V	**AbfG** § 3 Abs. 2; § 4; § 12 iVm § 4 Abs. 3; §§ 13 – 13c iVm AbfVerbVO; § 14 Abs. 1 Nr. 2 iVm VO **TA Abfall** Nr. 6, 6.2. **AbfRestÜberwV** **Merkblatt LAGA** Siehe C.6.2.1 **TierKBG** §§ 10; 11		Siehe C.5.8	**BImSchG** Siehe C.6	

Arbeitssicherheit/ Unfallverhütung	Technische Sicherheit	Chemikalien und Gefahrstoffe	Strahlenschutz	Seuchen, Tierseuchen, Pflanzenkrankheiten	Transport	Tierschutz
SichBio B005[23] Abschn. 8				**BSeuchG** § 19 **VBG 103**[28] §§ 27; 28 **TierSG** §§ <6>; <7>; <7b>; <7>	Siehe C.3.2 insb. Ausnahme Nr. 34 (GGAV) AGBInl u. AGB Fr Inl. nicht relevant	

C.6.2.3 VERWERTUNG VON ABFÄLLEN UND RESTSTOFFEN						
Gentechnik	Abfall			Wasser- und Gewässerschutz		Luftreinhaltung
Siehe C.6.2	AbfG			WHG		BImSchG
GenTG	§§ 1; 1a; § 2 Abs. 3 iVm RestBestV u. TA			§ 21b Abs. 1 Nr. 2 u. 3		Siehe C.6.2
§ 11 Abs.2 Nr.7 iVm GenTVfV	Abfall Teil 1 Nr. 4.1 - 4.3; § 3 Abs. 2; § 4;					
	§ 11b Abs. 1 Nr. 4 u. 5; § 15 iVm					
	AbfKlärV					
	RestBestV					
	Siehe C.6.2					
	AbfRestÜberwV					
	§ 8 Abs. 1; § 25 iVm Anl. 3; § 26 iVm					
	Anl. 6					
	TA Abfall					
	Nr. 4, 4.1 - 4.3					
	Merkblatt LAGA					
	Siehe C.6.2					
Arbeitssicherheit/ Unfallverhütung	Technische Sicherheit	Chemikalien und Gefahrstoffe	Strahlenschutz	Seuchen, Tierseuchen, Pflanzenkrankheiten	Transport	Tierschutz
VBG 102		GefStoffV				
§ 14 Abs. 1		§ 20 Abs. 1; § 36 Abs. 6; § 40				

C.6.2.4 BEHANDLUNG UND ENTSORGUNG VON ABFÄLLEN						
Gentechnik	Abfall			Wasser- und Gewässerschutz		Luftreinhaltung
Siehe C.6.2	AbfG			WHG		BImSchG
	§§ 1; 1a; § 2 insb. iVm TA Abfall; § 3			§ 21 Abs. 1 Nr. 1 u. 2; § 26 Abs. 1 u. 2;		Siehe C.6.2
	Abs. 1 - 6; § 4; § 6 Abs. 1 u. 3; §§ 7; 7a;			<§ 27>; § 34 Abs. 2		
	§ 11b Abs.1; § 14 Abs. 1 iVm VO; § 15					
	iVm AbfKlärV					
	AbfBestV					
	Siehe C.6.2					
	AbfRestÜberwV					
	Siehe C.6.2.2					
	AbfBetrBV					
	TA Abfall					
	Nr. 4 - 8					
	Anhang C					
	Merkblatt LAGA					
	Siehe C.6.2					
	TierKBG					
	§§ 5 - 7; § 8 Abs. 2; § 13					

Fortsetzung zu C.6.2.4 BEHANDLUNG UND ENTSORGUNG VON ABFÄLLEN						
Arbeitssicherheit/ Unfallverhütung	Technische Sicherheit	Chemikalien und Gefahrstoffe	Strahlenschutz	Seuchen, Tierseuchen, Pflanzenkrankheiten	Transport	Tierschutz
VBG 102 § 14 Abs. 2 **SichBio B002** insb. Abschn. 8.x.2.5 (x = 3 - 6) **SichBio B003** insb. Abschn. 9.y.2.8 Abschn. 9.y.2.9 (y = 2 - 5) **SichBio B005** insb. Abschn. 8 **SichBio B006** Abschn. 4		**GefStoffV** § 20 Abs. 1; § 36 Abs. 6; § 40 Anhang V Nr. 5	**AtomG** § 9a **StrlSchV** § 85	**BSeuchG** §§ 10a - 10c; 19 **VBG** 103[28] §§ 13; <26>; 27; 28		

C.6.3 BEHANDLUNG VON ABWASSER, GEWÄSSERSCHUTZ						
Arbeitssicherheit/ Unfallverhütung	Technische Sicherheit	Abfall		Wasser- und Gewässerschutz	Luftreinhaltung	
Gentechnik Siehe C.6.2		**AbfG** § 1 Abs. 3 Nr. 5; § 15 iVm AbfKlärV **TA Abfall** Nr. 6; Nr. 6.1.7 iVm § 7a WHG		**WHG** § 3 Abs. 1 u. 2; § 7a iVm AbwHerkV, Rahmen-AbwasserVwV, allg. AbwVwV u. landesrechtl. Vorschr; §§ 18b; <18c>; 21b; § 26 Abs. 1 u. 2; <§ 27>; § 34 Abs. 2 **AbwHerkV** § 1 **Rahmen-AbwasserVwV** Nr. 1 u. 2 Anlage Anhänge	<**BImSchG**> Siehe C.6	

Arbeitssicherheit/ Unfallverhütung	Technische Sicherheit	Chemikalien und Gefahrstoffe	Strahlenschutz	Seuchen, Tierseuchen, Pflanzenkrankheiten	Transport	Tierschutz
Siehe C.6.2.4				**BSeuchG** §§ 12; 12a		

C.6.4 BEHANDLUNG VON GASFÖRMIGEN UND PARTIKULÄREN EMISSIONEN, LUFTREINHALTUNG							
Gentechnik	Abfall			Wasser- und Gewässerschutz		Luftreinhaltung	
Siehe C.6.2	**AbfG** § 1 Abs. 3 Nr. 4					**BImSchG** Siehe C.6	
Arbeitssicherheit/ Unfallverhütung	Technische Sicherheit	Chemikalien und Gefahrstoffe	Strahlenschutz	Seuchen, Tierseuchen, Pflanzenkrankheiten	Transport		Tierschutz
Siehe C.6.2.4		**GefStoffV** § 19; § 36 Abs. 7 u. 8; § 40		**VBG 103** <§ 28 Abs. 1>			

C.6.5 ÜBERWACHUNG UND DOKUMENTATION							
Gentechnik	Abfall			Wasser- und Gewässerschutz		Luftreinhaltung	
Siehe C.1.2 u. C.1.3 **GenTSV** § 13 Abs. 3 u. 5	**AbfG** § 11; § 11b Abs. 2 **RestBestV** § 2 **AbfRestÜberwV** §§ 1 - 3; 8 - 13; 26 **TA Abfall** Nr. 5 **Merkblatt LAGA** Nr. 7					**BImSchG** Siehe C.6.2.4	
Arbeitssicherheit/ Unfallverhütung	Technische Sicherheit	Chemikalien und Gefahrstoffe	Strahlenschutz	Seuchen, Tierseuchen, Pflanzenkrankheiten	Transport		Tierschutz
		GefStoffV § 16 Abs. 3a; § 18 Anhang V Nr. 5.2.3; 5.2.4		**TierSG** § 17l	**GGVS/ADR**[4/5] Anlage A Rdnr. 2002 insb. Abs. 3 u. 4; <Anlage B Rdnr. 10381> **GGVE/RID**[4/5] §§ 8; 9		

D. HAFTUNGSVORSCHRIFTEN							
Gentechnik	Abfall			Wasser- und Gewässerschutz		Luftreinhaltung	
GenTG §§ 32 - 37				**WHG** § 22			
Arbeitssicherheit/ Unfallverhütung	Technische Sicherheit	Chemikalien und Gefahrstoffe	Strahlenschutz	Seuchen, Tierseuchen, Pflanzenkrankheiten	Transport		Tierschutz
					AGBInl Verfg. Abschn. 2 Abs. 3 **AGBFrInl** § 22 Abschn. 11 Abs. 4		

E. STRAF- UND BUSSGELDVORSCHRIFTEN							
Gentechnik	Abfall			Wasser- und Gewässerschutz		Luftreinhaltung	
GenTG §§ 38; 39 **GenTSV** § 20 **GenTAufzV** § 5	**AbfG** §§ 18; 18a **AbfRestÜberwV** § 27 **TierKBG** § 19 **StGB** §§ 326; 327; 330; 330a			**WHG** § 41 **StGB** §§ 324; 329 - 330a		**BImSchG** § 62 **StGB** §§ 325; 327; 329 - 330a	
Arbeitssicherheit/ Unfallverhütung	Technische Sicherheit	Chemikalien und Gefahrstoffe	Strahlenschutz	Seuchen, Tierseuchen, Pflanzenkrankheiten	Transport		Tierschutz
VBG 102 § 19	**GSG** §§ 16; 17 **DampfkV** § 32 **DruckbehV** § 40 **ElexV** § 20 **VbF** § 27	**ChemG** §§ 26 - 27a **GefStoffV** §§ 45 - 51	**StrlSchV** § 87	**BSeuchG** § 63; § 64 Abs. 2 - 4; §§ 69; 70 **VBG 103** § 31 **TierSG** §§ 74 - 76 **TierSErrV** § 10	**GBGG**[4/5] § 10 **GGVS/ADR**[4/5] § 10 **GGVE/RID**[4/5] § 10		**TierSchG** §§ 17; 18

F. KOSTEN UND GEBÜHREN						
Gentechnik	Abfall			Wasser- und Gewässerschutz		Luftreinhaltung
GenTG § 24 **BGenTGKostV** §§ 1 - 6	**AbfG** § 12 Abs. 3; § 13 Abs. 4, 5 **TierKBG** § 16 Abs. 1					**BImSchG** § 30
Arbeitssicherheit/ Unfallverhütung	Technische Sicherheit	Chemikalien und Gefahrstoffe	Strahlenschutz	Seuchen, Tierseuchen, Pflanzenkrankheiten	Transport	Tierschutz
		ChemG § 25a		**BSeuchG** § 62 Abs. 1 Nr. 7	**GBGG**[4/5] § 12	

Anmerkungen:

[1] Zweck des Regelwerkes ist die Verhütung von Unfällen im Umgang mit biologischen Agenzien zum Schutz der Arbeitnehmer.

[2] Das Merkblatt will als Leitfaden für die Gefährdungsermittlung, Gefährdungsbeurteilung und Einstufung gentechnischer Arbeiten entsprechend den gentechnikrechtlichen Vorschriften, dargestellt anhand von Beispielen, dienen (vergl. Abschnitt 1 B008).

[3] Die Bestimmungen des Regelwerks dienen in erster Linie dem Schutz der Beschäftigten und Dritter vor Gefahren durch Anlagen, die mit Rücksicht auf ihre Gefährlichkeit einer besonderen Überwachung bedürfen (überwachungsbedürftige Anlagen) (vergl. § 11 Abs. 1 GSG).

[4] Vorschriften finden u. a. keine Anwendung auf die Beförderung gefährlicher Güter innerhalb von Betrieben, in denen solche Güter hergestellt, bearbeitet, verarbeitet, gelagert, verwendet oder vernichtet werden, soweit sie auf einem geschlossenen Gelände stattfindet.

[5] Verordnung betrifft den Transport innerhalb der BRD und grenzüberschreitend.

[6] Die UVV-Gesundheitsdienst (VBG 103) mit den dazugehörigen Durchführungsanweisungen ist relevant für Einrichtungen, in denen Körpergewebe, Körperflüssigkeiten und Ausscheidungen von Menschen und Tieren untersucht oder Arbeiten mit Krankheitserregern ausgeführt werden, z. B. Tierhaltungen mit infizierten Versuchstieren, human-, veterinärmedizinische Institute, Forschungsinstitute oder infektionsverdächtige Gegenstände und Stoffe desinfiziert werden.

[7] Abschnitt 9 „Ausschluß von der Postbeförderung, bedingte Zulassung" der Allgemeinen Geschäftsbedingungen der Deutschen Bundespost Postdienst für den Briefdienst Inland (AGB BrD Inl) legt fest, daß für den Versand von medizinischem und biologischem Untersuchungsgut die Regelungen von Anlage 3 „Regelungen über den Postversand von Untersuchungs- und biologischem Untersuchungsgut" zu beachten sind. Die in Anlage 3 abgedruckte Verfügung 630 (1989) läßt mit der Einschränkung, daß für das Schutzgefäß kein Glas zugelassen ist, nur Verbundverpackungen nach DIN 55515 Teil 1 zu. Diese DIN-Norm ist in Anlage 3 abgedruckt. Gemäß Abschnitt 11 „Ausschluß von der Postbeförderung" der Allgemeinen Geschäftsbedingungen der Deutschen Bundespost Postdienst für den Frachtdienst Inland (AGB FrD Inl) gelten die Regelungen der Anlage 3 der AGB BrD Inl entsprechend.

8   Das Gesetz ist zu beachten, sofern im Zusammenhang mit gentechnischen Arbeiten Tierversuche bzw. Eingriffe an Tieren durchgeführt werden oder in diesem Zusammenhang eine Tierhaltung erforderlich ist. Besonderes Gewicht hat dabei der Abschnitt 5 „Tierversuche". Tierversuche im Sinne des TierSchG sind nach § 7 Abs. 1 Satz 2 auch Eingriffe oder Behandlungen zu Versuchszwecken am Erbgut von Tieren, wenn sie mit Schmerz, Leiden oder Schäden für die erbgutveränderten Tiere oder deren Trägertiere verbunden sein können. Die planerischen Voraussetzungen zur Gewährleistung des TierSchG konformen Arbeitens müssen ebenfalls erfüllt sein.

9   Abschnitt 2 „Vertragsverhältnis" der Allgemeinen Geschäftsbedingungen der Deutschen Bundespost Postdienst für den Briefdienst Ausland (AGB BfD Ausl) legt in Abs. 10 fest „Nicht verderbliche, nicht infektiöse biologische Stoffe dürfen nur von amtlich anerkannten Laboratorien eingeliefert werden an eine solche Laboratorien gerichtet sein. Sie sind in Briefen unter Einschreiben zu versenden. Näheres zur Verpackung dieser Sendungen regelt Anlage 12." In Anlage 12 ist u. a. Artikel 121 Vollzugsordnung zum Weltpostvertrag „Beschaffenheit der Sendungen, Leichtverderbliche nicht infektiöse Stoffe" abgedruckt.

10   In den Anhängen zu der GGVS/ADR bzw. GGVE/RID werden unter der Klasse 6.2 „Ansteckungsgefährliche und ekelerregende Stoffe" als Stoffaufzählung Nr. 11A, Organismen mit neukombinierten Nukleinsäuren und Tierkörper, Tierkörperteile sowie von Tieren stammende Erzeugnissen, die solche Organismen enthalten, aufgeführt.

11   Regelwerke bestimmen:
     - Labor: Sicherheitsstufen L1 - L4
     - Produktion: Sicherheitsstufen P1 - P4
     - Einstufung von Organismen in Risikogruppen 1 - 4

     Die Merkblätter B004 - Viren -, B005 - Parasiten -, B006 - Bakterien -, B007 - Pilze -, B009 - Zellkulturen - enthalten Beispiele für die Eingruppierung entsprechender biologischer Agenzien. Merkblatt B008 - Gentechnisch veränderter Organismen - hat die Einstufung gentechnischer Arbeiten zum Inhalt und stützt sich dabei auf die Maßgaben des geltenden Gentechnikrechts.

12   § 3a ChemG bestimmt unterschiedliche Eigenschaften von Stoffen oder Zubereitungen, bei deren Vorliegen diese als gefährliche Stoffe bzw. Zubereitungen zu gelten haben. Damit verbunden ergeben sich bestimmte Risiken im Umgang mit diesen Stoffen und Zubereitungen.

     § 3 Abs. 1 GefStoffV verweist für die Begriffsbestimmung der Gefahrstoffe auf die in § 19 Abs. 2 ChemG bezeichneten Stoffe, Zubereitungen und Erzeugnisse. Dort sind ebenfalls einzelne Eigenschaften genannt, die zu einer Einstufung als Gefahrstoff führen. Gefahrstoffe schließen gefährliche Stoffe und Zubereitungen i. S. des § 3a ChemG mit ein.

     Diese Eigenschaften von gefährlichen Stoffen, Zubereitungen und Gefahrstoffen sind in § 4 Anhang I Nr. 1 GefStoffV näher charakterisiert. Stoffe, für die eine Einstufung vorgenommen worden ist und die im Anhang I der Richtlinie 67/548/EWG (ABl. EG Nr. 196 S. 1) aufgeführt sind, werden im Bundesanzeiger veröffentlicht. Mit Bekanntgabe gilt die dort festgelegte Einstufung (vergl. § 4a GefStoffV). Stoffe, die nicht in o. g. Weise bekanntgemacht wurden, sind vom Hersteller oder Einführer nach Anhang I Nr. 1 GefStoffV einzustufen (vergl. § 4a GefStoffV; zur Einstufung von Zubereitungen siehe § 4b GefStoffV).

13 Der Länderausschuß Gentechnik (LAG) hat einen mit Hinweisen versehenen Formblattsatz für Genehmigungs- und Anmeldeanträge nach dem Gentechnikrecht erarbeitet, mit dessen Hilfe es dem Antragsteller erleichtert werden soll, vollständige Antragsunterlagen bei der zuständigen Behörde einzureichen. Ein Abdruck der Formblätter (Stand: 11/92) findet sich in Kapitel 6.2.4 „Formblätter". Das Merkblatt B008 der BG-Chemie verweist im Abschnitt 7 und Anhang 5 ebenfalls auf diesen Formblattsatz.

14 Innerhalb der angegebenen Abschnitte der Merkblätter B002 und B003 erfolgt eine weitere Sicherheitsstufen-orientierte Differenzierung und Aussagen zu technischen Maßnahmen.

15 Insbesondere Abschnitt 8 enthält, differenziert nach einzelnen Parasiten, Angaben über besondere technische Schutzmaßnahmen.

16 In den unter Gliederungspunkt B.2.1 „Technische Erfordernisse (Gebäude, Räume, Anlagen, Apparaturen, Einrichtungen)" aufgeführten Abschnitten der Merkblätter B002 bis B009 finden sich teilweise auch Angaben, die personelle und organisatorische Sachfragen berühren. Anhang 2 des Merkblattes B008 enthält einen Abdruck der Stellungnahmen der Zentralen Kommission für die Biologische Sicherheit (ZKBS). Einige der Stellungnahmen behandeln ebenfalls o. g. Sachfragen. Abschnitt 9 (B008) enthält eine tabellarische Zusammenstellung über bestimmte Anforderungen, Qualifikationen und Aufgaben von Betreibern, Projektleitern und Beauftragten für die biologische Sicherheit.

17 Diese Vorschriften sind nur im Zusammenhang mit dem Inverkehrbringen von Stoffen relevant.

18 § 10 TierSG enthält die Ermächtigungsgrundlage mittels Verordnung die anzeigepflichtigen Tierseuchen zu bestimmen. Die dazu erlassene Verordnung über meldepflichtige Tierkrankheiten enthält Meldepflichten über das Anzeigen der in der Anlage zu dieser Verordnung aufgeführten Tierkrankheiten. Daneben sind weitere Verordnungen, die sich auf § 10 TierSG stützen, zum Schutz vor einzelnen Tierkrankheiten erlassen worden.

19 Der Arbeitgeber hat Arbeitsverfahren unter bestimmten Voraussetzungen und in bestimmter Weise anzupassen, wenn die Sicherheitstechnik eines Arbeitsverfahrens fortentwickelt worden ist. Insofern ist eine „Überwachung" der sicherheitstechnischen Entwicklung auf den entsprechenden Gebieten notwendig.

20 Die UVV „Biotechnologie" enthält mehrere Aussagen sehr genereller Art, die für nahezu alle Teilbereiche biotechnologischen Arbeitens zu berücksichtigen sind. Diese werden deshalb nur in den Teilbereichen explizit erwähnt, für die sie von herausgehobener Bedeutung sind, bzw. diesen Gliederungspunkt speziell betreffen.

21 § 23 GefStoffV verweist auf Verpackungs- und Kennzeichnungspflichten beim Umgang mit bestimmten gefährlichen Stoffen, Zubereitungen und Erzeugnissen.

22 Die Berücksichtigung der erforderlichen Sicherheitsmaßnahmen aufgrund der Risikoeinstufung biologischer Agenzien spielt eine wichtige Rolle bei der Forschungsplanung, der Arbeitsplanung und bei der Arbeitsvorbereitung.

23 Insbesondere Abschnitt 8 „Besondere Schutzmaßnahmen" enthält Angaben bezüglich Transportvorkehrungen, differenziert nach einzelnen Parasiten.

24 Anwendung der für den ordnungsgemäßen Betrieb notwendigen Vorschriften, also insbesondere Überwachungs-, Instandhaltungs-, Anzeige-, Dokumentations- und Prüfpflichten, wenn für die innerbetriebliche Lagerung oder Beförderung von Einsatzstoffen, Zwischenprodukten, Produkten oder auch Betriebsmitteln die in den Verordnungen umfaßten technischen Anlagen zum Lagern und Befördern zum Einsatz gelangen.

25 Bezieht z. B. ein Betreiber gentechnischer Anlagen gefährliche Stoffe oder Zubereitungen (z. B. als Einsatzstoffe) aus dem Ausland, bringe sie also als „Einführer in den Verkehr", hat er sie zuvor nach § 4a oder § 4b GefStoffV einzustufen und entsprechend der Einstufung zu verpacken und zu kennzeichnen.

26 Die Unfallverhütungsvorschrift „Arbeitsmedizinische Vorsorge" (VBG 100) vom 01.10.1984 i. d. F. vom 01.10.1993 regelt die speziellen arbeitsmedizinische Vorsorge beim Umgang mit Gefahrstoffen und bei gefährdenden Tätigkeiten. «*Diese Unfallverhütungsvorschrift gilt für die spezielle arbeitsmedizinische Vorsorge.*» (§ 1 VBG 100). «*Spezielle arbeitsmedizinische Vorsorgeuntersuchungen sind in Rechtsvorschriften angeordnete gezielte Untersuchungen wegen besonderer Gefährdung am Arbeitsplatz.*» (Durchführungsanweisung zu § 1 VBG 100)

27 § 18 GefStoffV sieht bestimmte Messungen vor, wenn das Auftreten eines oder verschiedener gefährlicher Stoffe in der Luft am Arbeitsplatz nicht sicher auszuschließen ist. Es handelt sich hier jedoch nicht im eigentlichen Sinn um umweltschutzbedingte sondern um arbeitsschutzbedingte Messungen.

28 Die Durchführungsanweisungen zu § 27 VBG 103 enthalten mehrere Verweise auf weitere Regelwerke, die Bestimmungen zum Umgang mit infektiösen (und anderen) Abfällen, insbesondere aus Einrichtungen des Gesundheitswesens enthalten. Genannt werden die DIN 589900 „Verbrennungsanlagen für Abfälle aus Krankenhäusern und sonstigen Einrichtungen des Gesundheitswesens; Begriffe, Anforderungen und Prüfung", VDMA-Einheitsblatt 24203 „Abfallverbrennungsanlagen mit einer Verbrennungsleistung bis 750 kg/h", „Sicherheitsregeln für Abfallbehandlung und Abfallverbrennungsanlagen in Einrichtungen des Gesundheitsdienstes und der Wohlfahrtspflege", Abfallgesetz, Bundes-Seuchengesetz, TfA-Merkblatt Nr. 8 „Die Beseitigung von Abfällen aus Krankenhäusern, Arztpraxen und sonstigen Einrichtungen des medizinischen Bereichs".

5 Gentechnikrechtliche Regelwerke

5.1 Gentechnikrechtliche Regelwerke - Vorbemerkung

Die Basis für die Planung, Errichtung und den Betrieb gentechnischer Anlagen in bezug auf alle gentechnikspezifischen Sachverhalte bilden die Bestimmungen des Gentechnikrechts.

Dabei nehmen Belange des Umweltschutzes eine hervorgehobene Stellung ein, denn der Zweck des Gentechnikgesetzes besteht u. a. darin, «... *Leben und Gesundheit von Menschen, Tiere, Pflanzen sowie die sonstige Umwelt in ihrem Wirkungsgefüge und Sachgüter vor möglichen Gefahren gentechnischer Verfahren und Produkte zu schützen und dem Entstehen solcher Gefahren vorzubeugen ...*» (vergl. § 1 Nr. 1 GenTG). Gentechnik kann in doppelter Weise auf die Umwelt Einfluß nehmen. Erstens sind Einflüsse auf die Umwelt durch die Errichtung und den Betrieb gentechnischer Anlagen und zweitens durch die Freisetzung und das Inverkehrbringen von GVO möglich, wobei letztere hier außer Betracht bleiben sollen. Letztendlich tragen viele der Vorschriften im Gentechnikrecht, insbesondere die Vorschriften der Gentechnik-Sicherheitsverordnung durch ihre Verzahnung biologischer, technischer, organisatorischer und personeller Sicherheitsanforderungen als Voraussetzung für einen ordnungsgemäßen Betrieb gentechnischer Anlagen zur Vermeidung negativer gentechnikspezifischer Einflüsse auf die Umwelt bei und tragen so dem Schutzziel von § 1 Nr. 1 GenTG Rechnung. In diesem Zusammenhang ist zu berücksichtigen, daß nach § 2 Abs. 2 GenTSV die in den §§ 8 bis 13 GenTSV und ihren Anhängen für jede Sicherheitsstufe bestimmten Sicherheitsmaßnahmen die Anforderungen für den Regelfall darstellen und keine abschließende Aufzählung enthalten. Im Einzelfall sind im Hinblick auf die besonderen sicherheitsrelevanten Umstände einer gentechnischen Arbeit bestimmte Abweichungen bei den Sicherheitsmaßnahmen möglich.

Die Bestimmungen des Gentechnikrechts weisen an verschiedenen Stellen Schnittstellen zu anderen Umweltschutzregelungen auf.

Ein ganz wesentlicher Aspekt des Umweltschutzes, die Behandlung und Entsorgung von GVO als eine Maßnahme der Abfallbehandlung und -entsorgung, ist im Begriff „Gentechnische Arbeiten" mitenthalten (vergl. § 3 Nr. 2b GenTG).

§ 13 GenTSV regelt die Anforderungen an die Entsorgung und Behandlung von Abwasser und Abfall aus Anlagen, in denen gentechnische Arbeiten durchgeführt werden. Das Abwasser und der Abfall aus diesen Anlagen sind im Hinblick auf die von gentechnisch veränderten Organismen ausgehenden Gefahren nach dem Stand der Wissenschaft und Technik unschädlich zu entsorgen. Nach anderen Vorschriften zu stellende Anforderungen an die Abwasser- und Abfallentsorgung bleiben unberührt.

§ 13 GenTSV enthält darüber hinaus, nach Sicherheitsstufen unterschieden, die Rahmenanforderungen für die Behandlung von mit GVO kontaminiertem Abwasser und Abfall aus Anlagen, in denen gentechnische Arbeiten der Sicherheitsstufen 1 und 2 durchgeführt werden, sowie für die Behandlung aller Abwässer und Abfälle aus Anlagen, in denen gentechnische Arbeiten der Sicherheitsstufen 3 und 4 stattfinden (siehe auch Übersicht in Kapitel 5.2, Gliederungspunkt C.6.2). Darüber hinaus enthalten die Anhänge III bis V der Gentechnik-Sicherheitsverordnung eine Reihe sehr spezieller Anforderungen, welche die Behandlung, die Lagerung, den Transport und die Entsorgung von Abwasser und Abfall sowie weitere umweltrelevante Gesichtspunkte betreffen[1].

Die Gentechnik-Verfahrensverordnung enthält in der Anlage 1 „Angaben in den Unterlagen für gentechnische Anlagen oder gentechnische Arbeiten" Teil IV u. a. eine Auflistung der Informationen über Abfallbewirtschaftung, die bei gentechnischen Arbeiten der Sicherheitsstufen 2, 3 oder 4 zu gewerblichen Zwecken im Genehmigungsantrag erforderlich sind. Danach muß der Antrag Informationen über Art, Menge und potentielle Gefahren von Abfall bei der Verwendung der Organismen, über angewandte Abfallbewirtschaftungstechniken, einschließlich Rückgewinnung flüssiger oder fester Abfälle sowie über endgültige Form und Bestimmung des neutralisierten Abfalls enthalten (Anlage 1, Teil IV GenTVfV). Bei gentechnischen Arbeiten der Sicherheitsstufen 2, 3 oder 4 zu Forschungszwecken sind u. a. die Sicherheitsstufen, in die eine Einordnung vorgenommen wird, anzugeben, unter Angabe der Bestimmungen für die Abfallbehandlung und der zutreffenden Sicherheitsvorkehrungen (Anlage 1, Teil III GenTVfV).

---

[1] Da sich die in den Anlagen III bis V GenTSV aufgelisteten Anforderungen nicht immer als umweltrelevant einstufen bzw. bestimmten Teilbereichen eindeutig zuordnen lassen, wurde auf eine Zuordnung und Auflistung der dort genannten Anforderungen der Darstellung in Kapitel 5.2 verzichtet. Eine mögliche Auflistung der auf den Abwasser- und Abfallbereich beschränkten Anforderungen findet sich in [4].

Für gentechnische Arbeiten der Sicherheitsstufe 1 fordert Anlage 1 der GenTVfV keine speziellen Angaben zur Abfallbehandlung oder -bewirtschaftung in den Anmelde- oder Antragsunterlagen. Allerdings umfaßt die Beschreibung der Anlagenteile in den Unterlagen nach Anlage 1 Teil I GenTVfV auch die Beschreibung der Abwasser- und Abfallbehandlungsmaßnahmen nach § 13 GenTSV bzw. nach den Anforderungen der Anhänge II bis V der GenTSV. Vergleichbares gilt für Containmentmaßnahmen, die eine Ausbreitung von GVO in die Umwelt einschränken bzw. verhindern sollen. Ab der Sicherheitsstufe 2 ist außerdem für Forschung und Gewerbe eine Beschreibung der vorherrschenden meteorologischen Bedingungen und der potentiellen Gefahrenquellen, die sich aus dem Standort der Anlage ergeben, sofern sie im Falle eines Entweichens von Bedeutung sein können, und eine Beschreibung der Schutz- und Überwachungsmaßnahmen, die während der Dauer der Verwendung im geschlossenen System getroffen werden, erforderlich (Anlage 1, Teil III GenTVfV).

Das Gentechnikrecht stellt an verschiedenen Stellen einen Bezug zwischen den Vorschriften des Gentechnikrechts und denen anderer Vorschriften her, so z. B. in § 22 GenTG, § 13 Abs. 1 GenTSV oder § 8 GenTVfV. Daraus ergibt sich, daß die Anlagengenehmigung nach Gentechnikgesetz formalrechtlich zwar andere, die gentechnische Anlage betreffende behördliche Entscheidungen (mit Ausnahme behördlicher Entscheidungen aufgrund atomrechtlicher Vorschriften) einschließt, daß aber die materiellrechtlichen Vorschriften des eingeschlossenen Verfahrens, sowie die dafür notwendigen Informationen und Unterlagen dennoch zu berücksichtigen sind. In den Fällen, in denen die Konzentrationswirkung des § 22 GenTG nicht greift, laufen die verschiedenen behördlichen Verfahren und Entscheidungen selbständig nebeneinander.

5.2 Gentechnikrechtliche Regelwerke - Detailfassung mit Hinweisen

A. ALLGEMEINES

A.1 ZIELSETZUNG UND ZWECK DER REGELWERKE

Gentechnikgesetz (GenTG):
Erster Teil. Allgemeine Vorschriften
§ 1   Zweck des Gesetzes
Hin.:   «*Zweck dieses Gesetzes ist,*

1. Leben und Gesundheit von Menschen, Tiere, Pflanzen sowie die sonstige Umwelt in ihrem Wirkungsgefüge und Sachgüter vor möglichen Gefahren gentechnischer Verfahren und Produkte zu schützen und dem Entstehen solcher Gefahren vorzubeugen und

2. den rechtlichen Rahmen für die Erforschung, Entwicklung, Nutzung und Förderung der wissenschaftlichen, technischen und wirtschaftlichen Möglichkeiten der Gentechnik zu schaffen.» (§ 1)

Gentechnik-Sicherheitsverordnung (GenTSV):
Erster Abschnitt. Allgemeine Vorschriften
§ 1   Anwendungsbereich
Hin.:   «*Die Verordnung regelt Sicherheitsanforderungen an gentechnische Arbeiten in gentechnischen Anlagen einschließlich der Tätigkeiten im Gefahrenbereich. Nach anderen Vorschriften erforderliche Sicherheitsmaßnahmen bleiben unberührt.*» (§ 1)

Anm.:   Die novellierte Fassung der GenTSV würde, dem Entwurf der Ersten Verordnung zur Änderung der Gentechnik-Sicherheitsverordnung (Drucksache 717/84 des Bundesrates vom 19.07.1994) zufolge, an dieser Stelle Änderungen nach sich ziehen.

§ 2   Sicherheitsstufen und Sicherheitsmaßnahmen
Hin.:   Die GenTSV ordnet gentechnische Arbeiten nach bestimmten Maßgaben den im GenTG genannten Sicherheitsstufen zu. Sie bestimmt für jede Sicherheitsstufe Sicherheitsmaßnahmen, die die Anforderungen für den Regelfall darstellen. Im Ein-

zelfall sind unter einschränkenden Voraussetzungen bestimmte Abweichungen bei den Sicherheitsmaßnahmen möglich.

Gentechnik-Verfahrensverordnung (GenTVfV):
1. Abschnitt. Allgemeines
§ 1 Anwendungsbereich
Hin.: Zweck der Verordnung ist, zusammen mit den Vorschriften des GenTG den bundeseinheitlichen Rahmen zu bilden, nach dem die gentechnikrechtlichen Genehmigungs- und Anmeldeverfahren durchzuführen sind. Sie enthält somit zahlreiche Einzelheiten über den Ablauf und die Form des Verwaltungsverfahrens sowie über die Anforderungen an die einzureichenden Unterlagen.

Gentechnik-Aufzeichnungsverordnung (GenTAufzV):
§ 1 Anwendungsbereich
Hin.: Die Verordnung enthält nähere Einzelheiten über Form und Inhalt der dem Betreiber obliegenden Pflicht, über die Durchführung gentechnischer Arbeiten Aufzeichnungen zu führen, diese aufzubewahren und ggf. der zuständigen Behörde vorzulegen (vergl. § 6 Abs. 3 GenTG).

Gentechnik-Anhörungsverordnung (GenTAnhV):
Hin.: Zweck der auf der Grundlage des § 18 Abs. 3 GenTG ergangenen Verordnung ist es, die Einzelheiten der Öffentlichkeitsbeteiligung, die bei bestimmten gentechnikrechtlichen Genehmigungsverfahren zu erfolgen hat (vergl. § 18 Abs. 1, 2 GenTG), zu regeln.

ZKBS-Verordnung (ZKBSV):
§ 1 Aufgaben
Hin.: Die auf § 4 Abs. 4 GenTG beruhende Verordnung enthält nähere Ausführungen über die Aufgabenstellung, Zusammensetzung und Arbeitsweise der Zentralen Kommission für die Biologische Sicherheit aufgrund § 4 Abs. 4 GenTG.

Bundeskostenverordnung zum Gentechnikgesetz (BGenTGKostV):
§ 1 Kosten
Hin.: Zweck der auf der Grundlage des § 24 Abs. 2 GenTG erlassenen Verordnung ist es, die Bestimmung des § 24 Abs. 1 GenTG, wonach für Amtshandlungen nach dem GenTG und den hierzu erlassenen Rechtsverordnungen Kosten (Gebühren

und Auslagen) zu erheben sind, zu konkretisieren und auszufüllen. Nachdem der Vollzug des GenTG im wesentlichen durch die zuständigen Landesbehörden erfolgt und nur bei Freisetzungen und beim Inverkehrbringen eine Bundesoberbehörde (Bundesgesundheitsamt) die zuständige Behörde ist, beschränkt sich der Zweck der Verordnung darauf, die gebührenpflichtigen Tatbestände und die Höhe der Gebühren bei Amtshandlungen des Bundesgesundheitsamts näher zu regeln. Die Kosten für Amtshandlungen der Landesbehörden bemessen sich nach den entsprechenden landesrechtlichen Vorschriften (vergl. § 24 Abs. 3 GenTG).

A.2　GELTUNGSBEREICH UND ANWENDBARKEIT

Gentechnikgesetz (GenTG):
Erster Teil. Allgemeine Vorschriften
§ 2　Anwendungsbereich (i. V. mit § 3 „Begriffsbestimmungen")
Hin.:　Der Anwendungsbereich des Gesetzes umfaßt
1. gentechnische Anlagen
2. gentechnische Arbeiten
3. Freisetzungen von GVO
4. Inverkehrbringen von Produkten die aus GVO bestehen oder solche enthalten.

Ausnahmeregelung: Nr. 4 nimmt Bezug auf Rechtsvorschriften über das Inverkehrbringen in anderen Regelwerken.

Die Teilbereiche „Freisetzung" und „Inverkehrbringen" von GVO sollen hier unberücksichtigt bleiben.

§ 3　Begriffsbestimmungen
Hin.:　In § 3 werden eine Reihe für das Verständnis und die Anwendung des Gentechnikrechts grundlegende Begriffe definiert. § 3 Nr. 2 „Gentechnische Arbeiten" und Nr. 4 „Gentechnische Anlage" sind nachfolgend zitiert:
«Nr. 2 Gentechnische Arbeiten
a) die Erzeugung gentechnisch veränderter Organismen
b) die Verwendung, Vermehrung, Lagerung, Zerstörung oder Entsorgung sowie der innerbetriebliche Transport gentechnisch veränderter Organismen, soweit

noch keine Genehmigung für die Freisetzung oder das Inverkehrbringen zum Zweck des späteren Ausbringens in die Umwelt erteilt wurde.»

«Nr. 4 Gentechnische Anlage
Einrichtung, in der gentechnische Arbeiten im Sinne der Nummer 2 im geschlossenen System durchgeführt werden und für die physikalische Schranken verwendet werden, gegebenenfalls in Verbindung mit biologischen oder chemischen Schranken oder einer Kombination von biologischen und chemischen Schranken, um den Kontakt der verwendeten Organismen mit Menschen und der Umwelt zu begrenzen.»

Ein ganz wesentlicher Teilbereich des Umweltschutzes, die Zerstörung und/oder Entsorgung von GVO als eine Maßnahme der Abfall- und Abwasserbehandlung, ist im Begriff der gentechnischen Arbeiten mit beinhaltet, wenngleich wesentliche Anforderungen insbesondere des Abfall- und Wasserrechts mit berücksichtigt werden müssen, da die Aussagen des Gentechnikrechts in erster Linie gentechnikspezifische Sachverhalte betreffen.

Gentechnik-Sicherheitsverordnung (GenTSV):
Erster Abschnitt. Allgemeine Vorschriften
§ 1   Anwendungsbereich
Hin.:   (Siehe auch A.1 „Zielsetzung und Zweck der Regelwerke", Hin. zu § 1 GenTSV)

Gentechnik-Verfahrensverordnung (GenTVfV):
1. Abschnitt. Allgemeines
§ 1   Anwendungsbereich

Gentechnik-Aufzeichnungsverordnung (GenTAufzV):
§ 1   Anwendungsbereich
Hin.:   Die Verordnung legt fest, welche Angaben im Rahmen gentechnischer Arbeiten zu Forschungszwecken bzw. zu gewerblichen Zwecken aufzuzeichnen, aufzubewahren und der zuständigen Behörde auf Ersuchen vorzulegen sind.

Gentechnik-Anhörungsverordnung (GenTAnhV):
§ 1   Anwendungsbereich Nr. 1 bis 5
Hin.: Anhörungen nach Maßgabe der GenTAnhV sind durchzuführen, vor Entscheidungen über Genehmigungen, in den in den Nummern 1 bis 5 genannten Sachverhalten.

ZKBS-Verordnung (ZKBSV):
§ 1   Aufgaben
Hin.: Der sachliche Geltungsbereich ergibt sich aus den Aufgaben, die die Zentrale Kommission für die Biologische Sicherheit nach § 1 zu erfüllen hat.

1. Prüfung und Bewertung sicherheitsrelevanter Fragen nach den Vorschriften des GenTG, Abgabe entsprechender Empfehlungen.

2. Beratung der Bundesregierung und der Länder in sicherheitsrelevanten Fragen der Gentechnik.

3. Stellungnahme gegenüber der nach GenTG zuständigen Behörde hinsichtlich der Sicherheitseinstufung der vorgesehenen gentechnischen Arbeiten und der erforderlichen Sicherheitsmaßnahmen.

4. Stellungnahmen gegenüber der nach GenTG zuständigen Behörde hinsichtlich möglicher Gefahren für die in § 1 Nr. 1 GenTG genannten Rechtsgüter durch eine Freisetzung oder das Inverkehrbringen von GVO.

A.3	REGELWERKE ENTHALTEN EXPLIZITE AUSSAGEN ÜBER GVO

Alle aufgeführten Regelwerke des Gentechnikrechts (siehe Kapitel 2.1) enthalten Aussagen zu GVO.

A.4	RELEVANZ DER REGELWERKE FÜR PLANUNG, ERRICHTUNG, ÄNDERUNG ODER BETRIEB GENTECHNISCHER ANLAGEN BZW. FÜR DIE FREISETZUNG VON GVO

A.4.1	RELEVANZ DER REGELWERKE FÜR PLANUNG, ERRICHTUNG ODER ÄNDERUNG GENTECHNISCHER ANLAGEN

GenTG, GenTSV, GenTVfV, <GenTAufzV>, GenTAnhV, ZKBSV, BGenTGKostV

A.4.2	RELEVANZ DER REGELWERKE FÜR DEN BETRIEB GENTECHNISCHER ANLAGEN

GenTG, GenTSV, GenTVfV, GenTAufzV, ZKBSV

A.4.3	RELEVANZ DER REGELWERKE FÜR DIE FREISETZUNG ODER DAS INVERKEHRBRINGEN VON GVO

GenTG, GenTVfV, GenTAnhV, ZKBSV, BGenTGKostV

Anm.: Die novellierte Fassung der GenTSV würde, dem Entwurf der Ersten Verordnung zur Änderung der Gentechnik-Sicherheitsverordnung (Drucksache 717/84 des Bundesrates vom 19.07.1994) zufolge, an dieser Stelle Änderungen nach sich ziehen, d. h. einige Bestimmungen der GenTSV würden ebenfalls für die Freisetzung von GVO relevant werden (Erweiterung der Projektleiter- und Beauftragtenfunktionen sowie Bußgeldvorschriften für den Bereich der Freisetzung).

A.5	DIE REGELWERKE BESTIMMEN UNTERSCHIEDLICHE SICHERHEITSSTUFEN ODER RISIKOKATEGORIEN

Gentechnikgesetz (GenTG):
Zweiter Teil. Gentechnische Arbeiten in gentechnischen Anlagen
§ 7   Sicherheitsstufen, Sicherheitsmaßnahmen (i. V. mit §§ 4 ff. GenTSV)

Gentechnik-Sicherheitsverordnung (GenTSV):
Erster Abschnitt. Allgemeine Vorschriften
§ 2   Sicherheitsstufen und Sicherheitsmaßnahmen

Zweiter Abschnitt. Grundlagen und Durchführung der Sicherheitseinstufung
§ 4   Grundlagen der Sicherheitseinstufung
§ 5   Risikobewertung von Organismen (i. V. mit Anhang I zur GenTSV)
§ 6   Biologische Sicherheitsmaßnahmen (i. V. mit Anhang II zur GenTSV)
§ 7   Sicherheitseinstufung (i. V. mit Anhang I zur GenTSV)

Anhang I Risikogruppen der Spender- und Empfängerorganismen
Teil A Allgemeine Kriterien für die Sicherheitsbewertung
Anm.: Die novellierte Fassung der GenTSV würde, dem Entwurf der Ersten Verordnung zur Änderung der Gentechnik-Sicherheitsverordnung (Drucksache 717/84 des Bundesrates vom 19.07.1994) zufolge, an dieser Stelle Änderungen nach sich ziehen.

Anhang II   Biologische Sicherheitsmaßnahmen

A.6 DIE REGELWERKE UNTERSCHEIDEN IN IHREN ANFORDERUNGEN ZWISCHEN FORSCHUNG UND GEWERBE

Gentechnikgesetz (GenTG):
Zweiter Teil. Gentechnische Arbeiten in gentechnischen Anlagen
§ 9   Weitere gentechnische Arbeiten zu Forschungszwecken
§ 10   Weitere gentechnische Arbeiten zu gewerblichen Zwecken
§ 11   Genehmigungsverfahren

Vierter Teil. Gemeinsame Vorschriften
§ 18   Anhörungsverfahren Abs. 1

Hin.:   (Zu §§ 9 bis 11, 18 siehe Tabellen 3.1.4 bis 3.6 „Darstellung der unterschiedlichen Genehmigungs- und Anmeldeerfordernisse nach dem GenTG, differenziert nach Forschung und Gewerbe sowie nach Sicherheitsstufen" zu B. „Genehmigung und Anmeldung gentechnischer Anlagen und Arbeiten".)

Gentechnik-Sicherheitsverordnung (GenTSV):
Zweiter Abschnitt. Grundlagen und Durchführung der Sicherheitseinstufung
§ 5   Risikobewertung von Organismen (i. V. mit Anhang I zur GenTSV)
§ 7   Sicherheitseinstufung Abs. 2 u. 3 (i. V. mit Anhang I zur GenTSV)

Anhang I Risikogruppen der Spender- und Empfängerorganismen

Anm.: Die novellierte Fassung der GenTSV würde, dem Entwurf der Ersten Verordnung zur Änderung der Gentechnik-Sicherheitsverordnung (Drucksache 717/84 des Bundesrates vom 19.07.1994) zufolge, an dieser Stelle Änderungen nach sich ziehen.

Teil A Allgemeine Kriterien für die Sicherheitsbewertung
I. Bewertungskriterien bei gentechnischen Arbeiten zu gewerblichen Zwecken
II. Bewertungskriterien bei gentechnischen Arbeiten zu Forschungszwecken
Teil B Beispiele risikobewerteter Spender- und Empfängerorganismen nach Risikogruppen
I. Spender- und Empfängerorganismen für gentechnische Arbeiten zu gewerblichen Zwecken
II. Spender- und Empfängerorganismen für gentechnische Arbeiten zu Forschungszwecken

Gentechnik-Verfahrensverordnung (GenTVfV):
2. Abschnitt. Anforderung an Unterlagen
§ 4 Unterlagen für gentechnische Anlagen, erstmalige oder weitere gentechnische Arbeiten (i. V. mit Anlage 1 zur GenTVfV)

Anlage 1 Angaben in den Unterlagen für gentechnische Anlagen oder gentechnische Arbeiten

Gentechnik-Aufzeichnungsverordnung (GenTAufzV):
Hin.: Es sind für Forschung und Gewerbe unterschiedliche Aufzeichnungspflichten erforderlich (siehe C.1.3 „Aufzeichnungspflichten").

Gentechnik-Anhörungsverordnung (GenTAnhV):
Hin.: Die Unterscheidung zwischen Forschung und Gewerbe ist bereits durch § 18 GenTG erfolgt; die GenTAnhV knüpft an diese Vorgaben des Gesetzgebers lediglich an. Danach findet ein Anhörungsverfahren nur bei den in § 18 Abs. 1, 2 GenTG genannten Genehmigungsverfahren statt (vergl. auch § 1 GenTAnhV). Bei Genehmigungsverfahren über gentechnische Vorhaben zu Forschungszwecken gibt es kein Anhörungsverfahren (Ausnahme: Genehmigung für eine Freisetzung; vergl. § 14 GenTG, § 1 Nr. 5 GenTAnhV).

B. GENEHMIGUNG UND ANMELDUNG GENTECHNISCHER ANLAGEN UND ARBEITEN

Gentechnikgesetz (GenTG):
Erster Teil. Allgemeine Vorschriften
§ 2   Anwendungsbereich
§ 3   Begriffsbestimmungen
§ 6   Allgemeine Sorgfalts- und Aufzeichnungspflichten, Gefahrenvorsorge Abs. 1 u. 2

Zweiter Teil. Gentechnische Arbeiten in gentechnischen Anlagen
§ 7   Sicherheitsstufen, Sicherheitsmaßnahmen (i. V. mit §§ 4 ff. GenTSV)
§ 8   Genehmigung und Anmeldung von gentechnischen Anlagen
§ 9   Weitere gentechnische Arbeiten zu Forschungszwecken
§ 10 Weitere gentechnische Arbeiten zu gewerblichen Zwecken
§ 11 Genehmigungsverfahren
§ 12 Anmeldeverfahren

Vierter Teil. Gemeinsame Vorschriften
§ 18 Anhörungsverfahren

Hin.:   Die Tabellen 3.1 bis 3.6 enthalten eine Darstellung der unterschiedlichen Genehmigungs- und Anmeldeerfordernisse nach dem GenTG, differenziert nach Forschung und Gewerbe sowie nach Sicherheitsstufen (schematisierte Darstellungen der Genehmigungs- bzw. Anmeldeerfordernisse finden sich ebenfalls bei [5].

Tabelle 3.1

§ 8 Genehmigung und Anmeldung von gentechnischen Anlagen
Abs. 1: Die Errichtung und der Betrieb gentechnischer Anlagen bedarf der Genehmigung (Anlagengenehmigung), soweit sich nicht aus den Vorschriften des GenTG etwas anderes ergibt [S 2 - S 4].
Abs. 2: Anmeldung der Errichtung und des Betriebs gentechnischer Anlagen in denen gentechnische Arbeiten der Sicherheitsstufe 1 durchgeführt werden sollen sowie der vorgesehenen gentechnischen Arbeiten vor dem beabsichtigten Beginn der Errichtung oder, falls die Anlage bereits errichtet ist, vor dem beabsichtigten Beginn des Betriebs.
Abs. 3: Antrag auf Teilgenehmigung [S 2 - S 4]
Abs. 4: Die wesentliche Änderung der Lage, der Beschaffenheit oder des Betriebes einer gentechnischen Anlage bedarf der Anmeldung bei [S 1] bzw. Anlagengenehmigung bei [S 2 - S 4]

Tabelle 3.2

§ 9 Weitere gentechnische Arbeiten zu Forschungszwecken	
Forschung	Gewerbe
Abs. 1: Anmeldung weiterer gentechnischer Arbeiten der Sicherheitsstufen 2, 3 oder 4 vor dem beabsichtigtem Beginn der Arbeiten. (Ausnahme: Satz 2)	
Abs. 2: Anlagengenehmigung für weitere gentechnische Arbeiten, die einer höheren Sicherheitsstufe zuzuordnen sind als die von der bisherigen Genehmigung oder Anmeldung umfaßten Arbeiten.	
Abs. 3: Anzeige einer bereits angemeldeten oder genehmigten gentechnischen Arbeit der Sicherheitsstufe 2 vor Aufnahme der Arbeit, die in einer anderen genehmigten gentechnischen Anlage des selben Betreibers durchgeführt werden soll und in der entsprechende gentechnische Arbeiten durchgeführt werden dürfen.	

Tabelle 3.3

Forschung	§ 10 Weitere gentechnische Arbeiten zu gewerblichen Zwecken
	Gewerbe
	Abs. 1: Anmeldung weiterer gentechnischer Arbeiten der Sicherheitsstufe 1 vor beabsichtigtem Beginn der Arbeiten.
	Abs. 2: Genehmigung für weitere gentechnische Arbeiten der Sicherheitsstufen 2, 3 oder 4.
	Abs. 3: Anlagengenehmigung für weitere gentechnische Arbeiten, die einer höheren Sicherheitsstufe zuzuordnen sind als die von der bisherigen Genehmigung oder Anmeldung umfaßten Arbeiten.

Tabelle 3.4

Forschung	§ 11 Genehmigungsverfahren
	Gewerbe
Abs. 1: Das Genehmigungsverfahren setzt einen schriftlichen Antrag voraus.	
Abs. 2: Nennt die Unterlagen zur Prüfung der Genehmigungsvoraussetzungen, die dem Genehmigungsantrag beizufügen sind (Nr. 1 bis 6).	
	Nr. 7: Nennt zusätzliche Angaben im Bereich gentechnischer Arbeiten zu gewerblichen Zwecken.
	Abs. 4: Nennt zusätzliche Unterlagen, die zur Prüfung der Genehmigungsvoraussetzungen weiterer gentechnischer Arbeiten der Sicherheitsstufen 2, 3 oder 4 nach § 10 Abs. 2 dem Antrag beizufügen sind.

Tabelle 3.5

§ 12 Anmeldeverfahren	
Forschung	Gewerbe
Abs. 1: Die Anmeldung bedarf der Schriftform.	
Abs. 2: Bei der Anmeldung einer gentechnischen Anlage der Sicherheitsstufe 1 sind die Unterlagen nach § 11 Abs. 2, Satz 2 Nr. 1 bis 5 beizufügen.	
Abs. 3: Bei der Anmeldung weiterer gentechnischer Arbeiten der Sicherheitsstufen 2 bis 4 sind die in § 12 Abs. 3 genannten Unterlagen beizufügen.	Abs. 3: Für die Anmeldung weiterer gentechnischer Arbeiten der Sicherheitsstufe 1 sind die in § 12 Abs. 3 genannten Unterlagen beizufügen.

Tabelle 3.6

§ 18 Anhörungsverfahren (i. V. mit § 1 Nr. 1 bis 4 GenTAnhV)	
Forschung	Gewerbe
Kein Anhörungsverfahren vorgesehen	§ 18 Abs. 1 GenTG (i. V. mit § 1 Nr. 1 bis 4 GenTAnhV) sieht vor: Ein Anhörungsverfahren nach der GenTAnhV ist u. a. durchzuführen vor der Entscheidung über die Genehmigung 1. der Errichtung und des Betriebes einer gentechnischen Anlage, in der gentechnische Arbeiten zu gewerblichen Zwecken der Sicherheitsstufen 3 oder 4 durchgeführt werden sollen, 2. gentechnischer Anlagen, in denen gentechnische Arbeiten zu gewerblichen Zwecken der Sicherheitsstufe 2 durchgeführt werden sollen, wenn ein Genehmigungsverfahren nach § 10 des Bundes-Immissionsschutzgesetzes erforderlich wäre, 3. der wesentlichen Änderung der Lage, der Beschaffenheit oder des Betriebs einer in Nummer 1 oder 2 aufgeführten gentechnischen Anlage (Anhörungsverfahren entfällt, wenn nicht zu besorgen ist, daß durch die Änderung zusätzliche oder andere Gefahren für die in § 1 Nr. 1 GenTG bezeichneten Rechtsgüter zu erwarten sind), 4. von weiteren gentechnischen Arbeiten zu gewerblichen Zwecken, die einer höheren Sicherheitsstufe als die bisher von der Genehmigung umfaßten Arbeiten zuzuordnen sind

B.1 BERATUNG MIT DER BEHÖRDE

Gentechnikgesetz (GenTG):

Zweiter Teil. Gentechnische Arbeiten in gentechnischen Anlagen

§ 8   Genehmigung und Anmeldung von gentechnischen Anlagen
§ 9   Weitere gentechnische Arbeiten zu Forschungszwecken Abs. 2
§ 10 Weitere gentechnische Arbeiten zu gewerblichen Zwecken Abs. 3
§ 11 Genehmigungsverfahren
§ 12 Anmeldeverfahren

§ 13   Genehmigungsvoraussetzungen

Vierter Teil. Gemeinsame Vorschriften
§ 17   Verwendung von Unterlagen
§ 19   Nebenbestimmungen, nachträgliche Auflagen
<§ 21   Anzeigepflichten>
§ 22   Andere behördliche Entscheidungen
Hin.:   „Konzentrationswirkung" der Anlagengenehmigung nach GenTG, Prüfung des Schutzes vor den spezifischen Gefahren der Gentechnik ausschließlich nach den Vorschriften des Gentechnikrechts.

Siebter Teil. Übergangs- und Schlußvorschriften
§ 41   Übergangsregelung Abs. 1 bis 4

Gentechnik-Verfahrensverordnung (GenTVfV):
1. Abschnitt. Allgemeines
§ 1   Anwendungsbereich Nr. 1a bis 1d, 2a, 3a bis 3d
§ 2   Beratung

2. Abschnitt. Anforderungen an Unterlagen
§ 4   Unterlagen für gentechnische Anlagen, erstmalige oder weitere gentechnische Arbeiten
§ 7   Ausnahmen von Angaben und Maßnahmen
§ 8   Unterlagen für eingeschlossene Entscheidungen
Hin.:   § 8 nimmt Bezug auf die gemäß § 22 Abs. 1 GenTG im Einzelfall eingeschlossenen behördlichen Entscheidungen auf Grundlage der dafür jeweils maßgeblichen Rechtsvorschriften.

Anlage 1 Angaben in den Unterlagen für gentechnische Anlagen oder gentechnische Arbeiten

ZKBS-Verordnung (ZKBSV):
§ 1   Aufgaben
§ 14   Zusammenarbeit mit den zuständigen Behörden
Hin.:   Die Aufgabe der ZKBS beschränkt sich nach der gesetzlichen Vorgabe auf die Beratungstätigkeit für die Bundesregierung und die Länder in sicherheitsrelevan-

ten Fragen (vergl. § 5 GenTG). Die ZKBS gibt Stellungnahmen gegenüber der nach GenTG zuständigen Behörde ab, insbesondere zur Sicherheitseinstufung der vorgesehenen gentechnischen Arbeiten, zu den erforderlichen Sicherheitsmaßnahmen und zu den möglichen Gefahren für die durch das GenTG geschützten Rechtsgüter.

B.2 ART UND UMFANG DER ANTRAGS- UND ANMELDEUNTERLAGEN

Gentechnikgesetz (GenTG):
Zweiter Teil. Gentechnische Arbeiten in gentechnischen Anlagen
§ 11   Genehmigungsverfahren
§ 12   Anmeldeverfahren

Vierter Teil. Gemeinsame Vorschriften
§ 17   Verwendung von Unterlagen
§ 17a   Vertraulichkeit von Angaben

Gentechnik-Verfahrensverordnung (GenTVfV):
1. Abschnitt. Allgemeines
§ 3   Formvorschriften

2. Abschnitt. Anforderungen an Unterlagen
§ 4   Unterlagen für gentechnische Anlagen, erstmalige oder weitere gentechnische Arbeiten (i. V. mit Anlage 1 zur GenTVfV)
§ 7   Ausnahmen von Angaben und Maßnahmen
§ 8   Unterlagen für eingeschlossene Entscheidungen

Anlage 1 Angaben in den Unterlagen für gentechnische Anlagen oder gentechnische Arbeiten
Teil I
Hin.:   Teil I bestimmt die erforderlichen Mindestangaben für die Errichtung und den Betrieb und für die wesentliche Änderung der Lage, der Beschaffenheit oder des Betriebs einer gentechnischen Anlage sowie für die darin vorgesehenen gentechnischen Arbeiten [S 1 - S 4] zu Forschungszwecken und gewerblichen Zwecken.

Teil II

Hin.: Teil II bestimmt die erforderlichen Mindestangaben für gentechnische Arbeiten [S 1] zu gewerblichen Zwecken.

Teil III

Hin.: Teil III bestimmt die neben den Angaben nach Teil II zusätzlich erforderlichen Angaben bei gentechnischen Arbeiten [S 2 - S 4] zu Forschungszwecken.

Teil IV

Hin.: Teil IV bestimmt die neben den Angaben nach Teil II und III zusätzlich erforderlichen Angaben bei gentechnischen Arbeiten [S 2 - S 4] zu gewerblichen Zwecken (siehe Tabelle 4).

Tabelle 4

Forschung	Gewerbe
Teil I [S 1 - 4]	Teil I [S 1 - 4]
Teil II [S 2 - 4]	Teil II [S 1 - 4]
Teil III [S 2 - 4]	Teil III [S 2 - 4]
	Teil IV [S 2 - 4]

B.2.1   TECHNISCHE ERFORDERNISSE (GEBÄUDE, RÄUME, ANLAGEN, APPARATUREN, EINRICHTUNGEN)

Gentechnikgesetz (GenTG):
Erster Teil. Allgemeine Vorschriften
§ 3   Begriffsbestimmungen Nr. 4 u. 13
§ 6   Allgemeine Sorgfalts- und Aufzeichnungspflichten, Gefahrenvorsorge Abs. 2

Zweiter Teil. Gentechnische Arbeiten in gentechnischen Anlagen
§ 7   Sicherheitsstufen, Sicherheitsmaßnahmen (i. V. mit §§ 4 ff. GenTSV)

Vierter Teil. Gemeinsame Vorschriften
§ 19   Nebenbestimmungen, nachträgliche Auflagen
§ 21   Anzeigepflichten Abs. 2
§ 23   Ausschluß von privatrechtlichen Abwehransprüchen

Gentechnik-Sicherheitsverordnung (GenTSV):
Dritter Abschnitt. Sicherheitsmaßnahmen
§ 8   Allgemeine Schutzpflicht, Arbeitsschutz
§ 9   Technische und organisatorische Sicherheitsmaßnahmen für Labor- und Produktionsbereich (i. V. mit Anhang III zur GenTSV)
§ 10   Haltung von Pflanzen in Gewächshäusern (i. V. mit Anhang IV zur GenTSV)
§ 11   Haltung von Versuchstieren in Tierhaltungsräumen (i. V. mit Anhang V zur GenTSV)
§ 12   Arbeitssicherheitsmaßnahmen Abs. 5 u. 6
§ 13   Anforderungen an die Abwasser- und Abfallbehandlung
Hin.:   (Siehe auch C.6.2 „Vermeidung, Verwertung und Entsorgung von Abfällen und Reststoffen" und C.6.3 „Behandlung von Abwasser, Gewässerschutz")

Anhang III   Sicherheitsmaßnahmen für Labor- und Produktionsbereich
A.   Sicherheitsmaßnahmen für den Laborbereich
B.   Sicherheitsmaßnahmen für den Produktionsbereich
Hin.:   Gemäß Anhang III, B., I. Stufe 1, Nr. 1 gelten die Laborsicherheitsmaßnahmen der Stufe 1 für die Produktion sinngemäß.

Anhang IV   Sicherheitsmaßnahmen für Gewächshäuser

Anhang V   Sicherheitsmaßnahmen für Tierhaltungsräume

B.2.2   ORGANISATORISCHE UND PERSONELLE ERFORDERNISSE

Hin.:   Personal- oder arbeitsablaufbezogene und technische Erfordernisse können sich gegenseitig bedingen, ergänzen oder ersetzen. Aus diesem Grund ist eine ausschließliche Zuordnung einzelner Vorschriften zu B.2.1 „Technische Erfordernisse (Gebäude, Räume, Anlagen, Apparaturen, Einrichtungen)" bzw. B.2.2 „Organisatorische und personelle Erfordernisse" nicht möglich. Hinzu kommt, daß ein Teil der Vorschriften Aussagen enthält, die sachlich beide Unterpunkte unabhängig voneinander betreffen. Die Berücksichtigung und die Umsetzung der technischen Erfordernisse, die sich aus den Vorschriften ergeben, muß im Regelfall bereits im Vorfeld des gentechnischen Anlagenbetriebes erfolgen. Bei den organisatorischen und personellen Erfordernissen im Vorfeld des Anlagenbetriebs sind dagegen primär diejenigen berücksichtigt, deren Umsetzung bereits im Rahmen des Genehmigungs- oder Anmeldeverfahrens notwendig ist (Verfügbarkeit und Benennung bestimmter Funktionen wie z. B. Projektleiter oder Beauftragter für Biologische Sicherheit) oder deren Umsetzung längere Zeiträume im Vorfeld in Anspruch nimmt (z. B. intensive Schulungsmaßnahmen).

Gentechnikgesetz (GenTG):
Erster Teil. Allgemeine Vorschriften
§ 3   Begriffsbestimmungen Nr. 9, 10 u. 11
§ 6   Allgemeine Sorgfalts- und Aufzeichnungspflichten, Gefahrenvorsorge Abs. 2 u. 4

Zweiter Teil. Gentechnische Arbeiten in gentechnischen Anlagen
§ 7   Sicherheitsstufen, Sicherheitsmaßnahmen (i. V. mit §§ 4 ff. GenTSV)

Vierter Teil. Gemeinsame Vorschriften
§ 19 Nebenbestimmungen, nachträgliche Auflagen

Gentechnik-Sicherheitsverordnung (GenTSV):
Dritter Abschnitt. Sicherheitsmaßnahmen
§ 8   Allgemeine Schutzpflicht, Arbeitsschutz
§ 9   Technische und organisatorische Sicherheitsmaßnahmen für Labor- und Produktionsbereich (i. V. mit Anhang III zur GenTSV)
§ 10 Haltung von Pflanzen in Gewächshäusern (i. V. mit Anhang IV zur GenTSV)
§ 11 Haltung von Versuchstieren in Tierhaltungsräumen (i. V. mit Anhang V zur GenTSV)
§ 12 Arbeitssicherheitsmaßnahmen (i. V. mit Anhang VI zur GenTSV)

Vierter Abschnitt. Projektleiter
§ 14 Verantwortlichkeiten des Projektleiters
§ 15 Sachkunde des Projektleiters

Fünfter Abschnitt. Beauftragter für die Biologische Sicherheit
§ 16 Bestellung eines Beauftragten
§ 17 Sachkunde des Beauftragten
§ 18 Aufgaben des Beauftragten

Anhang III Sicherheitsmaßnahmen für Labor- und Produktionsbereich
A. Sicherheitsmaßnahmen für den Laborbereich
B. Sicherheitsmaßnahmen für den Produktionsbereich
Hin.: Gemäß Anhang III, B., I. Stufe 1, Nr. 1 gelten die Laborsicherheitsmaßnahmen der Stufe 1 für die Produktion sinngemäß.

Anhang IV Sicherheitsmaßnahmen für Gewächshäuser

Anhang V Sicherheitsmaßnahmen für Tierhaltungsräume

B.2.3 SONSTIGE ERFORDERNISSE

Gentechnik-Sicherheitsverordnung (GenTSV):
Dritter Abschnitt. Sicherheitsmaßnahmen
§ 12 Arbeitssicherheitsmaßnahmen Abs. 5
Hin.: Innerbetriebliche schriftliche Erlaubnis für Instandhaltungs-, Änderungs- oder Abbrucharbeiten in oder an Anlagen, Apparaturen oder Einrichtungen, in denen gentechnische Arbeiten der Sicherheitsstufen 2, 3 oder 4 durchgeführt werden sowie für die Wartung und Instandsetzung kontaminierter Geräte, verbunden mit der Durchführung notwendiger Sicherheitsmaßnahmen und arbeitsplatzbezogener Unterweisung der Beschäftigten.

Anm.: Die novellierte Fassung der GenTSV würde, dem Entwurf der Ersten Verordnung zur Änderung der Gentechnik-Sicherheitsverordnung (Drucksache 717/84 des Bundesrates vom 19.07.1994) zufolge, an dieser Stelle Änderungen nach sich ziehen (Ergänzung des Begriffs Reinigungsarbeiten).

B.3 EINREICHEN DER ANTRAGS- UND ANMELDEUNTERLAGEN

Gentechnikgesetz (GenTG):
Zweiter Teil. Gentechnische Arbeiten in gentechnischen Anlagen
§ 8 Genehmigung und Anmeldung von gentechnischen Anlagen Abs. 2
§ 9 Weitere gentechnische Arbeiten zu Forschungszwecken Abs. 1
§ 10 Weitere gentechnische Arbeiten zu gewerblichen Zwecken Abs. 1
§ 11 Genehmigungsverfahren Abs. 5
§ 12 Anmeldeverfahren Abs. 4, 6

Gentechnik-Verfahrensverordnung (GenTVfV):
Erster Abschnitt. Allgemeines
§ 3   Formvorschriften

B.4   DAUER DES GENEHMIGUNGS- BZW. ANMELDEVERFAHRENS (FRISTEN)

Gentechnikgesetz (GenTG):
Zweiter Teil. Gentechnische Arbeiten in gentechnischen Anlagen
§ 11   Genehmigungsverfahren Abs. 6 u. 7
§ 12   Anmeldeverfahren Abs. 6 bis 9

Gentechnik-Verfahrensverordnung (GenTVfV):
3. Abschnitt. Genehmigungsverfahren
§ 9   Beteiligung anderer Stellen
§ 10   Entscheidung

Gentechnik-Anhörungsverordnung (GenTAnhV):
§ 2   Bekanntmachung des Vorhabens
§ 3   Inhalt der Bekanntmachung
§ 5   Einwendungen Abs. 1
§ 6   Erörterungstermin
§ 8   Wegfall des Erörterungstermins
§ 9   Verlegung des Erörterungstermins

ZKBS-Verordnung (ZKBSV):
§ 9   Sitzungen der Kommission Abs. 1
§ 14   Zusammenarbeit mit den zuständigen Behörden Abs. 1

B.5   ÖFFENTLICHKEITSBETEILIGUNG

Gentechnikgesetz (GenTG):
Vierter Teil. Gemeinsame Vorschriften
§ 17a Vertraulichkeit von Angaben
§ 18   Anhörungsverfahren Abs. 1 u. 3

Gentechnik-Verfahrensverordnung (GenTVfV):
2. Abschnitt. Anforderungen an Unterlagen
§ 4   Unterlagen für gentechnische Anlagen, erstmalige oder weitere gentechnische Arbeiten

Gentechnik-Anhörungsverordnung (GenTAnhV):
Hin.: Die Vorschriften der GenTAnhV regeln den Ablauf und die Einzelheiten der Öffentlichkeitsbeteiligung. §§ 3 bis 5 machen keine direkte Aussage über Art und Umfang der Antragsunterlagen sondern über Inhalt und Form, wie diese bei einem Anhörungsverfahren der Öffentlichkeit zugänglich gemacht werden müssen, und wie die Einwendungen zu erfolgen haben.

§ 1   Anwendungsbereich
§ 2   Bekanntmachung des Vorhabens
§ 3   Inhalt der Bekanntmachung
§ 4   Auslegung von Antrag und Unterlagen
§ 5   Einwendungen
§ 6   Erörterungstermin
§ 7   Besondere Einwendungen
§ 8   Wegfall des Erörterungstermins
§ 9   Verlegung des Erörterungstermins
§ 10 Verlauf des Erörterungstermins, förmliches Verwaltungsverfahren

B.6	BETRIEBSGEHEIMNISSE

Gentechnikgesetz (GenTG):
Vierter Teil. Gemeinsame Vorschriften
§ 17a Vertraulichkeit von Angaben

Gentechnik-Anhörungsverordnung (GenTAnhV):
§ 4   Auslegung von Antrag und Unterlagen Abs. 3

B.7 PFLICHTEN IM RAHMEN DES GENEHMIGUNGS- BZW. ANMELDEVERFAHRENS SEITENS DES ANTRAGSTELLERS ODER DER BEHÖRDE

B.7.1 MELDE- UND AUSKUNFTSPFLICHTEN

Gentechnikgesetz (GenTG):
Vierter Teil. Gemeinsame Vorschriften
§ 21 Anzeigepflichten Abs. 1, 1a, 2 u. 5
§ 25 Überwachung, Auskunfts-, Duldungspflichten Abs. 2 bis 5
§ 28 Unterrichtungspflicht (Behörde)

B.7.2 BEWERTUNGSPFLICHTEN (SICHERHEITSEINSTUFUNG)

Gentechnikgesetz (GenTG):
Erster Teil. Allgemeine Vorschriften
§ 5 Aufgaben der Kommission (Kommission)
§ 6 Allgemeine Sorgfalts- und Aufzeichnungspflichten, Gefahrenvorsorge Abs. 1

Zweiter Teil. Gentechnische Arbeiten in gentechnischen Anlagen
§ 7 Sicherheitsstufen, Sicherheitsmaßnahmen (i. V. mit §§ 4 ff. GenTSV)
§ 11 Genehmigungsverfahren Abs. 2 Nr. 5 (i. V. mit § 6 Abs. 1), Abs. 8 (Behörde)
§ 12 Anmeldeverfahren Abs. 5 (Behörde)

Gentechnik-Sicherheitsverordnung (GenTSV):
Zweiter Abschnitt. Grundlagen und Durchführung der Sicherheitseinstufung
§ 4 Grundlagen der Sicherheitseinstufung
§ 5 Risikobewertung von Organismen
Hin.: Nach § 5 bestehen unterschiedliche Bewertungskriterien für gentechnische Arbeiten zu gewerblichen Zwecken und zu Forschungszwecken (siehe Tabelle 5).

Tabelle 5

§ 5 Risikobewertung von Organismen	
Forschung	Gewerbe
Abs. 2: Gefährdungspotential von Spender- und Empfängerorganismen bei gentechnischen Arbeiten zu Forschungszwecken i. V. mit: Anhang I: Risikogruppen der Spender- und Empfängerorganismen. Teil B II: Spender- und Empfängerorganismen für gentechnische Arbeiten zu Forschungszwecken oder Teil A II: Bewertungskriterien bei gentechnischen Arbeiten zu Forschungszwecken	Abs. 1: Gefährdungspotential von Spender- und Empfängerorganismen bei gentechnischen Arbeiten zu gewerblichen Zwecken i. V. mit: Anhang I: Risikogruppen der Spender- und Empfängerorganismen Teil B I: Spender- und Empfängerorganismen für gentechnische Arbeiten zu gewerblichen Zwecken oder Teil A I: Bewertungskriterien bei gentechnischen Arbeiten zu gewerblichen Zwecken
Abs. 3 bis 5 für Forschung und Gewerbe relevant	

Anm.: Die novellierte Fassung der GenTSV würde, dem Entwurf der Ersten Verordnung zur Änderung der Gentechnik-Sicherheitsverordnung (Drucksache 717/84 des Bundesrates vom 19.07.1994) zufolge, in der Tabelle Änderungen nach sich ziehen.

§ 6 Biologische Sicherheitsmaßnahmen (i. V. mit Anhang II zur GenTSV)
Hin.: Es erfolgt keine Differenzierung hinsichtlich biologischer Sicherheitsmaßnahmen bei gentechnischen Arbeiten zu Forschungszwecken bzw. zu gewerblichen Zwecken.

§ 7 Sicherheitseinstufung
Hin.: § 7 beinhaltet unterschiedliche Kriterien für die Sicherheitseinstufung von gentechnischen Arbeiten zu Forschungszwecken und zu gewerblichen Zwecken. Schematische Darstellung der Inhalte und der Systematik aus § 7 finden sich in [4].
Anm.: Die novellierte Fassung der GenTSV würde, dem Entwurf der Ersten Verordnung zur Änderung der Gentechnik-Sicherheitsverordnung (Drucksache 717/84 des Bundesrates vom 19.07.1994) zufolge, an dieser Stelle Änderungen nach sich ziehen.

B.7.3 SONSTIGE PFLICHTEN

Gentechnikgesetz (GenTG):
Erster Teil. Allgemeine Vorschriften
§ 6   Allgemeine Sorgfalts- und Aufzeichnungspflichten, Gefahrenvorsorge Abs. 2 u. 4

Vierter Teil. Gemeinsame Vorschriften
§ 21   Anzeigepflichten
§ 25   Überwachung, Auskunfts-, Duldungspflichten

Fünfter Teil. Haftungsvorschriften
§ 36   Deckungsvorsorge

Gentechnik-Sicherheitsverordnung (GenTSV):
Dritter Abschnitt. Sicherheitsmaßnahmen
§ 8   Allgemeine Schutzpflicht, Arbeitsschutz Abs. 1, 4, 5 u. 6

B.8 ENTSCHEIDUNG DER BEHÖRDE

Gentechnik-Verfahrensverordnung (GenTVfV):
3. Abschnitt. Genehmigungsverfahren
§ 10   Entscheidung
§ 11   Inhalt des Genehmigungsbescheides
§ 12   Form der Entscheidung, Bekanntgabe

4. Abschnitt. Anmeldeverfahren
§ 14   Inhalt des Bescheides

B.8.1 VORZEITIGER BEGINN GENTECHNISCHER ARBEITEN

Gentechnikgesetz (GenTG):
Zweiter Teil. Gentechnische Arbeiten in gentechnischen Anlagen
§ 12   Anmeldeverfahren Abs. 8

B.8.2 TEILGENEHMIGUNG

Gentechnikgesetz GenTG):
Zweiter Teil. Gentechnische Arbeiten in gentechnischen Anlagen
§ 13   Genehmigungsvoraussetzungen Abs. 2

B.8.3 GENEHMIGUNG

Gentechnikgesetz (GenTG):
Zweiter Teil. Gentechnische Arbeiten in gentechnischen Anlagen
§ 13   Genehmigungsvoraussetzungen Abs. 1 u. 3

B.9 ANTRAG AUF SOFORTVOLLZUG DER GENEHMIGUNG

Hin.:   Die Genehmigung zur Errichtung und zum Betrieb einer gentechnischen Anlage stellt aus der Sicht des Betreibers einen begünstigenden Verwaltungsakt dar, denn es wird ihm die rechtliche Befugnis gewährt, die Anlage zu errichten und zu betreiben. Dieser Verwaltungsakt kann aber in einzelnen Fällen möglicherweise für Dritte belastende Wirkungen entfalten und in deren Rechte eingreifen. Für den Dritten besteht die Möglichkeit, gegen die Genehmigung Widerspruch und Anfechtungsklage zu erheben. Widerspruch und Anfechtungsklage gegen eine gentechnikrechtliche Genehmigung haben grundsätzlich aufschiebende Wirkung, d. h. der Betreiber kann bis zur rechtskräftigen Entscheidung über den Widerspruch oder die Anfechtungsklage von der Genehmigung keinen Gebrauch machen. Der Betreiber hat allerdings die Möglichkeit, bereits während des Genehmigungsverfahrens oder im Laufe des Widerspruchs- oder Klageverfahrens die sofortige Vollziehung der Genehmigung zu beantragen. Voraussetzungen und Ablauf dieses Verfahrens sind in §§ 80, 80a der Verwaltungsgerichtsordnung (VwGO) geregelt.

B.10 ERLÖSCHEN DER GENEHMIGUNG

Gentechnikgesetz (GenTG):
Vierter Teil. Gemeinsame Vorschriften
§ 20   Einstweilige Einstellung Abs. 1

Hin.: Die einstweilige Einstellung führt nicht zu dem Erlöschen der Genehmigung. Der Bestand der Genehmigung bleibt vielmehr unberührt. Die einstweilige Einstellung hat allerdings zur Folge, daß der Genehmigungsinhaber von der Genehmigung einstweilig keinen Gebrauch mehr machen kann. Im übrigen enthält das GenTG keine speziellen Vorschriften für die Rücknahme oder den Widerruf der Genehmigung. Letztere richten sich somit nach den entsprechenden allgemeinen Vorschriften der Verwaltungsverfahrensgesetze des Bundes bzw. der Länder. Aus dem Wort „anstelle" in § 20 GenTG ergibt sich, daß die einstweilige Einstellung des Betriebs der gentechnischen Anlage, der gentechnischen Arbeit, der Freisetzung oder des Inverkehrbringens nur dann angeordnet werden kann, wenn die Voraussetzungen für eine Rücknahme oder einen Widerruf der Genehmigung nach den Vorschriften der Verwaltungsverfahrensgesetze vorliegen. § 20 GenTG eröffnet der Behörde somit die Möglichkeit, den Betreiber zu veranlassen, die Voraussetzungen für die Fortführung seines Vorhabens zu schaffen, ohne dem Betroffenen zunächst seine Genehmigung entziehen zu müssen.

C. BETRIEB GENTECHNISCHER ANLAGEN

C.1 GRUNDPFLICHTEN

C.1.1 MELDE-, AUSKUNFTS- UND UNTERRICHTUNGSPFLICHTEN

Gentechnikgesetz (GenTG):
Vierter Teil. Gemeinsame Vorschriften
§ 21   Anzeigepflichten
§ 25   Überwachung, Auskunfts-, Duldungspflichten Abs. 2 bis 5
§ 28   Unterrichtungspflicht (Behörde)

Fünfter Teil. Haftungsvorschriften
§ 35   Auskunftsansprüche des Geschädigten

Gentechnik-Sicherheitsverordnung (GenTSV):
Dritter Abschnitt. Sicherheitsmaßnahmen
§ 8   Allgemeine Schutzpflicht, Arbeitsschutz

§ 9   Technische und organisatorische Sicherheitsmaßnahmen für Labor- und Produktionsbereich (i. V. mit Anhang III zur GenTSV)
§ 10 Haltung von Pflanzen in Gewächshäusern (i. V. mit Anhang IV zur GenTSV)
§ 11 Haltung von Versuchstieren in Tierhaltungsräumen (i. V. mit Anhang V zur GenTSV)

Vierter Abschnitt. Projektleiter
§ 14 Verantwortlichkeiten des Projektleiters Nr. 6, 8
Hin.: Nur betriebsintern relevant.

Anhang III Sicherheitsmaßnahmen für Labor- und Produktionsbereich
A.   Sicherheitsmaßnahmen für den Laborbereich
Hin.: Nur betriebsintern relevant

Anhang IV Sicherheitsmaßnahmen für Gewächshäuser

Anhang V Sicherheitsmaßnahmen für Tierhaltungsräume
Hin.: Nur betriebsintern relevant

Gentechnik-Aufzeichnungsverordnung (GenTAufzV):
§ 4   Aufzeichnungs- und Vorlagepflichtiger, Aufbewahrungsfrist Abs. 1

Hin.: Der Betreiber hat die Aufzeichnung der zuständigen Behörde auf ihr Ersuchen vorzulegen.

C.1.2   ÜBERWACHUNGSPFLICHTEN

Gentechnikgesetz (GenTG):
Vierter Teil. Gemeinsame Vorschriften
§ 25 Überwachung, Auskunfts-, Duldungspflichten Abs. 1 (Behörde)

Gentechnik-Sicherheitsverordnung (GenTSV):
Dritter Abschnitt. Sicherheitsmaßnahmen
§ 9   Technische und organisatorische Sicherheitsmaßnahmen für Labor- und Produktionsbereich (i. V. mit Anhang III zur GenTSV)

§ 10   Haltung von Pflanzen in Gewächshäusern (i. V. mit Anhang IV zur GenTSV)
§ 11   Haltung von Versuchstieren in Tierhaltungsräumen (i. V. mit Anhang V zur GenTSV)

Fünfter Abschnitt. Beauftragter für die Biologische Sicherheit
§ 18   Aufgaben des Beauftragten Abs. 1 Nr. 1

Anhang III   Sicherheitsmaßnahmen für Labor- und Produktionsbereich
A.   Sicherheitsmaßnahmen für den Laborbereich
B.   Sicherheitsmaßnahmen für den Produktionsbereich
Hin.: Gemäß Anhang III, B., I. Stufe 1, Nr. 1 gelten die Laborsicherheitsmaßnahmen der Stufe 1 für die Produktion sinngemäß.

Anhang IV   Sicherheitsmaßnahmen für Gewächshäuser

Anhang V   Sicherheitsmaßnahmen für Tierhaltungsräume

C.1.3   AUFZEICHNUNGSPFLICHTEN

Gentechnikgesetz (GenTG):
Erster Teil. Allgemeine Vorschriften
§ 6   Allgemeine Sorgfalts- und Aufzeichnungspflichten, Gefahrenvorsorge Abs. 3

Gentechnik-Sicherheitsverordnung (GenTSV):
Dritter Abschnitt. Sicherheitsmaßnahmen
§ 9   Technische und organisatorische Sicherheitsmaßnahmen für Labor- und Produktionsbereich (i. V. mit Anhang III zur GenTSV)
§ 10   Haltung von Pflanzen in Gewächshäusern (i. V. mit Anhang IV zur GenTSV)
§ 11   Haltung von Versuchstieren in Tierhaltungsräumen (i. V. mit Anhang V zur GenTSV)
§ 12   Arbeitssicherheitsmaßnahmen Abs. 3 Satz 4 u. 6

Vierter Abschnitt. Projektleiter
§ 14   Verantwortlichkeiten des Projektleiters Nr. 5

Fünfter Abschnitt. Beauftragter für die Biologische Sicherheit
§ 18 Aufgaben des Beauftragten Abs. 2

Anhang III Sicherheitsmaßnahmen für Labor- und Produktionsbereich
A. Sicherheitsmaßnahmen für den Laborbereich
B. Sicherheitsmaßnahmen für den Produktionsbereich
Hin.: Gemäß Anhang III, B., I. Stufe 1, Nr. 1 gelten die Laborsicherheitsmaßnahmen der Stufe 1 für die Produktion sinngemäß.

Anhang IV Sicherheitsmaßnahmen für Gewächshäuser

Anhang V Sicherheitsmaßnahmen für Tierhaltungsräume

Gentechnik-Aufzeichnungsverordung (GenTAufzV):
§ 1 Anwendungsbereich
§ 2 Aufzeichnungen bei gentechnischen Arbeiten zu Forschungszwecken oder zu gewerblichen Zwecken
Hin.: § 2 enthält unterschiedliche Aufzeichnungsanforderungen für gentechnische Arbeiten zu gewerblichen Zwecken und zu Forschungszwecken, sowie nach Sicherheitsstufen differenzierte Aufzeichnungsanforderungen (siehe Tabelle 6).

Tabelle 6

§ 2 Aufzeichnungen bei gentechnischen Arbeiten zu Forschungszwecken oder zu gewerblichen Zwecken	
Forschung	Gewerbe
Abs. 1: Angaben, die Aufzeichnungen über gentechnische Arbeiten enthalten müssen (Forschung und Gewerbe)	
Abs. 2: Zusätzliche Aufzeichnungen bei gentechnischen Arbeiten zu Forschungszwecken	Abs. 3: Zusätzliche Aufzeichnungen bei gentechnischen Arbeiten zu gewerblichen Zwecken
Abs. 4 Nr. 1: Zusätzliche Aufzeichnungen bei Arbeiten der Sicherheitsstufen 3 oder 4	
Abs. 4 Nr. 2	Abs. 4 Nr. 3
Abs. 5 u. 6: Relevant für Forschung und Gewerbe; Fortlaufende Führung der Aufzeichnungen soweit erforderlich; die Aufzeichnungen sind vom Betreiber, dem von ihm beauftragten Projektleiter oder einer von diesem bestimmten Person zu unterschreiben.	

§ 3   Form der Aufzeichnungen

§ 4   Aufzeichnungs- und Vorlagepflichtiger, Aufbewahrungsfrist
Hin.: § 4 enthält nach Sicherheitsstufen differenzierte Aufbewahrungsfristen für Aufzeichnungen.

C.1.4   BEWERTUNGSPFLICHTEN

Gentechnikgesetz (GenTG):
Erster Teil. Allgemeine Vorschriften
§ 6   Allgemeine Sorgfalts- und Aufzeichnungspflichten, Gefahrenvorsorge Abs. 1 u. 2

Gentechnik-Sicherheitsverordnung (GenTSV):
Zweiter Abschnitt. Grundlagen und Durchführung der Sicherheitseinstufung
§ 4   Grundlagen der Sicherheitseinstufung
§ 5   Risikobewertung von Organismen (i. V. mit Anhang I zur GenTSV)
§ 6   Biologische Sicherheitsmaßnahmen (i. V. mit Anhang II zur GenTSV)
§ 7   Sicherheitseinstufung (i. V. mit den Anhängen I u. II zur GenTSV)

Dritter Abschnitt. Sicherheitsmaßnahmen
§ 12   Arbeitssicherheitsmaßnahmen Abs. 6

C.1.5   SONSTIGE PFLICHTEN

Gentechnikgesetz (GenTG):
Erster Teil. Allgemeine Vorschriften
§ 6   Allgemeine Sorgfalts- und Aufzeichnungspflichten, Gefahrenvorsorge

Gentechnik-Sicherheitsverordnung (GenTSV):
Dritter Abschnitt. Sicherheitsmaßnahmen
§ 8   Allgemeine Schutzpflicht, Arbeitsschutz

Vierter Abschnitt. Projektleiter
§ 14   Verantwortlichkeiten des Projektleiters

Fünfter Abschnitt. Beauftragter für die Biologische Sicherheit
§ 18   Aufgaben des Beauftragten
§ 19   Pflichten des Betreibers

C.1.6   ORGANISATORISCHE UND PERSONELLE RAHMENBEDINGUNGEN

Gentechnikgesetz (GenTG):
Erster Teil. Allgemeine Vorschriften
§ 3   Begriffsbestimmungen Nr. 9 bis 11, 13
§ 6   Allgemeine Sorgfalts- und Aufzeichnungspflichten, Gefahrenvorsorge Abs. 4

Zweiter Teil. Gentechnische Arbeiten in gentechnischen Anlagen
§ 11   Genehmigungsverfahren Abs. 2, 4 u. 8
§ 12   Anmeldeverfahren Abs. 2, 3 u. 5
§ 13   Genehmigungsvoraussetzungen Abs. 1 Nr. 1 bis 4

Vierter Teil. Gemeinsame Vorschriften
§ 21   Anzeigepflichten Abs. 1
§ 31   Zuständige Behörden (Behörde)

Gentechnik-Sicherheitsverordnung (GenTSV):
Dritter Abschnitt. Sicherheitsmaßnahmen
§ 8   Allgemeine Schutzpflicht, Arbeitsschutz
§ 9   Technische und organisatorische Sicherheitsmaßnahmen für Labor- und Produktionsbereich (i. V. mit Anhang III zur GenTSV)
§ 10   Haltung von Pflanzen in Gewächshäusern (i. V. mit Anhang IV zur GenTSV)
§ 11   Haltung von Versuchstieren in Tierhaltungsräumen (i. V. mit Anhang V zur GenTSV)
§ 12   Arbeitssicherheitsmaßnahmen (i. V. mit Anhang VI zur GenTSV)
§ 13   Anforderungen an die Abwasser- und Abfallbehandlung

Vierter Abschnitt. Projektleiter
§ 14   Verantwortlichkeiten des Projektleiters
§ 15   Sachkunde des Projektleiters

Fünfter Abschnitt. Beauftragter für die Biologische Sicherheit
§ 16   Bestellung eines Beauftragten
§ 17   Sachkunde des Beauftragten
§ 18   Aufgaben des Beauftragten
§ 19   Pflichten des Betreibers
Anhang III   Sicherheitsmaßnahmen für Labor- und Produktionsbereich
Anhang IV   Sicherheitsmaßnahmen für Gewächshäuser
Anhang V   Sicherheitsmaßnahmen für Tierhaltungsräume
Anhang IV   Sicherheitsmaßnahmen für Gewächshäuser

C.2	VORGELAGERTE BEREICHE

Gentechnikgesetz (GenTG):
Erster Teil. Allgemeine Vorschriften
§ 6   Allgemeine Sorgfalts- und Aufzeichnungspflichten, Gefahrenvorsorge (i. V. mit der GenTAufzV)

Zweiter Teil. Gentechnische Arbeiten in gentechnischen Anlagen
§ 7   Sicherheitsstufen, Sicherheitsmaßnahmen Abs. 2 (i. V. mit §§ 4 ff. GenTSV)

Gentechnik-Sicherheitsverordnung (GenTSV)
Dritter Abschnitt. Sicherheitsmaßnahmen
§ 9   Technische und organisatorische Sicherheitsmaßnahmen für Labor- und Produktionsbereich (i. V. mit Anhang III zur GenTSV)

C.2.1	FORSCHUNGSPLANUNG, ARBEITSPLANUNG, ARBEITSVORBEREITUNG

Gentechnik-Sicherheitsverordnung (GenTSV):
Zweiter Abschnitt. Grundlagen und Durchführung der Sicherheitseinstufung
§ 4   Grundlagen der Sicherheitseinstufung (i. V. mit Anhang I zur GenTSV)
§ 5   Risikobewertung von Organismen (i. V. mit Anhang I zur GenTSV)
§ 6   Biologische Sicherheitsmaßnahmen (i. V. mit Anhang II zur GenTSV)
§ 7   Sicherheitseinstufung

Dritter Abschnitt. Sicherheitsmaßnahmen
§ 9   Technische und organisatorische Sicherheitsmaßnahmen für Labor- und Produktionsbereich
Hin.: Gemäß § 9 Abs. 4 sind die technischen und organisatorischen Maßnahmen nach Anhang III in der Regel so zu gestalten, daß die persönlichen Schutzausrichtungen der Beschäftigten nur als Ergänzung zu diesen Maßnahmen erforderlich sind.

§ 10 Haltung von Pflanzen in Gewächshäusern (i. V. mit Anhang IV zur GenTSV)
§ 11 Haltung von Versuchstieren in Tierhaltungsräumen (i. V. mit Anhang V zur GenTSV)
§ 12 Arbeitssicherheitsmaßnahmen
§ 13 Anforderungen an die Abwasser- und Abfallbehandlung

Anhang III Sicherheitsmaßnahmen für Labor- und Produktionsbereich
A.   Sicherheitsmaßnahmen für den Laborbereich
B.   Sicherheitsmaßnahmen für den Produktionsbereich
Hin.: Gemäß Anhang III, B., I. Stufe 1, Nr. 1 gelten die Laborsicherheitsmaßnahmen der Stufe 1 für die Produktion sinngemäß.

Anhang IV Sicherheitsmaßnahmen für Gewächshäuser

Anhang V   Sicherheitsmaßnahmen für Tierhaltungsräume

| C.2.2 | TRANSPORT UND LAGERUNG DER EINSATZSTOFFE |

Hin.: (Siehe C.5.8 „Transport und Lagerung")

| C.2.3 | QUALITÄTSKONTROLLE DER EINSATZSTOFFE |

Gentechnik-Sicherheitsverordnung (GenTSV):
Dritter Abschnitt. Sicherheitsmaßnahmen
§ 9   Technische und organisatorische Sicherheitsmaßnahmen für Labor- und Produktionsbereich (i. V. mit Anhang III zur GenTSV)

Anhang III Sicherheitsmaßnahmen für Labor- und Produktionsbereich
A.   Sicherheitsmaßnahmen für den Laborbereich
<B. Sicherheitsmaßnahmen für den Produktionsbereich
Hin.: Gemäß Anhang III, B., I. Stufe 1, Nr. 1 gelten die Laborsicherheitsmaßnahmen der Stufe 1 für die Produktion sinngemäß.>

C.2.4   ÜBERWACHUNG UND DOKUMENTATION

Hin.: (Siehe C.1.2 „Überwachungspflichten" und C.1.3 „Aufzeichnungspflichten")

C.3   HAUPTBEREICH LABOR

Gentechnikgesetz (GenTG):
Erster Teil. Allgemeine Vorschriften
§ 6   Allgemeine Sorgfalts- und Aufzeichnungspflichten, Gefahrenvorsorge

Zweiter Teil. Gentechnische Arbeiten in gentechnischen Anlagen
§ 7   Sicherheitsstufen, Sicherheitsmaßnahmen Abs. 2 (i. V. mit §§ 4 ff. GenTSV)

Gentechnik-Sicherheitsverordnung (GenTSV)
Zweiter Abschnitt. Grundlagen und Durchführung der Sicherheitseinstufung
§ 4   Grundlagen der Sicherheitseinstufung
§ 5   Risikobewertung von Organismen (i. V. mit Anhang I zur GenTSV)
§ 6   Biologische Sicherheitsmaßnahmen (i. V. mit Anhang II zur GenTSV)
§ 7   Sicherheitseinstufung (i. V. mit Anhängen I u. II zur GenTSV)

Dritter Abschnitt. Sicherheitsmaßnahmen
§ 9   Technische und organisatorische Sicherheitsmaßnahmen für Labor- und Produktionsbereich (i. V. mit Anhang III, A. zur GenTSV)

C.3.1 LABORKERNBEREICH

Gentechnik-Sicherheitsverordnung (GenTSV):
Dritter Abschnitt. Sicherheitsmaßnahmen
§ 9 Technische und organisatorische Sicherheitsmaßnahmen für Labor- und Produktionsbereich (i. V. mit Anhang III, A. zur GenTSV)

Anhang III Sicherheitsmaßnahmen für Labor- und Produktionsbereich
A. Sicherheitsmaßnahmen für den Laborbereich

Anhang V Sicherheitsmaßnahmen für Tierhaltungsräume

C.3.2 TRANSPORT UND LAGERUNG

Hin.: (Siehe C.5.8 „Transport und Lagerung")

C.3.3 ÜBERWACHUNG UND DOKUMENTATION

Hin.: (Siehe C.1.2 „Überwachungspflichten" und C.1.3 „Aufzeichnungspflichten")

C.4 HAUPTBEREICH PRODUKTION

Gentechnikgesetz (GenTG):
Erster Teil. Allgemeine Vorschriften
§ 6 Allgemeine Sorgfalts- und Aufzeichnungspflichten, Gefahrenvorsorge

Zweiter Teil. Gentechnische Arbeiten in gentechnischen Anlagen
§ 7 Sicherheitsstufen, Sicherheitsmaßnahmen Abs. 2 (i. V. mit §§ 4 ff. GenTSV)

Gentechnik-Sicherheitsverordnung (GenTSV)
Dritter Abschnitt. Sicherheitsmaßnahmen
§ 9 Technische und organisatorische Sicherheitsmaßnahmen für Labor- und Produktionsbereich (i. V. mit Anhang III, A., I. Stufe 1 und B. zur GenTSV)

C.4.1 PRODUKTIONSKERNBEREICHE (FERMENTATION UND AUFARBEITUNG)

Gentechnik-Sicherheitsverordnung (GenTSV):
Dritter Abschnitt. Sicherheitsmaßnahmen
§ 9 Technische und organisatorische Sicherheitsmaßnahmen für Labor- und Produktionsbereich (i. V. mit Anhang III, B. zur GenTSV)

Anhang III Sicherheitsmaßnahmen für Labor- und Produktionsbereich
B. Sicherheitsmaßnahmen für den Produktionsbereich
Hin.: Gemäß Anhang III, B., I. Stufe 1, Nr. 1 gelten die Laborsicherheitsmaßnahmen der Stufe 1 für die Produktion sinngemäß.

C.4.2 TRANSPORT UND LAGERUNG DER ZWISCHENPRODUKTE

Hin.: (Siehe C.5.8 „Transport und Lagerung"

C.4.3 PROZESS- UND QUALITÄTSKONTROLLE

Gentechnik-Sicherheitsverordnung (GenTSV):
Dritter Abschnitt. Sicherheitsmaßnahmen
§ 9 Technische und organisatorische Sicherheitsmaßnahmen für Labor- und Produktionsbereich (i. V. mit Anhang III, B. zur GenTSV)

Anhang III Sicherheitsmaßnahmen für Labor- und Produktionsbereich
B. Sicherheitsmaßnahmen für den Produktionsbereich
Hin.: Gemäß Anhang III, Teil B., I. Stufe 1, Nr. 1 gelten die Laborsicherheitsmaßnahmen der Stufe 1 für die Produktion sinngemäß.

C.4.4 PRODUKTKONFEKTIONIERUNG, -FORMULIERUNG UND -VERPACKUNG

Hin.: Regelwerke beinhalten keine diesbezüglich spezifischen Aussagen.

C.4.5 ÜBERWACHUNG UND DOKUMENTATION

Hin.: (Siehe C.1.2 „Überwachungspflichten" und C.1.3 „Aufzeichnungspflichten")

C.5 NEBENGELAGERTE BEREICHE

Gentechnikgesetz (GenTG):
Erster Teil. Allgemeine Vorschriften
§ 6   Allgemeine Sorgfalts- und Aufzeichnungspflichten, Gefahrenvorsorge

Zweiter Teil. Gentechnische Arbeiten in gentechnischen Anlagen
§ 7   Sicherheitsstufen, Sicherheitsmaßnahmen Abs. 2 (i. V. mit §§ 4 ff. GenTSV)

Gentechnik-Sicherheitsverordnung (GenTSV):
Dritter Abschnitt. Sicherheitsmaßnahmen
§ 9   Technische und organisatorische Sicherheitsmaßnahmen für Labor- und Produktionsbereich (i. V. mit Anhang III zur GenTSV)

C.5.1 EINRICHTUNGEN UND MASSNAHMEN ZUR REINIGUNG UND DEKONTAMINIERUNG

Gentechnik-Sicherheitsverordnung (GenTSV):
Dritter Abschnitt. Sicherheitsmaßnahmen
§ 9   Technische und organisatorische Sicherheitsmaßnahmen für Labor- und Produktionsbereich (i. V. mit Anhang III zur GenTSV)
§ 10 Haltung von Pflanzen in Gewächshäusern (i. V. mit Anhang IV zur GenTSV)
§ 11 Haltung von Versuchstieren in Tierhaltungsräumen (i. V. mit Anhang V zur GenTSV)
§ 12 Arbeitssicherheitsmaßnahmen Abs. 5

Anhang III   Sicherheitsmaßnahmen für Labor- und Produktionsbereich
A   Sicherheitsmaßnahmen für den Laborbereich
B   Sicherheitsmaßnahmen für den Produktionsbereich
Hin.: Gemäß Anhang III, B., I. Stufe 1, Nr. 1 gelten die Laborsicherheitsmaßnahmen der Stufe 1 für die Produktion sinngemäß.

Anhang IV   Sicherheitsmaßnahmen für Gewächshäuser

Anhang V   Sicherheitsmaßnahmen für Tierhaltungsräume

C.5.2   EMISSIONSSCHUTZ

Gentechnik-Sicherheitsverordnung (GenTSV):
Dritter Abschnitt. Sicherheitsmaßnahmen
§ 9   Technische und organisatorische Sicherheitsmaßnahmen für Labor- und Produktionsbereich (i. V. mit Anhang III zur GenTSV)
§ 10   Haltung von Pflanzen in Gewächshäusern (i. V. mit Anhang IV zur GenTSV)
§ 11   Haltung von Versuchstieren in Tierhaltungsräumen (i. V. mit Anhang V zur GenTSV)

Anhang III   Sicherheitsmaßnahmen für Labor- und Produktionsbereich
A.   Sicherheitsmaßnahmen für den Laborbereich
B.   Sicherheitsmaßnahmen für den Produktionsbereich
Hin.:   Gemäß Anhang III, B., I. Stufe 1, Nr. 1 gelten die Laborsicherheitsmaßnahmen der Stufe 1 für die Produktion sinngemäß.

Anhang IV   Sicherheitsmaßnahmen für Gewächshäuser

Anhang V   Sicherheitsmaßnahmen für Tierhaltungsräume

C.5.3   INSTANDHALTUNG

Gentechnik-Sicherheitsverordnung (GenTSV):
Dritter Abschnitt. Sicherheitsmaßnahmen
§ 12   Arbeitssicherheitsmaßnahmen Abs. 5

C.5.4   ARBEITSSCHUTZ, ARBEITSSICHERHEITSMASSNAHMEN

Gentechnikgesetz (GenTG):
Erster Teil. Allgemeine Vorschriften
§ 3   Begriffsbestimmungen Nr. 11

§ 6 Allgemeine Sorgfalts- und Aufzeichnungspflichten, Gefahrenvorsorge

Gentechnik-Sicherheitsverordnung (GenTSV):
Dritter Abschnitt. Sicherheitsmaßnahmen
§ 8   Allgemeine Schutzpflicht, Arbeitsschutz
§ 9   Technische und organisatorische Sicherheitsmaßnahmen für Labor- und Produktionsbereich Abs. 4 (i. V. mit Anhang III zur GenTSV)
§ 10 Haltung von Pflanzen in Gewächshäusern (i. V. mit Anhang IV zur GenTSV)
§ 11 Haltung von Versuchstieren in Tierhaltungsräumen (i. V. mit Anhang V zur GenTSV)
§ 12 Arbeitssicherheitsmaßnahmen (i. V. mit Anhang VI zur GenTSV)

Vierter Abschnitt. Projektleiter
§ 14 Verantwortlichkeiten des Projektleiters
§ 15 Sachkunde des Projektleiters

Fünfter Abschnitt. Beauftragter für die Biologische Sicherheit
§ 16 Bestellung eines Beauftragten
§ 17 Sachkunde des Beauftragten
§ 18 Aufgaben des Beauftragten

Anhang III Sicherheitsmaßnahmen für Labor- und Produktionsbereich
A.   Sicherheitsmaßnahmen für den Laborbereich
B.   Sicherheitsmaßnahmen für den Produktionsbereich
Hin.: Gemäß Anhang III, B., I. Stufe 1, Nr. 1 gelten die Laborsicherheitsmaßnahmen der Stufe 1 für die Produktion sinngemäß.

Anhang IV   Sicherheitsmaßnahmen für Gewächshäuser

Anhang V   Sicherheitsmaßnahmen für Tierhaltungsräume

Anhang VI   Vorsorgeuntersuchungen; Beteiligung der Beschäftigten

C.5.5 UMWELTANALYTIK, UMWELTMONITORING

Gentechnik-Sicherheitsverordnung (GenTSV):
Dritter Abschnitt. Sicherheitsmaßnahmen
§ 9 Technische und organisatorische Sicherheitsmaßnahmen für Labor- und Produktionsbereich (i. V. mit Anhang III zur GenTSV)
§ 10 Haltung von Pflanzen in Gewächshäusern (i. V. mit Anhang IV zur GenTSV)
§ 11 Haltung von Versuchstieren in Tierhaltungsräumen (i. V. mit Anhang V zur GenTSV)
§ 12 Arbeitssicherheitsmaßnahmen Abs. 7
§ 13 Anforderungen an die Abwasser- und Abfallbehandlung, Abs. 3, 4 u. 5

Anhang III Sicherheitsmaßnahmen für Labor- und Produktionsbereich
A. Sicherheitsmaßnahmen für den Laborbereich
B Sicherheitsmaßnahmen für den Produktionsbereich
Hin.: Gemäß Anhang III, B., I. Stufe 1, Nr. 1 gelten die Laborsicherheitsmaßnahmen der Stufe 1 für die Produktion sinngemäß.

Anhang IV Sicherheitsmaßnahmen für Gewächshäuser

Anhang V Sicherheitsmaßnahmen für Tierhaltungsräume

C.5.6 QUALITÄTSSICHERUNG

Gentechnik-Sicherheitsverordnung (GenTSV):
Dritter Abschnitt. Sicherheitsmaßnahmen
§ 9 Technische und organisatorische Sicherheitsmaßnahmen für Labor- und Produktionsbereich (i. V. mit Anhang III, A. zur GenTSV)

Anhang III Sicherheitsmaßnahmen für Labor- und Produktionsbereich
A. Sicherheitsmaßnahmen für den Laborbereich
<B. Sicherheitsmaßnahmen für den Produktionsbereich>
Hin.: Gemäß Anhang III, B., I. Stufe 1, Nr. 1 gelten die Laborsicherheitsmaßnahmen der Stufe 1 für die Produktion sinngemäß.

C.5.7 EINRICHTUNGEN UND MASSNAHMEN FÜR DIE HALTUNG UND AUFBEWAHRUNG VON GENTECHNISCH VERÄNDERTEN UND GENTECHNISCH NICHT VERÄNDERTEN ORGANISMEN

Gentechnik-Sicherheitsverordnung (GenTSV):
Zweiter Abschnitt. Grundlagen und Durchführung der Sicherheitseinstufung
§ 6   Biologische Sicherheitsmaßnahmen (i. V. mit Anhang II zur GenTSV)

Dritter Abschnitt. Sicherheitsmaßnahmen
§ 9   Technische und organisatorische Sicherheitsmaßnahmen für Labor- und Produktionsbereich (i. V. mit Anhang III zur GenTSV)

C.5.7.1 EINRICHTUNGEN UND MASSNAHMEN FÜR DIE HALTUNG UND AUFBEWAHRUNG VON MIKROORGANISMEN UND ZELLKULTUREN

Gentechnik-Sicherheitsverordnung (GenTSV):
Zweiter Abschnitt. Grundlagen und Durchführung der Sicherheitseinstufung
§ 6   Biologische Sicherheitsmaßnahmen (i. V. mit Anhang II zur GenTSV)

Dritter Abschnitt. Sicherheitsmaßnahmen
§ 9   Technische und organisatorische Sicherheitsmaßnahmen für Labor- und Produktionsbereich (i. V. mit Anhang III zur GenTSV)

Anhang II   Biologische Sicherheitsmaßnahmen

Anhang III   Sicherheitsmaßnahmen für Labor- und Produktionsbereich
A.   Sicherheitsmaßnahmen für den Laborbereich
Hin.: Gemäß Anhang III, B., I. Stufe 1, Nr. 1 gelten die Laborsicherheitsmaßnahmen der Stufe 1 für die Produktion sinngemäß.

C.5.7.2 EINRICHTUNGEN UND MASSNAHMEN FÜR DIE HALTUNG UND AUFBEWAHRUNG VON TIEREN

Gentechnik-Sicherheitsverordnung (GenTSV):
Zweiter Abschnitt. Grundlagen und Durchführung der Sicherheitseinstufung
§ 6   Biologische Sicherheitsmaßnahmen (i. V. mit Anhang II zur GenTSV)

Dritter Abschnitt. Sicherheitsmaßnahmen
§ 11   Haltung von Versuchstieren in Tierhaltungsräumen (i. V. mit Anhang V zur GenTSV)

Anhang II   Biologische Sicherheitsmaßnahmen

Anhang V   Sicherheitsmaßnahmen für Tierhaltungsräume

C.5.7.3 EINRICHTUNGEN UND MASSNAHMEN FÜR DIE HALTUNG UND AUFBEWAHRUNG VON PFLANZEN

Gentechnik-Sicherheitsverordnung (GenTSV):
Zweiter Abschnitt. Grundlagen und Durchführung der Sicherheitseinstufung
§ 6   Biologische Sicherheitsmaßnahmen (i. V. mit Anhang II zur GenTSV)

Dritter Abschnitt. Sicherheitsmaßnahmen
§ 10   Haltung von Pflanzen in Gewächshäusern (i. V. mit Anhang IV zur GenTSV)

Anhang II   Biologische Sicherheitsmaßnahmen

Anhang IV   Sicherheitsmaßnahmen für Gewächshäuser

C.5.8 TRANSPORT UND LAGERUNG

Gentechnik-Sicherheitsverordnung (GenTSV):
Dritter Abschnitt. Sicherheitsmaßnahmen
§ 9   Technische und organisatorische Sicherheitsmaßnahmen für Labor- und Produktionsbereich (i. V. mit Anhang III zur GenTSV)

§ 10 Haltung von Pflanzen in Gewächshäusern (i. V. mit Anhang IV zur GenTSV)
§ 11 Haltung von Versuchstieren in Tierhaltungsräumen (i. V. mit Anhang V zur GenTSV)

Anm.: Die novellierte Fassung der GenTSV würde, dem Entwurf der Ersten Verordnung zur Änderung der Gentechnik-Sicherheitsverordnung (Drucksache 717/84 des Bundesrates vom 19.07.1994) zufolge, an dieser Stelle Änderungen nach sich ziehen (§ 13 Abs. 6 zusätzlich).

Anhang III   Sicherheitsmaßnahmen für Labor- und Produktionsbereich
A.   Sicherheitsmaßnahmen für den Laborbereich
B.   Sicherheitsmaßnahmen für den Produktionsbereich
Hin.:   Gemäß Anhang III, B., I. Stufe 1, Nr. 1 gelten die Laborsicherheitsmaßnahmen der Stufe 1 für die Produktion sinngemäß.

Anhang IV   Sicherheitsmaßnahmen für Gewächshäuser

Anhang V   Sicherheitsmaßnahmen für Tierhaltungsräume

C.6	NACHGELAGERTE BEREICHE

Gentechnikgesetz (GenTG):
Erster Teil. Allgemeine Vorschriften
§ 6   Allgemeine Sorgfalts- und Aufzeichnungspflichten, Gefahrenvorsorge

Zweiter Teil. Gentechnische Arbeiten in gentechnischen Anlagen
§ 7   Sicherheitsstufen, Sicherheitsmaßnahmen Abs. 2 (i. V. mit §§ 4 ff. GenTSV)

Gentechnik-Sicherheitverordnung (GenTSV):
Dritter Abschnitt. Sicherheitsmaßnahmen
§ 9   Technische und organisatorische Sicherheitsmaßnahmen für Labor- und Produktionsbereich (i. V. mit Anhang III zur GenTSV)

C.6.1 LAGERUNG, TRANSPORT UND ABGABE VON PRODUKTEN

Gentechnikgesetz (GenTG):
Dritter Teil. Freisetzung und Inverkehrbringen
§ 14   Freisetzung und Inverkehrbringen
§ 15   Antragsunterlagen bei Freisetzung und Inverkehrbringen
§ 16   Genehmigung bei Freisetzung und Inverkehrbringen

Gentechnik-Sicherheitsverordnung (GenTSV):
Hin.:   (Siehe C.5.8 „Transport und Lagerung")

C.6.2 VERMEIDUNG, VERWERTUNG UND ENTSORGUNG VON ABFÄLLEN UND RESTSTOFFEN

Gentechnikgesetz (GenTG):
Erster Teil. Allgemeine Vorschriften
§ 3   Begriffsbestimmungen Nr. 2b

Gentechnik-Sicherheitsverordnung (GenTSV):
Dritter Abschnitt. Sicherheitsmaßnahmen
§ 9   Technische und organisatorische Sicherheitsmaßnahmen für Labor- und Produktionsbereich (i. V. mit Anhang III zur GenTSV)
§ 10   Haltung von Pflanzen in Gewächshäusern (i. V. mit Anhang IV zur GenTSV)
§ 11   Haltung von Versuchstieren in Tierhaltungsräumen (i. V. mit Anhang V zur GenTSV)
§ 13   Anforderungen an die Abwasser- und Abfallbehandlung
Hin.:   § 13 GenTSV regelt die Rahmenbedingungen für die Behandlung bzw. Entsorgung von Abwässern und Abfällen aus Anlagen, in denen gentechnische Arbeiten durchgeführt werden (siehe Tabelle 7).

Tabelle 7

Behandlung und Entsorgung des Abwassers und Abfalls aus Anlagen, in denen gentechnische Arbeiten durchgeführt werden,	
in Hinblick auf die von GVO ausgehenden Gefahren nach Stand von Wissenschaft und Technik.	in Hinblick auf bestimmte andere Umweltschutzanforderungen.
Rechtsgrundlage: Gentechnikrecht insbesondere GenTSV	Rechtsgrundlage: Verweis in § 13 Abs. 1 GenTSV auf Anforderungen nach anderen Vorschriften. Die amtliche Begründung zu § 13 zählt beispielhaft einige Anforderungen mit den zugrundeliegenden Vorschriften auf.

Hin.: Eine Übersicht über die Anforderungen an die Abwasser- und Abfallbehandlung nach § 13 GenTSV gibt Tabelle 8. Schematisierte Darstellung der Anforderungen nach § 13 GenTSV finden sich z. B. auch bei [6].

Tabelle 8: Schematische Darstellung wichtiger Anforderungen an die Abwasser- und Abfallbehandlung nach § 13 GenTSV

Gentechnische Arbeiten der Sicherheitsstufe	GVO-bezogene Abwasser- bzw. Abfallbehandlungs- und Entsorgungsmaßnahmen
S 1 (mit Einschränkungen)	Maßnahmen nach § 13 Abs. 2 GenTSV: Keine besondere Vorbehandlung des mit GVO kontaminierten Abwassers oder Abfalls erforderlich, wenn zur Herstellung des GVO Organismen der Risikogruppe I nach Anhang I, Teil B, I. oder „ungefährliche" Tiere oder Pflanzen eingesetzt würden.
S 1 (andere als die o. g) und S 2	Maßnahmen nach § 13 Abs. 3 u. 4 GenTSV: **Inaktivierung des mit GVO kontaminierten Abwassers/Abfalls** Generell gilt: Die Inaktivierung muß soweit erfolgen, daß Gefahren für die in § 1 Nr. 1 GenTG genannten Rechtsgüter nicht zu erwarten sind. Diese Anforderung gilt als erfüllt, wenn mittels einer Inaktivierungskinetik nachgewiesen wird, daß die Inaktivierungsdauer mindestens dem Wert entspricht, bei dem die Inaktivierungskurve die Nullinie schneidet. Mögliche Verfahren: 1. Durch Einwirkung von geeigneten Chemikalien unter bestimmten Temperatur-, Verweilzeit- und Konzentrationsbedingungen - Grundsatz: Verwendung von Desinfektionsmitteln und -verfahren, die vom BGA geprüft und anerkannt sowie umweltverträglich sind - Sonderfall: auf Antrag Verwendung von anderen als den vorgenannten Mitteln und Verfahren, wenn die in § 13 Abs. 3 Satz 5 GenTSV genannten Voraussetzungen erfüllt sind. 2. Durch physikalische Verfahren (z. B. stellt die Autoklavierung nach Maßgabe von § 13 Abs. 4 GenTSV, d. h. bei 121 °C für 20 Min. die Inaktivierung in diesem Sinne sicher. In Anwesenheit von extrem thermostabilen Organismen und Sporen kann eine Erhöhung auf 134 °C erforderlich sein.)
S 3 und S 4	Maßnahmen nach § 13 Abs. 5 GenTSV: **Sterilisierung des gesamten Abwassers/Abfalls aus der gentechnischen Anlage** Verfahren: 1. Autoklavierung bei 121 °C für 20 Min. (in Anwesenheit von extrem thermostabilen Organismen und Sporen kann eine Erhöhung auf 134 °C erforderlich sein) oder 2. gleichwertige Verfahren (als gleichwertige Verfahren kommen z. B. eine Peressigsäurebehandlung unter bestimmten Konzentrations- und Temperaturbedingungen in Betracht). Generell gilt: Die Einhaltung der für den Sterilisierungsprozeß maßgeblichen Parameter ist zu protokollieren. Die Auslegung des Verfahrens muß so sein, daß bei Nichteinhalten der maßgeblichen Sterilisierungsparameter eine Freisetzung von Organismen ausgeschlossen ist.

Anm.: Die novellierte Fassung der GenTSV würde, dem Entwurf der Ersten Verordnung zur Änderung der Gentechnik-Sicherheitsverordnung (Drucksache 717/84 des Bundesrates vom 19.07.1994) zufolge, in Tabelle 8 Änderungen nach sich ziehen.

Anhang III Sicherheitsmaßnahmen für Labor- und Produktionsbereich
A. Sicherheitsmaßnahmen für den Laborbereich
B. Sicherheitsmaßnahmen für den Produktionsbereich
Hin.: Gemäß Anhang III, B., I. Stufe 1, Nr. 1 gelten die Laborsicherheitsmaßnahmen der Stufe 1 für die Produktion sinngemäß.

Anhang IV Sicherheitsmaßnahmen für Gewächshäuser

Anhang V Sicherheitsmaßnahmen für Tierhaltungsräume

Gentechnik-Verfahrensverordnung (GenTVfV):
2. Abschnitt. Anforderungen an Unterlagen
§ 4 Unterlagen für gentechnische Anlagen, erstmalige oder weitere gentechnische Arbeiten (i. V. mit Anlage 1 zur GenTVfV)

Anlage 1 Angaben in den Unterlagen für gentechnische Anlagen oder gentechnische Arbeiten, Teil III und Teil IV

C.6.2.1 LAGERUNG VON ABFÄLLEN UND RESTSTOFFEN

Gentechnik-Sicherheitsverordnung (GenTSV):
Dritter Abschnitt. Sicherheitsmaßnahmen
§ 9 Technische und organisatorische Sicherheitsmaßnahmen für Labor- und Produktionsbereich (i. V. mit Anhang III zur GenTSV)
§ 10 Haltung von Pflanzen in Gewächshäusern (i. V. mit Anhang IV zur GenTSV)
§ 11 Haltung von Versuchstieren in Tierhaltungsräumen (i. V. mit Anhang V zur GenTSV)

Anm.: Die novellierte Fassung der GenTSV würde, dem Entwurf der Ersten Verordnung zur Änderung der Gentechnik-Sicherheitsverordnung (Drucksache 717/84 des Bundesrates vom 19.07.1994) zufolge, an dieser Stelle Änderungen nach sich ziehen (§ 13 Abs. 6 zusätzlich).

Anhang III Sicherheitsmaßnahmen für Labor- und Produktionsbereich
A. Sicherheitsmaßnahmen für den Laborbereich
B. Sicherheitsmaßnahmen für den Produktionsbereich

Hin.:   Gemäß Anhang III, B., I. Stufe 1, Nr. 1 gelten die Laborsicherheitsmaßnahmen der Stufe 1 für die Produktion sinngemäß.

Anhang IV   Sicherheitsmaßnahmen für Gewächshäuser

Anhang V   Sicherheitsmaßnahmen für Tierhaltungsräume

C.6.2.2   TRANSPORT VON ABFÄLLEN UND RESTSTOFFEN

Gentechnik-Sicherheitsverordnung (GenTSV):
Dritter Abschnitt. Sicherheitsmaßnahmen
§ 9   Technische und organisatorische Sicherheitsmaßnahmen für Labor- und Produktionsbereich (i. V. mit Anhang III zur GenTSV)
§ 10   Haltung von Pflanzen in Gewächshäusern (i. V. mit Anhang IV zur GenTSV)
§ 11   Haltung von Versuchstieren in Tierhaltungsräumen (i. V. mit Anhang V zur GenTSV)

Anm.:   Die novellierte Fassung der GenTSV würde, dem Entwurf der Ersten Verordnung zur Änderung der Gentechnik-Sicherheitsverordnung (Drucksache 717/84 des Bundesrates vom 19.07.1994) zufolge, an dieser Stelle Änderungen nach sich ziehen (§ 13 Abs. 6 zusätzlich).

Anhang III   Sicherheitsmaßnahmen für Labor- und Produktionsbereich
A.   Sicherheitsmaßnahmen für den Laborbereich
B.   Sicherheitsmaßnahmen für den Produktionsbereich
Hin.:   Gemäß Anhang III, B., I. Stufe 1, Nr. 1 gelten die Laborsicherheitsmaßnahmen der Stufe 1 für die Produktion sinngemäß.

Anhang IV   Sicherheitsmaßnahmen für Gewächshäuser

Anhang V   Sicherheitsmaßnahmen für Tierhaltungsräume

C.6.2.3 VERWERTUNG VON ABFÄLLEN UND RESTSTOFFEN

Hin.: (Siehe auch C.6.2 „Vermeidung, Verwertung und Entsorgung von Abfällen und Reststoffen")

Gentechnikgesetz (GenTG):
Zweiter Teil. Allgemeine Vorschriften
§ 11 Genehmigungsverfahren Abs. 2 Nr. 7 (i. V. mit der GenTVfV)

C.6.2.4 BEHANDLUNG UND ENTSORGUNG VON ABFÄLLEN

Hin.: (Siehe C.6.2 „Vermeidung, Verwertung und Entsorgung von Abfällen und Reststoffen")

C.6.3 BEHANDLUNG VON ABWASSER, GEWÄSSERSCHUTZ

Hin.: (Siehe C.6.2 „Vermeidung, Verwertung und Entsorgung von Abfällen und Reststoffen")

C.6.4 BEHANDLUNG VON GASFÖRMIGEN UND PARTIKULÄREN EMISSIONEN, LUFTREINHALTUNG

Hin.: (Siehe C.6.2 „Vermeidung, Verwertung und Entsorgung von Abfällen und Reststoffen")

C.6.5 ÜBERWACHUNG UND DOKUMENTATION

Hin.: (Siehe C.1.2 „Überwachungspflichten" und C.1.3 „Aufzeichnungspflichten")

Gentechnik-Sicherheitsverordnung (GenTSV):
Dritter Abschnitt. Sicherheitsmaßnahmen
§ 13 Anforderungen an die Abwasser- und Abfallbehandlung Abs. 3 u. 5

D. HAFTUNGSVORSCHRIFTEN

Gentechnikgesetz (GenTG):
Fünfter Teil. Haftungsvorschriften
§ 32   Haftung
§ 33   Haftungshöchstbetrag
§ 34   Ursachenvermutung
§ 35   Auskunftsansprüche des Geschädigten
§ 36   Deckungsvorsorge
§ 37   Haftung nach anderen Rechtsvorschriften

E. STRAF- UND BUSSGELDVORSCHRIFTEN

Gentechnikgesetz (GenTG):
Sechster Teil. Straf- und Bußgeldvorschriften
§ 38   Bußgeldvorschriften
§ 39   Strafvorschriften

Gentechnik-Sicherheitsverordnung (GenTSV):
Sechster Abschnitt. Bußgeldvorschriften:
§ 20   Ordnungswidrigkeiten

Gentechnik-Aufzeichnungsverordnung (GenTAufzV):
§ 5   Ordnungswidrigkeiten

F. KOSTEN UND GEBÜHREN

Gentechnikgesetz (GenTG):
Vierter Teil. Gemeinsame Vorschriften
§ 24   Kosten

Bundeskostenverordnung zum Gentechnikgesetz (BGenTGKostV):
Hin.:   (Siehe Hin. zu A.1 „Zielsetzung und Zweck der Regelwerke")

§ 1   Kosten

§ 2 Höhe der Gebühren
§ 3 Gebühren in besonderen Fällen
§ 4 Gebührenermäßigung und Gebührenbefreiung
§ 5 Sonstige Gebühren
§ 6 Übergangsregelung

6 Umweltschutz-Regelwerke mit allgemeiner Bedeutung für gentechnische Anlagen und gentechnische Arbeiten

6.1 Regelwerke Abfall

6.1.1 Regelwerke Abfall - Vorbemerkung

Die Basis des Abfallrechts bilden das Abfallgesetz des Bundes (AbfG) und die hierzu erlassenen Rechtsverordnungen und Verwaltungsvorschriften. Hinzu kommen landesspezifische Abfallgesetze und Regelungen auf kommunaler Ebene. Das Abfallrecht räumt der Vermeidung und Verwertung von Abfällen Vorrang vor der Entsorgung ein. Abfälle sind nach § 2 Abs. 1 AbfG so zu entsorgen, daß das Wohl der Allgemeinheit nicht beeinträchtigt wird.

Die Abfallentsorgung umfaßt gemäß § 1 Abs. 2 AbfG das Gewinnen von Stoffen oder Energie aus Abfällen (Abfallverwertung) und das Ablagern von Abfällen sowie die hierzu erforderlichen Maßnahmen des Einsammelns, Beförderns, Behandelns und Lagerns.

Das Abfallgesetz nimmt eine Reihe von Stoffen vom sachlichen Geltungsbereich seiner Vorschriften aus, die u. a. auch bei gentechnischen Arbeiten anfallen können. Zu nennen wären zu beseitigende Stoffe nach dem Tierkörperbeseitigungsgesetz, dem Tierseuchengesetz, dem Pflanzenschutzgesetz und den aufgrund dieser Gesetze erlassenen Rechtsverordnungen. Weiter wären zu nennen „sonstige radioaktive Stoffe" im Sinne des Atomgesetzes, nicht gefaßte gasförmige Stoffe und Stoffe, die in Gewässer oder Abwasseranlagen eingeleitet oder eingebracht werden.

Um den von GVO ausgehenden Gefahren zu begegnen, ist eine nach Sicherheitsstufen und Risikogruppen unterschiedene Vorbehandlung bestimmter Abfälle oder aller Abfälle aus gentechnischen Anlagen nach § 13 GenTSV erforderlich. Die Anforderungen, die daneben seitens anderer Vorschriften zu stellen sind, bleiben unberührt (§ 13 Abs. 1 GenTSV) und finden damit parallel Anwendung.

So hat nach § 3 AbfG der Besitzer von Abfällen diese den Entsorgungspflichtigen zu überlassen, doch können sich die nach Landesrecht dafür zuständigen Körperschaften des öffentlichen Rechts zur Erfüllung dieser Pflicht Dritter bedienen. Das Abfallgesetz räumt der Verwertung mit Einschränkungen[2] Vorrang vor der sonstigen Entsorgung ein, mit den Vorgaben, daß Abfälle so einzusammeln, zu befördern, zu behandeln und zu lagern sind, daß die Möglichkeiten zur Abfallverwertung genutzt werden können. Abfälle sind grundsätzlich so zu entsorgen, daß das Wohl der Allgemeinheit nicht beeinträchtigt wird. Was darunter insbesondere zu verstehen ist, konkretisiert § 2 Abs. 1[3]. Das Abfallrecht stellt zusätzlich besondere Anforderungen an die Entsorgung von bestimmten Abfällen gemäß § 2 Abs. 2 AbfG. Das sind Abfälle *«aus gewerblichen oder sonstigen wirtschaftlichen Unternehmen oder öffentlichen Einrichtungen, die nach Art, Beschaffenheit oder Mengen in besonderem Maße gesundheits-, luft-, oder wassergefährdend, explosibel oder brennbar sind oder Erreger übertragbarer Krankheiten enthalten oder hervorbringen können ...».* Die Abfallbestimmungsverordnung legt diejenigen Abfälle fest, die gemäß § 2 Abs. 2 AbfG als besonders überwachungsbedürftig gelten. Die Reststoffbestimmungsverordnung bestimmt diejenigen Stoffe, die überwachungsbedürftige Reststoffe im Sinne des § 2 Abs. 3 AbfG sind. Tabelle 9 in Kapitel 6.1.2 Gliederungspunkt A.2 enthält Beispiele für Abfälle und Reststoffe, die im Rahmen gentechnischer Arbeiten anfallen können.

Der zur Entsorgung Verpflichtete kann von der zuständigen Behörde Auskunft über vorhandene geeignete Abfallentsorgungsanlagen verlangen. Die Länder stellen für ihren Bereich Abfallentsorgungspläne auf, in denen geeignete Standorte für Abfallentsorgungsan-

---

[2] *«... Die Abfallverwertung hat Vorrang vor der sonstigen Entsorgung, wenn sie technisch möglich ist, die hierbei entstehenden Mehrkosten im Vergleich zu anderen Verfahren der Entsorgung nicht unzumutbar sind und für die gewonnenen Stoffe oder Energie ein Markt vorhanden ist oder insbesondere durch Beauftragung Dritter geschaffen werden kann ...»* (vergl. § 3 Abs. 2 AbfG). Weitere Bestimmungen hierzu enthalten die TA Abfall Teil 1 und Teil 2; siehe hierzu auch die Hinweise in Kapitel 6.1.2. zu den Gliederungspunkten C.6.2.3 und C.6.2.4.

[3] *«... Sie* (Abfälle; Anm. d. Verf.) *sind so zu entsorgen, daß das Wohl der Allgemeinheit nicht beeinträchtigt wird, insbesondere nicht dadurch, daß*
1. die Gesundheit der Menschen gefährdet und ihr Wohlbefinden beeinträchtigt,
2. Nutztiere, Vögel, Wild und Fische gefährdet,
3. Gewässer, Boden und Nutzpflanzen schädlich beeinflußt,
4. schädliche Umwelteinwirkungen durch Luftverunreinigungen oder Lärm herbeigeführt,
5. die Belange des Naturschutzes und der Landschaftspflege sowie des Städtebaus nicht gewahrt oder
6. sonst die öffentliche Sicherheit und Ordnung gefährdet oder gestört werden. ...» (vergl. § 2 Abs. 1 AbfG)

lagen festgelegt sind und in denen vor allem besonders überwachungsbedürftige Abfälle besonders zu berücksichtigen sind.

§ 4 AbfG regelt die Ordnung der Entsorgung. Die Bundesregierung hat, auf der Grundlage des § 4 Abs. 5 AbfG allgemeine Verwaltungsvorschriften erlassen (z. B. die TA Abfall und die TA Siedlungsabfall), die bei der Planung, der Errichtung und dem Betrieb gentechnischer Anlagen zum Tragen kommen können[4], weil sie Anforderungen an die Entsorgung von Abfällen nach dem Stand der Technik enthalten. Abfälle dürfen nach § 4 Abs. 1 AbfG nur in den dafür zugelassenen Anlagen oder Einrichtungen (Abfallentsorgungsanlagen) behandelt, gelagert und abgelagert werden. Allerdings sind daneben Ausnahmen für die Behandlung und die Verwertung von Abfällen möglich.

Die Zulassung von Abfallentsorgungsanlagen ist in § 7 AbfG geregelt. Allerdings ist insoweit durch Art. 6 Nr. 1 des Investitionserleichterungs- und Wohnbaulandgesetz vom 22.04.1993 (BGBl. I S. 466) eine nicht unerhebliche Änderung der bisherigen Rechtslage eingetreten.

Nach altem Recht war für die Errichtung und den Betrieb einer ortsfesten Abfallentsorgungsanlage sowie für die wesentliche Änderung einer solchen Anlage oder ihres Betriebes grundsätzlich ein Planfeststellungsverfahren vorgeschrieben. In bestimmten Fällen genügte aber auch ein abfallrechtliches Genehmigungsverfahren.

Das neue Recht differenziert nunmehr wie folgt: Die Errichtung und der Betrieb von ortsfesten Abfallentsorgungsanlagen zur Lagerung oder Behandlung von Abfällen sowie wesentliche Anlagen- oder Betriebsänderung bedürfen der Genehmigung nach dem Bundes-Immissionsschutzgesetz. Einer Zulassung nach dem Abfallgesetz bedarf es insoweit nicht

---

[4] Gesamtfassung der Zweiten allgemeinen Verwaltungsvorschrift zum Abfallgesetz (TA Abfall) Teil 1: Technische Anleitung zur Lagerung, chemisch/physikalischen, biologischen Behandlung, Verbrennung und Ablagerung von besonders überwachungsbedürftigen Abfällen in der ab 01. April 1991 geltenden Fassung (Bundesanzeiger Nr. 61a vom 28.03.1991, Beilage) (in der Darstellung in Kapitel 6.1.2 berücksichtigt)

Dritte Allgemeine Verwaltungsvorschrift zum Abfallgesetz (TA Siedlungsabfall) Technische Anleitung zur Verwertung, Behandlung und Entsorgung von Siedlungsabfällen vom 14.05.1993 (Bundesanzeiger Nr. 99a vom 29.05.1993, Beilage) (in der Darstellung in Kapitel 6.1.2 nicht berücksichtigt)

mehr (vergl. § 7 Abs. 1 AbfG, § 4 Abs. 1 BImSchG). Für Anlagen zur Ablagerung von Abfällen (= Deponien) hingegen verbleibt es bei der Erfordernis einer abfallrechtlichen Planfeststellung bzw. - in bestimmten Fällen - einer abfallrechtlichen Genehmigung (§ 7 Abs. 2, 3 AbfG) zum Zeitpunkt des Inkrafttretens dieser Gesetzesänderung (01.05.1993) bereits begonnene Verfahren zur Zulassung von Abfallentsorgungsanlagen sind nach altem Recht zu Ende zu führen, wenn das Vorhaben zu diesem Zeitpunkt bereits öffentlich bekannt gemacht worden ist.

Die Zulassung eines Teiles einer gentechnischen Anlage als Abfallbehandlungsanlage im Sinne des Abfallgesetzes als eingeschlossenes oder eigenständiges Verfahren bei der Genehmigung oder Anmeldung einer gentechnischen Anlage dürfte allerdings nur selten zum Tragen kommen. Die materiellrechtlichen Bestimmungen der Vorschriften sind aber auf jeden Fall zu beachten.

Unwahrscheinlich erscheint es, daß im Zusammenhang mit der Errichtung einer gentechnischen Anlage ein Planfeststellungs- bzw. Genehmigungsverfahren nach § 7 Abs. 2 oder 3 AbfG für eine Anlage zur Ablagerung von Abfällen erforderlich werden könnte. Dieser Fall bleibt deshalb in der Darstellung unberücksichtigt.

Hinzuweisen bleibt auf die durch die Novellierung aufgeworfene Frage, welcher formelle und materielle Stellenwert den Vorschriften über die Errichtung von Abfallbehandlungsanlagen in der TA Abfall gegenwärtig zukommt, da die TA Abfall auf einer Ermächtigungsgrundlage nach AbfG und nicht nach BImSchG beruht. Bei den Ausarbeitungen wurde davon ausgegangen, daß, bis eine rechtliche Anpassung der Vorschriften erfolgt ist, die Anforderungen der TA Abfall den Stand der Technik in abfallspezifischer Hinsicht darstellen und daher die materielle Basis für die Genehmigung von Abfallbehandlungsanlagen nach BImSchG bilden. Die Bestimmungen der TA Abfall, soweit sie die Errichtung und den Betrieb von Abfallbehandlungsanlagen betreffen, sind deshalb in den Ausarbeitungen berücksichtigt.

Das Abfallgesetz sieht gemäß den Bestimmungen von § 11 vor, daß die zuständige Behörde vom Besitzer von Abfällen, die nicht mit den in den Haushaltungen anfallenden Abfällen entsorgt werden bzw. vom Betreiber einer Anlage, in der Abfälle dieser Art anfallen, Nachweis über deren Art, Menge und Entsorgung verlangen. Näheres ist in § 11

AbfG und in der aufgrund § 11 Abs. 2 AbfG erlassenen Abfallnachweisverordnung geregelt[5]. Die Entsorgung von Abfällen obliegt der Überwachung der zuständigen Behörde.

Die §§ 11a bis 11f AbfG enthalten Vorschriften über die Bestellung eines Betriebsbeauftragten für Abfall und seine Aufgaben und Befugnisse, seine Möglichkeit der Stellungnahme zu Investitionsentscheidungen, sein Vortragsrecht sowie die damit verbundenen Pflichten des Betreibers.

Nach § 11a Abs. 1 AbfG haben Betreiber ortsfester Abfallentsorgungsanlagen einen oder mehrere Betriebsbeauftragte für Abfall zu bestellen. Das gleiche gilt für Betreiber von Anlagen, in denen regelmäßig Abfälle im Sinne des § 2 Abs. 2 AbfG, also sogenannte besonders überwachungsbedürftige Abfälle anfallen. Die auf § 11a Abs. 1 AbfG gestützte Verordnung über Betriebsbeauftragte für Abfall legt u. a. den Kreis der Anlagenbetreiber fest, die einen Betriebsbeauftragten für Abfall zu bestellen haben (siehe auch Kapitel 6.1.2 Gliederungspunkt B.2.2). Daneben sind nach § 11a Abs. 2 AbfG Anordnungen der zuständigen Behörde gegenüber dem Betreiber zur Bestellung von Betriebsbeauftragten für Abfall möglich.

Das Abfallgesetz enthält in den §§ 12 bis 13c AbfG Bestimmungen über die gewerbsmäßige Einsammlung und Beförderung von Abfällen. Beides ist genehmigungspflichtig. Der grenzüberschreitende Verkehr bedarf ebenfalls einer Genehmigung und unterliegt besonderen Bestimmungen, die in der Abfallverbringungsverordnung näher differenziert sind.

§ 14 AbfG ermächtigt die Bundesregierung zur Vermeidung oder Verringerung schädlicher Stoffe in Abfällen oder zu ihrer umweltverträglichen Entsorgung durch Verordnung Kennzeichnungspflichten, Pflichten zur getrennten Entsorgung sowie Rücknahme- und Pfandpflichten einzuführen. Die aufgrund des § 14 AbfG erlassene Verpackungsverordnung nimmt mit ihren Vorschriften - teils indirekt, teils direkt - Einfluß auf die Gestaltung und die Rücknahme von Verpackungen bestimmter Erzeugnisse. Außerdem nimmt sie Einfluß auf die Einführung von Getrennterfassungssystemen für Verpackungsabfälle.

Eine Spezialregelung stellt das „Merkblatt über die Vermeidung und Entsorgung aus öffentlichen und privaten Einrichtungen des Gesundheitsdienstes" der Länder-Arbeitsge-

---

[5] Siehe dazu auch Kapitel 6.1.2 Gliederungspunkt C.1.1

meinschaft Abfall dar. Die Empfehlungen des Merkblattes gelten der Vermeidung und Entsorgung aller Abfälle, die in öffentlichen und privaten Einrichtungen des Gesundheitsdienstes anfallen. Eine Reihe der im Merkblatt enthaltenen Empfehlungen sind auch in anderen, den gesundheitsdienstlichen vergleichbaren Einrichtungen in analoger Weise nutzbar (siehe auch Kapitel 6.1.2 Gliederungspunkt C.6.2). Das Merkblatt enthält neben einer Darstellung der rechtlichen Rahmenbedingungen und des Geltungsbereiches eine Einteilung der Abfälle in 5 Abfallkategorien. Weiterhin enthält es, nach Abfallarten differenziert, praxisbezogene Empfehlungen zum Umgang mit diesen Abfällen und zur Entsorgung dieser Abfälle sowie Empfehlungen zur Eigenkontrolle, deren personelle Umsetzung und zur Abfallwirtschaftsplanung.

Verstöße gegen Bestimmungen des Abfallrechts sind in vielen Fällen mit Bußgeld bedroht, in besonderen Fällen können sie nach §§ 326, 327, 330, 330a StGB strafrechtlich verfolgt werden.

Das Gesetz zur Beseitigung von Tierkörpern, Tierkörperteilen und tierischen Erzeugnissen, kurz Tierkörperbeseitigungsgesetz genannt, bezeichnet in der Überschrift bereits seinen Bestimmungszweck. Die Beseitigung hat gemäß § 3 TierKBG nach dem Grundsatz zu erfolgen, daß u. a. die Gesundheit von Mensch und Tier nicht durch Erreger übertragbarer Krankheiten oder toxische Stoffe gefährdet, Gewässer, Boden und Futtermittel durch die vorgenannten Erreger und Stoffe nicht verunreinigt und schädliche Umwelteinwirkungen im Sinne des Bundes-Immissionsschutzgesetzes nicht herbeigeführt werden (s. a. Kapitel 6.1.4).

Tierkörper, Tierkörperteile oder Erzeugnisse nach dem Verständnis des Tierkörperbeseitigungsgesetzes[6] können bei einer Reihe von gentechnischen Arbeiten oder damit in engem

---

[6] § 1 Abs. 1 Tierkörperbeseitigungsgesetz definiert:
«Tierkörper:
verendete, totgeborene oder ungeborene Tiere sowie getötete Tiere, die nicht zum menschlichen Genuß verwendet werden,»
«Tierkörperteile:
  a) Teile von Tieren aus Schlachtungen einschließlich Blut, Borsten, Federn, Fellen, Häuten, Hörnern, Klauen, Knochen und Wolle,
  b) sonst anfallende Teile von Tieren,
  die nicht zum menschlichen Genuß verwendet werden;»
«Erzeugnisse:

Zusammenhang stehenden Arbeiten anfallen. In diesem Zusammenhang sind die Bestimmungen des Tierkörperbeseitigungsgesetzes zu beachten. Radioaktiv kontaminierte Tierkörper, Tierkörperteile und Erzeugnisse müssen nach den Bestimmungen des Atomrechts beseitigt werden. Wo das Tierkörperbeseitigungsgesetz eine Beseitigung in Tierkörperbeseitigungsanstalten vorschreibt, sind die nach Landesrecht zuständigen Körperschaften des öffentlichen Rechts beseitigungspflichtig. Die zuständige Behörde kann auf Antrag nach § 8 Abs. 2 TierKBG für die Beseitigung von Tierkörpern, etc., die in wissenschaftlichen Anstalten oder ähnlichen Einrichtungen anfallen, bestimmte Ausnahmen zulassen. Im Einzelfall kann die Behörde auf Antrag die Beseitigung von Tierkörperteilen und Erzeugnissen in anderen Anlagen zulassen.

Das Tierkörperbeseitigungsgesetz regelt eine Reihe weiterer Modalitäten, die in erster Linie den Beseitigungspflichtigen sowie die Einrichtung und Betrieb von Tierkörperbeseitigungsanlagen und Sammelstellen betreffen. Besteht nach § 10 TierKBG keine Abholungspflicht des Beseitigungspflichtigen, ist der Besitzer von Tierkörpern, etc. nach § 11 TierKBG verpflichtet, diese an die dafür bestimmten Tierkörperbeseitigungsanstalten oder Sammelstellen unverzüglich abzuliefern. Bis zur Abholung oder Ablieferung sind die Tierkörper, etc. getrennt von Abfällen u. a. so zu verwahren, daß Menschen nicht unbefugt und Tiere nicht mit ihnen in Berührung kommen können (vergl. § 13 TierKBG).

Neben den bundesrechtlichen Vorschriften regeln weitere landesrechtliche Regelungen (z. B. Landesabfallgesetze) und kommunale Satzungen den Umgang mit Abfällen bzw. deren Vermeidung, Verminderung und Verwertung.

Erzeugnisse, die von Tieren stammen, insbesondere zubereitetes Fleisch, Eier und Milch, deren sich der Besitzer entledigen will oder deren unschädliche Beseitigung geboten ist; tierische Exkremente gelten nicht als Erzeugnis;»

6.1.2 Regelwerke Abfall - Detailfassung mit Hinweisen

A. ALLGEMEINES

A.1 ZIELSETZUNG UND ZWECK DER REGELWERKE

Abfallgesetz (AbfG):
§ 1a Abfallvermeidung und Abfallverwertung
§ 2   Grundsatz
§ 3   Verpflichtung zur Entsorgung Abs. 2
Hin.: § 1a Abs. 1 Satz 1 enthält das sogenannte Vermeidungsgebot. Diese Vorschrift entfaltet allerdings für sich allein noch keine direkte verbindliche Rechtswirkung; erst in Verbindung mit bestimmten gemäß § 14 erlassenen Rechtsverordnungen tritt eine rechtliche Wirkung ein. Die Abfallverwertung genießt nach § 3 Abs. 2 Satz 3 grundsätzlich Vorrang vor der sonstigen Entsorgung. Wo die Abfallverwertung nicht möglich ist, sind Abfälle gemäß § 2 AbfG so zu entsorgen, daß das Wohl der Allgemeinheit nicht beeinträchtigt wird.

Zweite allgemeine Verwaltungsvorschrift zum Abfallgesetz (TA Abfall) Teil 1:
1.   Anwendungsbereich
Hin.: Konkretisierung der Bestimmungen des Abfallgesetzes in Hinblick auf die Verwertung und Entsorgung von besonders überwachungsbedürftigen Abfällen.

Merkblatt über die Vermeidung und die Entsorgung von Abfällen aus öffentlichen und privaten Einrichtungen des Gesundheitsdienstes:
Nr. 1 Einleitung
Hin.: Das Merkblatt gibt Hinweise über die Vermeidung und Entsorgung von Abfällen aus öffentlichen und privaten Einrichtungen des Gesundheitsdienstes.

Nr. 2 Rechtliche Rahmenbedingungen

Tierkörperbeseitigungsgesetz (TierKBG):
§ 2   Sachlicher Geltungsbereich

A.2	GELTUNGSBEREICH UND ANWENDBARKEIT

Abfallgesetz (AbfG):

Hin.: Die Anwendbarkeit der abfallrechtlichen Bestimmungen ist aufgrund des sachlichen Geltungsbereiches nach §§ 1 und 1a für den Bereich der Gentechnik gegeben, da die Bestimmungen grundsätzlich für Abfälle relevant sind.

Ein Teil der zu beseitigenden Stoffe, die bei gentechnischen Arbeiten anfallen können, gehören zum Regelungsbereich anderer Vorschriften des Bundes bzw. der Länder, so z. B. TierKBG, TierSG, PflSchG, WHG, BImSchG, AtomG u. a. (vergl. § 1 Abs. 3 AbfG). Das Gentechnikrecht enthält im Hinblick auf GVO enthaltende Abfälle oder Reststoffe ebenfalls spezielle Bestimmungen.

Der Besitzer von Abfällen ist verpflichtet, diese dem Entsorgungspflichtigen zu überlassen.

§ 1 Begriffsbestimmungen und sachlicher Geltungsbereich

Hin.: § 1 trifft nähere Festlegungen zum sachlichen Geltungsbereich. Die Bestimmungen des AbfG gelten für alle Abfälle außer den in § 1 Abs. 3 genannten Stoffen, wobei Abfälle im Sinne des AbfG in § 1 Abs. 1 Satz 1 definiert werden als «*... bewegliche Sachen, deren sich der Besitzer entledigen will oder deren geordnete Entsorgung zur Wahrung des Wohls der Allgemeinheit, insbesondere des Schutzes der Umwelt, geboten ist*».

Die Abfallentsorgung umfaßt nach § 1 Abs. 2 das Gewinnen von Stoffen oder Energie aus Abfällen (Abfallverwertung) und das Ablagern von Abfällen sowie die hierzu erforderlichen Maßnahmen des Einsammelns, Beförderns, Behandelns und Lagerns.

§ 1a Abfallvermeidung und Abfallverwertung

Hin.: Abfälle sind auf der Grundlage bestimmter abfallrechtlicher Maßgaben zu vermeiden bzw. zu verwerten. Abfallvermeidungsmaßnahmen nach dem BImSchG bleiben davon unberührt (siehe auch C.6.2 „Vermeidung, Verwertung und Entsorgung von Abfällen und Reststoffen").

Abfallbestimmungsverordnung (AbfBestV):
§ 1 Besonders überwachungsbedürftige Abfälle
Hin.: Die Verordnung bestimmt die besonders überwachungsbedürftigen Abfälle gemäß § 2 Abs. 2 AbfG. Die Verordnung selbst trifft keine weiteren Regelungen, ist aber Grundlage für Bestimmungen in anderen Gesetzen und Verordnungen (z. B. Länderabfallgesetze, AbfVerbrV).

Eine Reihe von in der Anlage zur Abfallbestimmungsverordnung aufgeführten Abfallarten kann im Rahmen gentechnischer Arbeiten anfallen. Beispiele dafür sind nachfolgend in Tabelle 9 aufgeführt.

Biomasse aus der Produktion und Zubereitung von pharmazeutischen Erzeugnissen fallen unter den Abfallschlüssel 53502. Biomasse aus anderen Produktionen werden nur erfaßt, wenn sie infektiöses Material (Abfallschlüssel 97101) enthalten.

Die Abfallbestimmungs-Verordnung enthält in § 1 Abs. 2 eine Regelung über Kleinmengen. Danach findet die Verordnung bis zur Übergabe des Abfalls an einen zur Entsorgung nach dem AbfG Befugten keine Anwendung, wenn bei einem Abfallerzeuger jährlich insgesamt nicht mehr als 500 kg der in der Anlage zur Verordnung aufgeführten Abfallarten anfallen.

Tabelle 9: Beispiele für Abfälle und Reststoffe, die im Rahmen gentechnischer Arbeiten auftreten können

Abfall-Schlüssel	Reststoff-Schlüssel	Abfall- bzw. Reststoffart
13705	13705	Mist, infektiös
18710	18710	Papierfilter mit schädlichen Verunreinigungen,
18712	18712	Zellstofftücher vorwiegend organisch
18714	18714	Verpackungsmaterial mit schädlichen Verunreinigungen oder Restinhalten, vorwiegend organisch
53502	53502	Abfälle bzw. Reststoffe aus der Produktion und Zubereitung von pharmazeutischen Erzeugnissen
53507	53507	Desinfektionsmittel
55...	55...	Organische Lösemittel, etc.
593..	593..	Laborabfälle bzw. -reststoffe und Chemikalienreste
597..	597..	Destillationsrückstände
97101	97101	Infektiöse Abfälle (bzw. Reststoffe)

Reststoffbestimmungsverordnung (RestBestV):
§ 1 Überwachungsbedürftige Reststoffe
Hin.: Die RestBestV bestimmt die Stoffe, die keine Abfälle im Sinne des AbfG, sondern Reststoffe sind, die aber unter bestimmten Umständen zu einer erheblichen Beeinträchtigung des Wohls der Allgemeinheit führen können und daher besonders überwachungsbedürftig sind, soweit sie aus bestimmten Herkunftsbereichen kommen.

Die in der Verordnung bestimmten Reststoffe werden durch § 2 bezüglich Anzeigepflicht und Überwachung praktisch den Abfällen gemäß der AbfBestV gleichgestellt.

Die Verordnung enthält in § 1 Abs. 2 eine Regelung über Kleinmengen. Analog der AbfBestV findet auch sie bis zur Übergabe der Reststoffe an einen zur Verwertung Berechtigten keine Anwendung, wenn bei einem Reststofferzeuger jährlich nicht mehr als insgesamt 500 kg der in der Verordnung aufgeführten Reststoffe anfallen.

Eine Reihe der in der Anlage zur RestBestV aufgeführten Reststoffarten kann im Rahmen gentechnischer Arbeiten anfallen. Beispiele dafür sind in Tabelle 9 aufgeführt.

Abfall- und Reststoffüberwachungsverordnung (AbfRestÜberwV):
§ 1 Anwendungsbereich
§ 2 Ausnahmen

Verordnung über Betriebsbeauftragte für Abfall:
§ 1 Pflicht zur Bestellung von Betriebsbeauftragten für Abfall

Zweite allgemeine Verwaltungsvorschrift zum Abfallgesetz (TA Abfall) Teil 1:
1. Anwendungsbereich
Hin.: Die TA Abfall gilt u. a. bei der Zuordnung von Abfällen zur Entsorgung (gemäß §§ 8, 9, 10, 11 AbfRestÜberwV), der Genehmigung, der Einsammlung, Beförderung oder Verbringung von Abfällen sowie bei der Überwachung der Abfallentsorgung.

Die Genehmigung für die Errichtung und den Betrieb von ortsfesten Abfallentsorgungsanlagen zur Lagerung oder Behandlung von Abfällen erfolgt allerdings seit 01. Mai 1993 nach den Vorschriften des BImSchG, während die diesbezüglichen Anforderungen nach dem Stand der Technik nach wie vor in der TA Abfall festgeschrieben sind (siehe hierzu auch entsprechende Ausführungen in Kapitel 6.1.1).

Die TA Abfall enthält darüber hinaus weitere Anforderungen an die Verwertung und sonstige Entsorgung von besonders überwachungsbedürftigen Abfällen nach dem Stand der Technik sowie damit zusammenhängende Regelungen, die erforderlich sind, damit das Wohl der Allgemeinheit nicht beeinträchtigt wird. In Abschnitt 1 sind die einschlägigen Regelungssachverhalte der TA Abfall aufgeführt. Die Vermeidung von Abfällen ist nicht Gegenstand der TA Abfall.

Merkblatt über die Vermeidung und die Entsorgung von Abfällen aus öffentlichen und privaten Einrichtungen des Gesundheitsdienstes:
Nr. 3   Geltungsbereich
Hin.:   Die Empfehlungen des Merkblattes gelten der Vermeidung und Entsorgung aller Abfälle, die in Einrichtungen des Gesundheitsdienstes anfallen.

Nr. 3.1 Einrichtung des Gesundheitsdienstes
Hin.:   Nr. 3.1 des Merkblattes legt fest:
«Einrichtungen des Gesundheitsdienstes sind Unternehmen, Teile von Unternehmen und Einrichtungen, in denen bestimmungsgemäß
- *Menschen medizinisch untersucht, behandelt oder gepflegt werden,*
- *Rettungs- oder Krankentransporte ausgeführt werden,*
- *Tiere veterinärmedizinisch untersucht oder behandelt werden,*
- *Körpergewebe, -flüssigkeiten und -ausscheidungen von Menschen oder Tieren untersucht oder gehandhabt werden,*
- *Arbeiten mit Krankheitserregern ausgeführt werden,*
- *infektiöse oder infektionsverdächtige Gegenstände und Stoffe desinfiziert werden,*
- *Medikamente gehandhabt und in geringen Mengen zubereitet werden.»*
(Nr. 3.1)

Eine Reihe dieser Tätigkeitsbereiche können Teil gentechnischer Arbeiten sein.

Nr. 3.2 Einteilung der Abfälle
Hin.: Das Merkblatt unterscheidet 5 Kategorien von Abfällen (siehe auch Hin. zu C.6.2 „Vermeidung, Verwertung und Entsorgung von Abfällen und Reststoffen").

Tierkörperbeseitigungsgesetz (TierKBG):
§ 1   Begriffsbestimmungen
§ 2   Sachlicher Geltungsbereich

A.3 REGELWERKE ENTHALTEN EXPLIZITE AUSSAGEN ÜBER GVO

Keines der aufgeführten Regelwerke (siehe Kapitel 2.2.1) enthält explizite Aussagen über GVO.

A.4 RELEVANZ DER REGELWERKE FÜR PLANUNG, ERRICHTUNG, ÄNDERUNG ODER BETRIEB GENTECHNISCHER ANLAGEN BZW. FÜR DIE FREISETZUNG VON GVO

A.4.1 RELEVANZ DER REGELWERKE FÜR PLANUNG, ERRICHTUNG ODER ÄNDERUNG GENTECHNISCHER ANLAGEN

AbfG, AbfBetrBV, TA Abfall, Merkblatt LAGA, TierKBG

A.4.2 RELEVANZ DER REGELWERKE FÜR DEN BETRIEB GENTECHNISCHER ANLAGEN

AbfG, AbfRestÜberwV, AbfBetrBV, AbfBestV, RestBestV, TA Abfall, Merkblatt LAGA, TierKBG

A.4.3 RELEVANZ DER REGELWERKE FÜR DIE FREISETZUNG ODER DAS INVERKEHRBRINGEN VON GVO

Abfallgesetz (AbfG)
§ 14   Kennzeichnung, getrennte Entsorgung, Rückgabe- und Rücknahmepflichten
Hin.:   (Siehe Hin. zu C.6.1 „Lagerung, Transport und Abgabe von Produkten")

A.5 DIE REGELWERKE BESTIMMEN UNTERSCHIEDLICHE SICHERHEITSSTUFEN ODER RISIKOKATEGORIEN

Abfallgesetz (AbfG):
§ 2   Grundsatz Abs. 2
Hin.:   Das Abfallrecht stellt zusätzliche Anforderungen an die Entsorgung von Abfällen gemäß § 2 Abs. 2, das sind Abfälle, *«aus gewerblichen oder sonstigen wirtschaftlichen Unternehmen oder Einrichtungen, die nach Art, Beschaffenheit oder Menge in besonderem Maße gesundheits-, luft- oder wassergefährdend, explosibel oder brennbar sind oder Erreger übertragbarer Krankheiten enthalten oder hervorbringen können ...»*.

Abfallbestimmungsverordnung (AbfBestV):
§ 1   Besonders überwachungsbedürftige Abfälle
Hin.:   Die Verordnung bestimmt diejenigen Abfälle, die gemäß § 2 Abs. 2 AbfG besonders überwachungsbedürftige Abfälle sind.

Reststoffbestimmungsverordnung (RestBestV):
§ 1   Überwachungsbedürftige Reststoffe
Hin.:   Die Verordnung bestimmt diejenigen Stoffe, die keine Abfälle im Sinne des AbfG sind und gemäß § 2 Abs. 3 AbfG als Reststoffe verwertet werden sollen und von denen «*... bei einem unsachgemäßem Befördern, Behandeln oder Lagern eine erhebliche Beeinträchtigung des Wohls der Allgemeinheit ausgehen kann»* (vergl. § 2 Abs. 3 AbfG) und die daher überwachungsbedürftige Reststoffe sind, wenn sie aus bestimmten Herkunftsbereichen stammen.

Zweite allgemeine Verwaltungsvorschrift zum Abfallgesetz (TA Abfall) Teil 1:
4.4   Kriterien für die Zuordnung von Abfällen zur sonstigen Entsorgung

Merkblatt über die Vermeidung und die Entsorgung von Abfällen aus öffentlichen und privaten Einrichtungen des Gesundheitsdienstes:
Nr. 3.2 Einteilung der Abfälle

A.6 DIE REGELWERKE UNTERSCHEIDEN IN IHREN ANFORDERUNGEN ZWISCHEN FORSCHUNG UND GEWERBE

Hin.: Die Regelwerke unterscheiden in ihren Anforderungen nicht ausdrücklich zwischen Forschung und Gewerbe. In vielen Fällen werden im Forschungsbereich und im gewerblichen Bereich unterschiedliche Mengen von besonders überwachungsbedürftigen Abfällen oder überwachungsbedürftigen Reststoffen auftreten, so daß die sogenannten Kleinmengenregelungen nach § 1 Abs. 2 AbfBestV bzw. § 1 Abs. 2 RestBestV oder nach der AbfRestÜberwV als Differenzierungskriterium in der Praxis auftreten können. Entsprechendes gilt für die Bestimmungen der Verordnung über Betriebsbeauftragte für Abfall. Nur die Betreiber bestimmter in der Verordnung genannter Anlagen haben die gesetzliche Verpflichtung, einen Betriebsbeauftragten für Abfall zu bestellen (§ 1 Verordnung über Betriebsbeauftragte für Abfall).

Nach § 8 Abs. 2 TierKBG kann die zuständige Behörde auf Antrag bestimmte Ausnahmen von gesetzlichen Vorgaben bei der Beseitigung von Tierkörpern, Tierkörperteilen und Erzeugnissen für wissenschaftliche Anstalten und ähnliche Einrichtungen zulassen.

B. GENEHMIGUNG UND ANMELDUNG GENTECHNISCHER ANLAGEN UND ARBEITEN

B.1 BERATUNG MIT DER BEHÖRDE

Abfallgesetz (AbfG):
§ 4a   Auskunftspflicht
Hin.: *«Die zuständige Behörde hat dem nach § 3 Abs. 2 oder 4 zur Entsorgung Verpflichteten auf Anfrage Auskunft über vorhandene geeignete Abfallentsorgungsanlagen zu erteilen.»* (§ 4a)

Diese Regelung bietet dem Abfallbesitzer die Möglichkeit, sich bei der Behörde über den Entsorgungsweg bestimmter Abfälle zu informieren. Dies kann bereits auf der Stufe der Planung gentechnischer Anlagen von Bedeutung sein.

§ 6 Abfallentsorgungspläne

Hin.: Klärung mit der zuständigen Behörde, ob in bestehenden Abfallentsorgungsplänen des Landes Vorgaben enthalten sind, die für die Entsorgung von Abfällen aus gentechnischen Anlagen relevant sind.

§ 7 Zulassung von Abfallentsorgungsanlagen Abs. 1

Hin.: Mit Wirkung vom 01. Mai 1993 bedürfen die Errichtung und der Betrieb von ortsfesten Abfallentsorgungsanlagen zur Lagerung und Behandlung von Abfällen sowie die wesentliche Änderung einer solchen Anlage oder ihres Betriebes einer Genehmigung nach BImSchG und nicht mehr nach AbfG. Gegebenenfalls für verbindlich erklärte Festlegungen in Abfallentsorgungsplänen der Länder bleiben dabei nach wie vor zu berücksichtigen.

Eine Relevanz der vorgenannten Zulassungsvorschrift für gentechnische Anlagen und gentechnische Arbeiten ist dann gegeben, wenn im Zusammenhang mit diesen Arbeiten Anlagen zum Behandeln bzw. Lagern von Abfällen geplant sind oder betrieben werden.

Mit der zuständigen Behörde gilt es zu klären, ob eine Abfallentsorgungsanlage im Sinne des Gesetzes vorliegt und daher die entsprechenden gesetzlichen Bestimmungen bei der Planung, der Errichtung und dem Betrieb gentechnischer Anlagen zur Anwendung gelangen.

§ 11a Bestellung eines Betriebsbeauftragten für Abfall

Hin.: Klärung mit der zuständigen Behörde, ob die Verpflichtung zur Bestellung eines Betriebsbeauftragten für Abfall besteht und - wenn ja - die vorgesehene(n) Person(en) die gesetzlichen Anforderungen (Sachkunde, Zuverlässigkeit) erfüllt bzw. erfüllen.

§ 19 Zuständige Behörden

Hin.: Die Ausführung des Gesetzes erfolgt durch die jeweiligen Länderbehörden.

<§ 29a Vollzug im Bereich der Bundeswehr>

Verordnung über Betriebsbeauftragte für Abfall:
Hin.: Abklärung mit der zuständigen Behörde, ob die Verpflichtung zur Bestellung eines Betriebsbeauftragten für Abfall besteht.

Zweite allgemeine Verwaltungsvorschrift zum Abfallgesetz (TA Abfall) Teil 1:
3. Zulassung von Abfallentsorgungsanlagen
Hin.: Abklärung mit der zuständigen Behörde, ob die Notwendigkeit besteht, die Zulassung einer Abfallentsorgungsanlage zu beantragen.

4. Zuordnung von Abfällen zu Entsorgungsverfahren und -anlagen
Hin.: Abschnitt 4.1 „Grundsatz" legt Grundrichtlinien zum Umgang mit besonders überwachungsbedürftigen Abfällen fest. Danach besitzt die Verwertung der Abfälle Vorrang vor der Entsorgung. Dieser Vorrang wird in Abschnitt 4.3 „Verwertung" näher präzisiert. In Abschnitt 4.4 „Kriterien für die Zuordnung von Abfällen zur sonstigen Entsorgung" werden u. a. Zuordnungskriterien für die Behandlung von Abfällen nach bestimmten Verfahren aufgestellt. Mit der zuständigen Behörde ist abzuklären, ob und welche Maßnahmen im Zusammenhang mit der Entsorgung besonders überwachungsbedürftiger Abfälle zu treffen sind, die Einfluß auf die Planung und Errichtung gentechnischer Anlagen nehmen können.

Merkblatt über die Vermeidung und die Entsorgung von Abfällen aus öffentlichen und privaten Einrichtungen des Gesundheitsdienstes:
Nr. 7 Eigenkontrolle und Beratung
Nr. 7.3 Beratung
Nr. 8 Abfallwirtschaftsplanung

Tierkörperbeseitigungsgesetz (TierKBG):
§ 8 Ausnahmen Abs. 2
Hin.: Unter bestimmten Voraussetzungen kann die zuständige Behörde auf Antrag Ausnahmen von der gesetzlichen Regel der Beseitigung von Tierkörpern, Tierkörperteilen und Erzeugnissen in Tierkörperbeseitigungsanlagen zulassen.

B.2 ART UND UMFANG DER ANTRAGS- UND ANMELDEUNTERLAGEN

Abfallgesetz (AbfG)

Zweite allgemeine Verwaltungsvorschrift zum Abfallgesetz (TA Abfall) Teil 1:
Anhang A   Unterlagen für Anträge auf Zulassung von Abfallentsorgungsanlagen im Planfeststellungs- und Genehmigungsverfahren
Hin.:   Die in der Regel erforderlichen Angaben bei Anträgen auf Zulassung im Verfahren der Planfeststellung oder Genehmigung der Errichtung und des Betriebes von ortsfesten Abfallentsorgungsanlagen oder der wesentlichen Änderung einer solchen Anlage oder ihres Betriebes sind im Anhang A zur TA Abfall zusammengefaßt. Es ist offen, ob und inwieweit diese Planfeststellungs- und Genehmigungsunterlagen für Genehmigungsverfahren von Abfallbehandlungsanlagen und Anlagen zur Lagerung von Abfällen nach § 7 Abs. 1 AbfG, § 4 Abs. 1 BImSchG noch Verwendung finden.

B.2.1 TECHNISCHE ERFORDERNISSE (GEBÄUDE, RÄUME, ANLAGEN, APPARATUREN, EINRICHTUNGEN)

Abfallgesetz (AbfG):
§ 1a   Abfallvermeidung und Abfallverwertung Abs. 1 u. 2
Hin.:   Erfordernisse bei Planung und Betrieb gentechnischer Anlagen können sich ergeben, um dem Abfallvermeidungsgebot des § 1a Abs. 1 Satz 1 oder dem Abfallverwertungsgebot des § 1a Abs. 2 i. V. mit den jeweils entsprechenden Rechtsverordnungen Rechnung zu tragen.

§ 3   Verpflichtung zur Entsorgung Abs. 1 bis 6 insbesondere Abs. 3 u. 4
Hin.:   § 3 regelt das Verhältnis zwischen dem Abfallbesitzer und dem Entsorgungspflichtigen. Die aus der Entsorgungsverpflichtung resultierenden Erfordernisse an Anlagen und sonstige technische Ausstattungen sind zu berücksichtigen. Nach Abs. 2 ist das Einsammeln, Befördern, Behandeln und Lagern der Abfälle so zu gestalten, daß die Verwertungsmöglichkeiten genutzt werden können. Dies kann die Schaffung der dafür erforderlichen räumlichen und anlagentechnischen Voraussetzungen notwendig machen.

§ 4 Ordnung der Entsorgung
Hin.: Nach § 4 Abs. 5 wurden bisher erlassen:
- TA Abfall, Teil 1
- Erste Allgemeine Abfallverwaltungsvorschrift über Anforderungen zum Schutz des Grundwassers bei der Lagerung von Abfällen
Einzelne Bestimmungen des § 4 i. V. mit denen der TA Abfall Teil 1 sind sowohl bei der Planung und Errichtung gentechnischer Anlagen als auch bei deren Betrieb zu beachten.

Zweite allgemeine Verwaltungsvorschrift zum Abfallgesetz (TA Abfall) Teil 1:
6. Übergreifende Anforderungen an Zwischenlager, Behandlungsanlagen und Deponien
Hin.: Die TA Abfall definiert in Abschnitt 2.2.1 „Begriffsbestimmungen" u. a. die o. g. Begriffe Behandlungsanlage und Zwischenlager wie folgt:
- *«Behandlungsanlage im Sinne dieser Technischen Anleitung ist eine Abfallentsorgungsanlage, in der Abfälle mit chemisch/ physikalischen und biologischen oder thermischen Verfahren oder Kombinationen dieser Verfahren gehandhabt werden.»*
- *«Zwischenlager im Sinne dieser Technischen Anleitung ist eine ortsfeste Abfallentsorgungsanlage, in der Abfälle entgegengenommen, vorbereitend behandelt, für die weitere Entsorgung zusammengestellt oder gelagert werden.»*

Beide Einrichtungen sind als Bestandteile oder nachgeschaltete Einheiten gentechnischer Anlagen möglich.

7. Besondere Anforderungen an Zwischenlager
8. Besondere Anforderungen an Behandlungsanlagen
Hin.: Die Abschnitte 7 und 8 enthalten detaillierte Anforderungen an Zwischenlager und Behandlungsanlagen. Abschnitt 7 enthält u. a. Bestimmungen über das Lagern von Kleinmengen, Abschnitt 8 u. a. Bestimmungen über chemisch/physikalische Behandlungsanlagen und Verbrennungsanlagen.

Merkblatt über die Vermeidung und die Entsorgung von Abfällen aus öffentlichen und privaten Einrichtungen des Gesundheitsdienstes:
Nr. 5   Desinfektion von Abfällen (i. V. mit Nr. 3.2 Einteilung der Abfälle)
Nr. 6   Entsorgung der Abfälle (i. V. mit Nr. 3.2 Einteilung der Abfälle)

Nr. 6.1 Umfang und Grenzen innerbetrieblicher Maßnahmen

Tierkörperbeseitigungsgesetz (TierKBG):
§ 13   Verwahrungspflicht
Hin.:   «*Bis zur Abholung durch den Beseitigungspflichtigen oder zur Ablieferung sind die Tierkörper, Tierkörperteile und Erzeugnisse getrennt von Abfällen so zu verwahren, daß Menschen nicht unbefugt und Tiere nicht mit ihnen in Berührung kommen können. Sie sind vor Witterungseinflüssen geschützt aufzubewahren ...*» (vergl. § 13).

Falls bei gentechnischen Arbeiten Tierkörper, etc. anfallen, sind entsprechende Räumlichkeiten oder Einrichtungen für deren Aufbewahrung vorzusehen.

B.2.2   ORGANISATORISCHE UND PERSONELLE ERFORDERNISSE

Abfallgesetz (AbfG):
§ 4   Ordnung der Entsorgung Abs. 3
§ 8   Nebenbestimmungen, Sicherheitsleistung, Versagung
§ 11a   Bestellung eines Betriebsbeauftragten für Abfall Abs. 1 (i. V. mit der Verordnung über Betriebsbeauftragte für Abfall)
Hin.:   Nach Abs. 1 haben Betreiber ortsfester Abfallentsorgungsanlagen einen oder mehrere Betriebsbeauftragte für Abfall zu bestellen. Das gleiche gilt für Betreiber von Anlagen, in denen regelmäßig Abfälle im Sinne des § 2 Abs. 2 anfallen. Die Anlagen, deren Betreiber einen Betriebsbeauftragten zu bestellen haben, sind im Katalog des § 1 der Verordnung über Betriebsbeauftragte für Abfall aufgeführt. Nach Abs. 2 kann die zuständige Behörde in bestimmten Fällen für Betreiber von Anlagen nach Abs. 1, für die die Bestellung eines Betriebsbeauftragten nicht vorgeschrieben ist, die Bestellung im Einzelfall anordnen.

§ 11c   Pflichten des Betreibers
Hin.:   Der Betreiber hat den Betriebsbeauftragten für Abfall schriftlich zu bestellen und die Bestellung bei der zuständigen Behörde anzuzeigen. Zum Betriebsbeauftragten für Abfall darf nur bestellt werden, wer die zur Erfüllung der Aufgaben erforderliche Sachkunde und Zuverlässigkeit besitzt. Die Wahrnehmung mehrerer Betriebs-

beauftragtenfunktionen durch eine Person setzt das Einverständnis der zuständigen Behörden voraus.

Verordnung über Betriebsbeauftragte für Abfall:
Hin.: Die Verordnung regelt, für welche Anlagen ein Betriebsbeauftragter für Abfall zu bestellen ist. Die Rechte und Pflichten des Beauftragten sind allerdings in den §§ 11a bis 11f AbfG niedergelegt.

Ferner regelt die Verordnung, unter welchen Bedingungen mehrere Betriebsbeauftragte, gemeinsame Betriebsbeauftragte, nicht betriebsangehörige Betriebsbeauftragte bzw. Betriebsbeauftragte für Abfall in einem Konzern, bestellt werden können oder gar müssen.

So haben z. B. Betreiber ortsfester Abfallbeseitigungsanlagen zur chemischen oder physikalischen Behandlung von Abfällen mit einer Durchsatzleistung von 0,5 t je Stunde einen Betriebsbeauftragten für Abfall zu bestellen.

Gleiches gilt für Betreiber von Fabriken oder Fabrikationsanlagen, in denen z. B. folgende Stoffe hergestellt werden:
- organische Lösemittel
- Pharmazeutika
- Pflanzenbehandlungs- oder Schädlingsbekämpfungsmittel

Ein Einsatz von gentechnischen Verfahren bei der Fabrikation dieser Stoffgruppen erfolgt bereits oder erscheint möglich. Von daher kommt der Prüfung des Erfordernisses, ob ein Betriebsbeauftragter für Abfall zu bestellen ist und der frühzeitigen Auswahl der geeigneten Person(en) große Bedeutung zu.

Zweite allgemeine Verwaltungsvorschrift zum Abfallgesetz (TA Abfall) Teil 1:
5. Anforderungen an die Organisation und das Personal von Abfallentsorgungsanlagen sowie an die Information und Dokumentation
Hin.: Abschnitt 5 enthält eine Reihe von Anforderungen an Aufbau- und Ablauforganisation, Personal sowie Information und Dokumentation im Zusammenhang mit dem Betrieb von Abfallentsorgungsanlagen. Für den Fall, daß die Abfallentsorgungsanlage im räumlichen und betrieblichen Zusammenhang mit der Produktionsanlage oder anderen nach AbfG zugelassenen oder nach BImSchG genehmig-

ten Anlagen steht, kann die zuständige Behörde Abweichungen von bestimmten Anforderungen an die Ablauforganisation zulassen. Eine analoge Betrachtungsweise bei nach GenTG zugelassenen Produktionsanlagen wäre denkbar.

B.2.3 SONSTIGE ERFORDERNISSE

B.3 EINREICHEN DER ANTRAGS- UND ANMELDEUNTERLAGEN

B.4 DAUER DES GENEHMIGUNGS- BZW. ANMELDEVERFAHRENS (FRISTEN)

B.5 ÖFFENTLICHKEITSBETEILIGUNG

Abfallgesetz (AbfG):
§ 7   Zulassung von Abfallentsorgungsanlagen Abs. 1
Hin.: Die Öffentlichkeitsbeteiligung richtet sich nach den Vorschriften des BImSchG (siehe auch Ausführungen in Kapitel 6.1.1)

B.6 BETRIEBSGEHEIMNISSE

B.7 PFLICHTEN IM RAHMEN DES GENEHMIGUNGS- BZW. ANMELDEVERFAHRENS SEITENS DES ANTRAGSTELLERS ODER DER BEHÖRDE

B.7.1 MELDE- UND AUSKUNFTSPFLICHTEN

Zweite allgemeine Verwaltungsvorschrift zum Abfallgesetz (TA Abfall) Teil 1:
Anhang A   Unterlagen für Anträge auf Zulassung von Abfallentsorgungsanlagen im Planfeststellungs- und Genehmigungsverfahren

B.7.2 BEWERTUNGSPFLICHTEN (SICHERHEITSEINSTUFUNG)

Zweite allgemeine Verwaltungsvorschrift zum Abfallgesetz (TA Abfall) Teil 1:
4.   Zuordnung von Abfällen zu Entsorgungsverfahren und -anlagen

§ 11 Anzeigepflicht und Überwachung Abs. 2 u. 3 (i. V. mit AbfRestÜberVO), Abs. 4 u. 5

Hin.: Gemäß § 11 Abs. 2 kann die zuständige Behörde vom Besitzer solcher Abfälle, die nicht mit den in Haushaltungen anfallenden Abfällen entsorgt werden, Nachweise über deren Art, Menge und Entsorgung sowie das Führen von Nachweisbüchern verlangen, die auf Verlangen zur Prüfung vorzulegen sind.

Nach § 11 Abs. 3 haben u. a. Betreiber von Anlagen, in denen Abfälle im Sinne des § 2 Abs. 2 anfallen und Betreiber von Abfallentsorgungsanlagen generell ein Nachweisbuch zu führen und dies der Behörde anzuzeigen.

Besitzer von Abfällen und Entsorgungspflichtige haben Auskunft über Betrieb, Anlagen, Einrichtungen und sonstige der Überwachung unterliegenden Gegenstände nach § 11 Abs. 4 den Beauftragten der Überwachungsbehörde zu erteilen.

Nach § 11 Abs. 5 besteht für den Auskunftspflichtigen in bestimmten Fällen ein Auskunftsverweigerungsrecht.

§ 11c Pflichten des Betreibers Abs. 1

Hin.: Anzeige der Bestellung des Betriebsbeauftragten für Abfall an die zuständige Behörde.

Tierkörperbeseitigungsgesetz (TierKBG):
§ 9 Meldepflicht

C.1.2 ÜBERWACHUNGSPFLICHTEN

Abfallgesetz (AbfG):
§ 11 Anzeigepflicht und Überwachung

Hin.: Die Entsorgung von Abfällen unterliegt der Überwachung durch die zuständige Behörde. Eine Reihe damit verbundener Aufgaben sind in § 11 enthalten.

§ 11b Aufgaben und Befugnisse Abs. 1 Nr. 1 u. 2
Hin.: *«Der Betriebsbeauftragte für Abfall ist berechtigt und verpflichtet,*
   1. den Weg der Abfälle von ihrer Entstehung oder Anlieferung bis zu ihrer Entsorgung zu überwachen,
   2. die Einhaltung der für die Entsorgung von Abfällen geltenden Gesetze und Rechtsverordnungen sowie der auf Grund dieser Vorschriften erlassenen Anordnungen, Bedingungen und Auflagen zu überwachen, insbesondere durch Kontrolle der Betriebsstätte in regelmäßigen Abständen, Mitteilung festgestellter Mängel und Vorschläge über Maßnahmen zur Beseitigung dieser Mängel.» (§ 11b Abs. 1 Nr. 1 u. 2)

Zweite allgemeine Verwaltungsvorschrift zum Abfallgesetz (TA Abfall) Teil 1:
5. Anforderungen an die Organisation und das Personal von Abfallentsorgungsanlagen sowie an die Information und Dokumentation
5.4 Information und Dokumentation
5.4.4 Informationspflichten gegenüber der Behörde

Merkblatt über die Vermeidung und die Entsorgung von Abfällen aus öffentlichen und privaten Einrichtungen des Gesundheitsdienstes:
Nr. 7 Eigenkontrolle und Beratung

C.1.3 AUFZEICHNUNGSPFLICHTEN

Abfallgesetz (AbfG):
§ 11 Anzeigepflicht und Überwachung Abs. 2 u. 3 (i. V. mit AbfRestÜberwVO)
Hin.: (Siehe Hin. zu C.1.1 „Melde-, Auskunfts- und Unterrichtungspflichten")

Zweite allgemeine Verwaltungsvorschrift zum Abfallgesetz (TA Abfall) Teil 1:
5. Anforderungen an die Organisation und das Personal von Abfallentsorgungsanlagen sowie an die Information und Dokumentation
5.4 Informationspflichten gegenüber der Behörde
5.4.2 Betriebshandbuch
5.4.3 Betriebstagebuch

C.1.4 BEWERTUNGSPFLICHTEN

Hin.: (Siehe Hin. zu B.7.2 „Bewertungspflichten (Sicherheitseinstufung)")

C.1.5 SONSTIGE PFLICHTEN

Abfallgesetz (AbfG):
§ 3 Verpflichtung zur Entsorgung Abs. 1 bis 6
Hin.: (Siehe Hin. zu B.7.3 „Sonstige Pflichten")

C.1.6 ORGANISATORISCHE UND PERSONELLE RAHMENBEDINGUNGEN

Abfallgesetz (AbfG):
§ 3   Verpflichtung zur Entsorgung
§ 4   Ordnung der Entsorgung
§ 11a Bestellung eines Betriebsbeauftragten für Abfall (i. V. mit VO über Betriebsbeauftragte für Abfall)
§ 11b Aufgaben und Befugnisse
Hin.: *«(1) Der Betriebsbeauftragte für Abfall ist berechtigt und verpflichtet,*

1. den Weg der Abfälle von ihrer Entstehung oder Anlieferung bis zu ihrer Entsorgung zu überwachen,

2. die Einhaltung der für die Entsorgung von Abfällen geltenden Gesetze und Rechtsverordnungen sowie der auf Grund dieser Vorschriften erlassenen Anordnungen, Bedingungen und Auflagen zu überwachen, insbesondere durch Kontrolle der Betriebsstätte in regelmäßigen Abständen, Mitteilung festgestellter Mängel und Vorschläge über Maßnahmen zur Beseitigung dieser Mängel,

3. die Betriebsangehörigen über schädliche Umwelteinwirkungen aufzuklären, die von den Abfällen ausgehen können, welche in der Anlage anfallen oder entsorgt werden, sowie über Einrichtungen und Maßnahmen zu ihrer Verhinderung unter Berücksichtigung der für die Entsorgung von Abfällen geltenden Gesetze und Rechtsverordnungen,

4. *in Betrieben nach § 11a Abs. 1 Satz 2*
   a) *auf die Entwicklung und Einführung umweltfreundlicher Verfahren zur Reduzierung der Abfälle,*
   b) *auf die ordnungsgemäße und schadlose Verwertung der im Betrieb entstehenden Reststoffe oder,*
   c) *soweit dies technisch nicht möglich oder unzumutbar ist, auf die ordnungsgemäße Entsorgung dieser Reststoffe als Abfälle hinzuwirken,*

5. *bei Abfallentsorgungsanlagen auf Verbesserungen des Verfahrens der Abfallentsorgung einschließlich einer Verwertung von Abfällen hinzuwirken.*

(2) Der Betriebsbeauftragte für Abfall erstattet dem Betreiber der Anlage jährlich einen Bericht über die nach Abs. 1 Nr. 1 bis 5 getroffenen und beabsichtigten Maßnahmen.» (§ 11b)

§ 11c Pflichten des Betreibers
Hin.: (Siehe Hin. zu B.2.2 „Organisatorische und personelle Erfordernisse")

§ 11d Stellungnahme zu Investitionsentscheidungen
§ 11e Vortragsrecht
§ 11f Benachteiligungsverbot
Hin. §§ 11a bis 11f:
Die §§ 11a bis 11f i. V. mit der Verordnung über Betriebsbeauftragte für Abfall können für den Betrieb gentechnischer Produktionsanlagen relevant werden.

Nach § 11a Abs. 1 haben Betreiber ortsfester Abfallentsorgungsanlagen einen oder mehrere Betriebsbeauftragte für Abfall zu bestellen. Das gleiche gilt für Anlagen, in denen regelmäßig Abfälle im Sinne des § 2 Abs. 2 anfallen.

Die Verordnung über Betriebsbeauftragte für Abfall regelt, für welche Anlagen ein Betriebsbeauftragter für Abfall zu bestellen ist. Die Rechte und Pflichten des Beauftragten sind allerdings im AbfG § 11a bis 11f niedergelegt.

Gleichzeitig wird in der Verordnung geregelt, unter welchen Bedingungen mehrere Betriebsbeauftragte, gemeinsame Betriebsbeauftragte, nicht betriebsangehörige Betriebsbeauftragte bzw. Betriebsbeauftragte für Abfall in einem Konzern, bestellt werden können oder müssen.

Betreiber ortsfester Abfallbeseitigungsanlagen zur chemischen oder physikalischen Behandlung von Abfällen mit einer Durchsatzleistung von insgesamt mehr als 0,5 t je Stunde haben einen Betriebsbeauftragten für Abfall zu bestellen. Gleichfalls gilt dies für Betreiber von Fabriken oder Fabrikationsanlagen, in denen u. a. folgende Stoffe hergestellt werden
- organische Lösemittel
- Pharmazeutika
- Pflanzenbehandlungs- oder Schädlingsbekämpfungsmittel

Sofern diese Voraussetzungen beim Betrieb der gentechnischen Anlage vorliegen, ist ein Betriebsbeauftragter für Abfall zu bestellen.

Zweite allgemeine Verwaltungsvorschrift zum Abfallgesetz (TA Abfall) Teil 1:
5. Anforderungen an die Organisation und das Personal von Abfallentsorgungsanlagen sowie an die Information und Dokumentation
5.2 Ablauforganisation
Hin.: Nr. 5.2.1 „Allgemeines" weist auf mögliche Abweichungen von den in 5.2 genannten Anforderungen hin, wenn die Abfallentsorgungsanlage in räumlichem und betrieblichem Zusammenhang mit anderen nach AbfG zugelassenen oder nach BImSchG genehmigten Anlagen steht, die eine gleichwertige Erfüllung der genannten Aufgaben ermöglichen.

5.3 Personal
5.4 Information und Dokumentation
5.4.1 Betriebsordnung
5.4.2 Betriebshandbuch

Merkblatt über die Vermeidung und die Entsorgung von Abfällen aus öffentlichen und privaten Einrichtungen des Gesundheitsdienstes:
Nr. 7 Eigenkontrolle und Beratung
Nr. 7.1 Betriebsbeauftragter für Abfall

Nr. 7.2 Krankenhaushygieniker

| C.2 | VORGELAGERTE BEREICHE |

| C.2.1 | FORSCHUNGSPLANUNG, ARBEITSPLANUNG, ARBEITSVORBE-REITUNG |

| C.2.2 | TRANSPORT UND LAGERUNG DER EINSATZSTOFFE |

| C.2.3 | QUALITÄTSKONTROLLE DER EINSATZSTOFFE |

| C.2.4 | ÜBERWACHUNG UND DOKUMENTATION |

| C.3 | HAUPTBEREICH LABOR |

| C.3.1 | LABORKERNBEREICH |

| C.3.2 | TRANSPORT UND LAGERUNG |

| C.3.3 | ÜBERWACHUNG UND DOKUMENTATION |

| C.4 | HAUPTBEREICH PRODUKTION |

| C.4.1 | PRODUKTIONSKERNBEREICHE (FERMENTATION UND AUFAR-BEITUNG) |

| C.4.2 | TRANSPORT UND LAGERUNG DER ZWISCHENPRODUKTE |

| C.4.3 | PROZESS- UND QUALITÄTSKONTROLLE |

| C.4.4 | PRODUKTKONFEKTIONIERUNG, -FORMULIERUNG UND -VER-PACKUNG |

C.4.5 ÜBERWACHUNG UND DOKUMENTATION

C.5 NEBENGELAGERTE BEREICHE

C.5.1 EINRICHTUNGEN UND MASSNAHMEN ZUR REINIGUNG UND DEKONTAMINIERUNG

Tierkörperbeseitigungsgesetz (TierKBG):
§ 10   Abholungspflicht Abs. 2
§ 11   Ablieferungspflicht Abs. 1

C.5.2 EMISSIONSSCHUTZ

Tierkörperbeseitigungsgesetz (TierKBG):
§ 10   Abholungspflicht Abs. 2
§ 11   Ablieferungspflicht Abs. 1

C.5.3 INSTANDHALTUNG

C.5.4 ARBEITSSCHUTZ, ARBEITSSICHERHEITSMASSNAHMEN

Abfallgesetz (AbfG):
§ 11b   Aufgaben und Befugnisse Abs. 1 Nr. 3
Hin.:   Zu den Rechten und Pflichten des Betriebsbeauftragten für Abfall gehört auch die Aufklärung der Betriebsangehörigen über schädliche Umwelteinwirkungen, die von Abfällen ausgehen können, welche in der Anlage anfallen oder entsorgt werden sowie über Einrichtungen und Maßnahmen zu ihrer Verhinderung. Vom Umgang mit bestimmten Abfällen oder Reststoffen können zusätzliche Gefahren für die menschliche Gesundheit ausgehen. Insofern ergeben sich Überschneidungen mit dem Bereich Arbeitssicherheit/ Arbeitsschutz.

Tierkörperbeseitigungsgesetz (TierKBG):
§ 10   Abholungspflicht Abs. 3
§ 11   Ablieferungspflicht Abs. 1

C.5.5 UMWELTANALYTIK, UMWELTMONITORING

Zweite allgemeine Verwaltungsvorschrift zum Abfallgesetz (TA Abfall) Teil 1:
8.3 Chemisch/physikalische Behandlungsanlagen
8.3.1 Technische Anforderungen
8.3.1.1 Allgemeines

C.5.6 QUALITÄTSSICHERUNG

C.5.7 EINRICHTUNGEN UND MASSNAHMEN FÜR DIE HALTUNG UND AUFBEWAHRUNG VON GENTECHNISCH VERÄNDERTEN UND GENTECHNISCH NICHT VERÄNDERTEN ORGANISMEN

C.5.7.1 EINRICHTUNGEN UND MASSNAHMEN FÜR DIE HALTUNG UND AUFBEWAHRUNG VON MIKROORGANISMEN UND ZELLKULTUREN

C.5.7.2 EINRICHTUNGEN UND MASSNAHMEN FÜR DIE HALTUNG UND AUFBEWAHRUNG VON TIEREN

Tierkörperbeseitigungsgesetz (TierKBG):
§ 1 Begriffsbestimmungen
§ 2 Sachlicher Geltungsbereich
§ 3 Grundsatz
§ 5 Beseitigung von Tierkörpern
§ 8 Ausnahmen
§ 9 Meldepflicht
§ 13 Verwahrungspflicht

C.5.7.3 EINRICHTUNGEN UND MASSNAHMEN FÜR DIE HALTUNG UND AUFBEWAHRUNG VON PFLANZEN

C.5.8 TRANSPORT UND LAGERUNG

C.6 NACHGELAGERTE BEREICHE

C.6.1 LAGERUNG, TRANSPORT UND ABGABE VON PRODUKTEN

Abfallgesetz (AbfG):
§ 14 Kennzeichnung, getrennte Entsorgung, Rückgabe- und Rücknahmepflichten
Hin.: Gemäß Abs. 2 legt die Bundesregierung Ziele für die Vermeidung, Verringerung oder Verwertung von Abfällen aus bestimmten Erzeugnissen fest. Insbesondere, wenn durch solche Zielfestlegungen Abfallvermeidung oder -verringerung nicht erreichbar sind, kann die Bundesregierung durch Verordnung festlegen, daß bestimmte Erzeugnisse, insbesondere Verpackungen und Behältnisse,
1. in bestimmter Weise zu kennzeichnen sind,
2. nur in bestimmter, die Abfallentsorgung spürbar entlastender Form in den Verkehr gebracht werden dürfen,
3. nach Gebrauch zur umweltschonenden Wiederverwendung, Verwertung oder sonstigen Entsorgung zurückgenommen werden müssen,
4. nach Gebrauch vom Besitzer in bestimmter Weise, insbesondere durch Getrennthaltung von anderen Abfällen, überlassen werden müssen,
5. nur für bestimmte Zwecke in den Verkehr gebracht werden dürfen.

Nähere Bestimmungen dazu sind in der Verpackungsverordnung enthalten.

In bezug auf gentechnische Arbeiten können die auf der Basis von § 14 erlassenen Rechtsverordnungen Einfluß auf Teile der Produktion, das Inverkehrbringen (z. B. Verpackungen) sowie auf die bei gentechnischen Arbeiten anfallenden Abfälle (z. B. Getrennthaltung, Rückgabe an bestimmte Entsorgungssysteme) nehmen.

C.6.2 VERMEIDUNG, VERWERTUNG UND ENTSORGUNG VON ABFÄLLEN UND RESTSTOFFEN

Abfallgesetz (AbfG):
§ 1 Begriffsbestimmungen und sachlicher Geltungsbereich
Hin.: Nach Abs. 1 sind Abfälle im Sinne dieses Gesetzes bewegliche Sachen, deren sich der Besitzer entledigen will (subjektiver Abfallbegriff) oder deren geordnete Entsorgung zur Wahrung des Wohls der Allgemeinheit, insbesondere des Schut-

zes der Umwelt, geboten ist (objektiver Abfallbegriff). Auch im Falle der Verwertung dieser beweglichen Sachen bestimmt das Gesetz, daß sie so lange als Abfall zu betrachten sind, bis die aus ihnen gewonnenen Stoffe oder erzeugte Energie wieder dem Wirtschaftskreislauf zugeführt werden.

Abs. 2 versteht unter dem Begriff Abfallentsorgung das Gewinnen von Stoffen oder Energie aus Abfällen (Abfallverwertung), das Ablagern von Abfällen sowie die hierzu erforderlichen Maßnahmen des Einsammelns, Beförderns, Behandelns und Lagerns.

Abs. 3 nennt Stoffgruppen, die nach anderen spezialgesetzlichen Vorschriften zu beseitigen sind und demnach nicht dem Regelungsbereich des AbfG unterfallen.

Die Bestimmungen des AbfG besitzen sowohl für den innerbetrieblichen als auch für den außerbetrieblichen Bereich Relevanz.

§ 1a   Abfallvermeidung und Abfallverwertung
Hin.: § 1a Abs. 1 bestimmt, daß Abfälle nach Maßgabe von bestimmten Rechtsverordnungen zu vermeiden sind.

Nach § 1a Abs. 2 sind Abfälle entweder
1. nach Maßgabe von § 3 Abs. 2 Satz 3 zu verwerten, d. h. unter der Voraussetzung, daß eine Verwertung technisch möglich, die Mehrkosten für eine Verwertung zumutbar sind und für die gewonnenen Stoffe oder Energie ein Markt vorhanden oder schaffbar ist oder
2. nach Maßgabe bestimmter Vorgaben in entsprechenden Rechtsverordnungen zu verwerten.

Für den Betrieb gentechnischer und nachgeschalteter Anlagen kann dies bedeuten, daß bei Erlaß einer entsprechenden Rechtsverordnung nach § 14 Abs. 1 Nr. 2 Abfälle mit besonderem Schadstoffgehalt, deren ordnungsgemäße Verwertung oder sonstige Entsorgung eine besondere Behandlung erfordern, von anderen Abfällen getrennt gehalten, eingesammelt, befördert oder behandelt werden müssen und entsprechende Nachweise hierüber zu erbringen sind (Pflicht zu getrennter Entsorgung).

§ 1a Abs. 1 Satz 2 weist darauf hin, daß die Pflichten der Betreiber von nach BImSchG genehmigungsbedürftigen Anlagen gemäß § 5 Abs. 1 Nr. 3 BImSchG Abfälle durch den Einsatz reststoffarmer Verfahren oder Verwertung von Reststoffen zu vermeiden, unberührt bleiben.

§ 2   Grundsatz
Hin.: Diese Vorschrift enthält die Grundsätze der Abfallentsorgung im Inland, der allgemeinwohlverträglichen Abfallentsorgung und der Entsorgung von besonders überwachungsbedürftigen Abfällen.

§ 3   Verpflichtung zur Entsorgung Abs. 1 bis 6
§ 4   Ordnung der Entsorgung
Hin.: Abs. 1 bringt die grundsätzliche Verpflichtung zum Ausdruck, Abfälle nur in dafür zugelassenen Anlagen oder Einrichtungen (Abfallentsorgungsanlagen) zu behandeln, zu lagern oder abzulagern.

Abs. 2 räumt der zuständigen Behörde die Möglichkeit ein, Ausnahmen zuzulassen, wenn dadurch das Wohl der Allgemeinheit nicht beeinträchtigt wird.

Abs. 3 verpflichtet Abfallbesitzer, Abfälle im Sinne des § 2 Abs. 2 zum Einsammeln oder Befördern nur den dazu Befugten zu überlassen und zwar nur dann, wenn eine Bescheinigung des Betreibers einer Abfallentsorgungsanlage zur Annahmebereitschaft vorliegt (vergl. Regelungen der AbfRestÜberwV).

§ 4a Auskunftspflicht
Hin.: (Siehe Hin. zu B.1 „Beratung mit der Behörde")

<§ 5a Altöle Abs. 1>
Hin.: Beim Betrieb gentechnischer Anlagen ist hier nur an sehr spezielle Anwendungsfälle zu denken. Altöle und Emulsionen, die beispielsweise bei der Wartung von Maschinen, Geräten, Anlagen anfallen, werden in der Regel über Wartungsfirmen der ordnungsgemäßen Wiederverwertung oder Entsorgung zugeführt.

§ 6   Abfallentsorgungspläne Abs. 1 u. 3
Hin.: Klärung mit der Behörde, ob in bestehenden Abfallentsorgungsplänen der Länder für den Bereich der gentechnischen Anlagen relevante Vorgaben enthalten sind.

§ 11a Bestellung eines Betriebsbeauftragten für Abfall
§ 11b Aufgaben und Befugnisse
§ 11c Pflichten des Betreibers
§ 11d Stellungnahme zu Investitionsentscheidungen
§ 11e Vortragsrecht
§ 11f Benachteiligungsverbot
Hin.: (Zu den §§ 11a bis 11f siehe Hin. zu C.1.6 „Organisatorische und personelle Rahmenbedingungen")

§ 14 Kennzeichnung, getrennte Entsorgung, Rückgabe und Rücknahmepflichten Abs. 1 Nr. 2 (i. V. mit Rechtsverordnungen)
Hin.: (Siehe Hin. zu C.6.1 „Lagerung, Transport und Abgabe von Produkten")

Abfallbestimmungsverordnung (AbfBestV):
§ 1 Besonders überwachungsbedürftige Abfälle
Hin.: *«(1) Die in der Anlage zu dieser Verordnung in Spalte 1 durch einen fünfstelligen Abfallschlüssel gekennzeichneten und in Spalte 2 genannten Abfallarten sind Abfälle im Sinne des § 2 Abs. 2 des Abfallgesetzes (besonders überwachungsbedürftige Abfälle), soweit sie aus gewerblichen oder sonstigen wirtschaftlichen Unternehmen oder öffentlichen Einrichtungen, insbesondere aus den in Spalte 3 aufgeführten Betrieben, Betriebsteilen, Herstellungs-, Bearbeitungs- oder Anwendungsvorgängen stammen.*

(2) Fallen bei einem Abfallerzeuger jährlich nicht mehr als insgesamt 500 kg der in der Anlage zu dieser Verordnung aufgeführten Abfallarten an, findet Absatz 1 bis zur Übergabe an einen zur Entsorgung nach dem Abfallgesetz Befugten keine Anwendung.» (§ 1)

Die in der Anlage zur AbfBestV aufgeführte „Liste der besonders überwachungsbedürftigen Abfälle" dient verschiedenen Regelungen des Abfallrechts als Eingruppierungsgrundlage für den Umgang mit diesen Abfällen.

Reststoffbestimmungsverordnung (RestBestV):
§ 1 Überwachungsbedürftige Reststoffe
Hin.: *«(1) Die in der Anlage zu dieser Verordnung in Spalte 1 durch einen fünfstelligen Schlüssel gekennzeichneten und in Spalte 2 genannten Stoffe sind Rest-*

stoffe im Sinne des § 2 Abs. 3 des Abfallgesetzes (Überwachungsbedürftige Reststoffe), soweit diese aus gewerblichen, sonstigen wirtschaftlichen Unternehmen oder öffentlichen Einrichtungen, insbesondere aus den in Spalte 3 aufgeführten Betrieben, Betriebsteilen, Herstellungs-, Bearbeitungs- oder Anwendungsvorgängen stammen.

(2) Fallen bei einem Reststofferzeuger jährlich nicht mehr als insgesamt 500 kg der in der Anlage zu dieser Verordnung aufgeführten Reststoffe an, findet Abs. 1 bis zur Übergabe an einen zur Reststoffverwertung Berechtigten keine Anwendung.» (§ 1)

Die in der Anlage zur RestBestV aufgeführte „Liste der besonders überwachungsbedürftigen Reststoffe" dient verschiedenen Regelungen des Abfallrechts als Eingruppierungsgrundlage für den Umgang mit diesen Reststoffen.

Verordnung über Betriebsbeauftragte für Abfall:
Hin.: Die Pflichten und Rechte des Beauftragten werden durch die Vorschriften der §§ 11a bis 11f AbfG geregelt.

Zweite allgemeine Verwaltungsvorschrift zum Abfallgesetz (TA Abfall) Teil 1:
2. Allgemeine Vorschriften
Hin.: Insbesondere Nr. 2.2.1 „Begriffsbestimmungen" enthält eine Reihe von Definitionen, die für die Anwendung und das Verständnis der TA Abfall und damit den Umgang mit besonders überwachungsbedürftigen Abfällen grundlegend sind.

Merkblatt über die Vermeidung und die Entsorgung von Abfällen aus öffentlichen und privaten Einrichtungen des Gesundheitsdienstes:
Nr. 1 Einleitung
Hin.: Das Merkblatt gibt Hinweise über die Vermeidung und Entsorgung von Abfällen aus öffentlichen und privaten Einrichtungen des Gesundheitsdienstes. Diese Hinweise berücksichtigen die abfallwirtschaftlichen Grundsätze der Vermeidung und Verwertung ebenso wie sie den Anforderungen der Hygiene entsprechen. Neben den ökologischen Aspekten sollen die Hinweise und Empfehlungen ökonomisch und einfach durchführbar sein und gleichzeitig die Entwicklung der Technik einbeziehen, um Risiken auf ein Mindestmaß zu beschränken.

Nr. 2   Rechtliche Rahmenbedingungen
Nr. 3   Geltungsbereich
Hin.:   Eine Reihe der im Merkblatt enthaltenen Empfehlungen sind auch in anderen, den gesundheitsdienstlichen vergleichbaren Einrichtungen in analoger Weise nutzbar.

Nr. 3.1 Einrichtungen des Gesundheitsdienstes
Hin.:   (Siehe Hin. zu A.2 „Geltungsbereich und Anwendbarkeit")

Nr. 3.2 Einteilung der Abfälle
Hin.:   Das Merkblatt unterscheidet 5 Abfallkategorien:
(A) Abfälle, an deren Entsorgung aus infektionspräventiver und umwelthygienischer Sicht keine besonderen Anforderungen zu stellen sind.
(B) Abfälle, an deren Entsorgung aus infektionspräventiver Sicht innerhalb der Einrichtungen des Gesundheitsdienstes besondere Anforderungen zu stellen sind.
(C) Abfälle, an deren Entsorgung aus infektionspräventiver Sicht innerhalb und außerhalb der Einrichtungen des Gesundheitsdienstes besondere Anforderungen zu stellen sind (sog. infektiöse, ansteckungsgefährliche oder stark ansteckungsgefährliche Abfälle).
(D) Abfälle, an deren Entsorgung aus umwelthygienischer Sicht innerhalb und außerhalb der Einrichtungen des Gesundheitsdienstes besondere Anforderungen zu stellen sind.
(E) Medizinische Abfälle, an deren Entsorgung nur aus ethischer Sicht zusätzliche Anforderungen zu stellen sind.

Das Merkblatt ordnet diesen Abfallkategorien bestimmte Abfallarten zu, die in privaten und öffentlichen Einrichtungen des Gesundheitsdienstes anfallen können.

Nr. 4   Grundsätze der Abfallwirtschaft
Hin.:   Nr. 4 enthält, nach Abfallarten differenziert, praxisbezogene Empfehlungen im Umgang mit diesem Abfall in Einrichtungen des Gesundheitsdienstes.

Nr. 4.1   Einwegprodukte
Nr. 4.2   Verpackung
Nr. 4.4   Laborabfälle und Chemikalienreste
<Nr. 4.5 Abfälle aus Röntgenlabors>

<Nr. 4.6 NE-metallhaltige Abfälle>
<Nr. 4.7 Mineralöle und synthetische Öle>
<Nr. 4.8 PCB-Transformatoren und PCB-Kondensatoren>
<Nr. 4.9 Altmedikamente und Zytostatika>

Nr. 5 Desinfektion von Abfällen

Hin.: *«Eine Desinfektion von Abfällen aus öffentlichen und privaten Einrichtungen des Gesundheitsdienstes ist nur für Abfälle der Gruppe C erforderlich. Diese Abfälle sind vor einer gemeinsamen Entsorgung mit Hausmüll thermisch zu desinfizieren. Die chemische Desinfektion ist nicht ausreichend und entspricht nicht dem Stand der Technik ...»* (vergl. Nr. 5)

Anm.: Die übliche chemische Desinfektion ist im Normalfall nicht ausreichend. Wird sie angewandt, muß sie grundsätzlich validiert werden, d. h. die Wirkungsweise durch entsprechende geeignete Untersuchungen beschrieben werden (siehe Band 4.2 Kapitel 4.2). Unter diesem Gesichtspunkt sind dann sehr wohl auch chemische Desinfektionsmethoden geeignet. Bei thermischen Methoden muß ebenfalls sichergestellt werden, daß die für den Desinfektionsprozeß erforderlichen Bedingungen (Temperatur, Zeit, Druck) auch erreichbar sind.

Nr. 6 Entsorgung der Abfälle

Hin.: Den Empfehlungen des Merkblattes zufolge bedarf die Entsorgung der Abfälle aus Einrichtungen des Gesundheitsdienstes eines durchdachten und gesteuerten Einsammelns, Lagerns, Behandelns und Beförderns innerhalb und außerhalb der Einrichtungen.

Nr. 6.1 Umfang und Grenzen innerbetrieblicher Maßnahmen

Nr. 6.2 Systematik der Abfallentsorgung

Hin.: Das im Merkblatt abgedruckte Schema gibt einen Überblick über das System der Abfallentsorgung in gesundheitsdienstlichen Einrichtungen. Abhängig von der Art der Abfälle sind unterschiedliche Verwertungs- oder Entsorgungspfade einzuschlagen (Abbildung 2).

Abbildung 2: Schema: Systematik der Abfallentsorgung in Einrichtungen des Gesundheitsdienstes

GRUPPE A
- Hausmüll
- Desinfizierte Abfälle
- Hausmüllähnliche Gewerbeabfälle
- Küchen- u. Kantinenabfälle

  - insbes. Verpackg. Papier Pappe Glas Metalle Kunststoff
  - Kompostierung Viehfutter
  - nicht verwertbare hausmüllähnliche Abfälle

  → VERWERTUNG
  → gehamt erfaßt an Anfallstelle → • HMV • HMD

GRUPPE B
- mit Blut, Sekreten und Exkreten behaftete Abfälle
  → • HMV • HMD

GRUPPE C + E⁺
- Abfälle
  – die aufgrund von § 10 a BSeuchG behandelt werden müssen
  – an deren Entsorgung aus ethischer Sicht zusätzliche Anforderungen zu stellen sind

  - nach Desinfektion → • HMV • HMD
  - ohne Desinfektion → • SAV • HMV soweit zugelassen (separate Verbrennungseinheit oder Aufgabe)

GRUPPE D
- Zytostatika-Medikamente
- feste, mineralische Abfälle
- Laborabfälle u. Chemikalienreste
- Abfälle aus Röntgenlabors
- Mineralöle u. synthetische Öle

  div. spezielle Aufbereitungsmöglichkeiten

  → • SAV • HMV • HMD
  → • SAV • SAD • CPB • UTD

⁺ Für die Abfälle der Gruppe E gelten besondere Regelungen (z.B. Spezialbehandlung nach Maßgabe landesrechtlicher Vorgaben)

ABFALLARTEN

LEGENDE:
HMV: Hausmüllverbrennung
HMD: Hausmülldeponie
SAV: Sonderabfallverbrennung
SAD: Sonderabfalldeponie
UTD: Untertagedeponie
CPB: Chemisch/physikalische biologische Behandlungsanlage

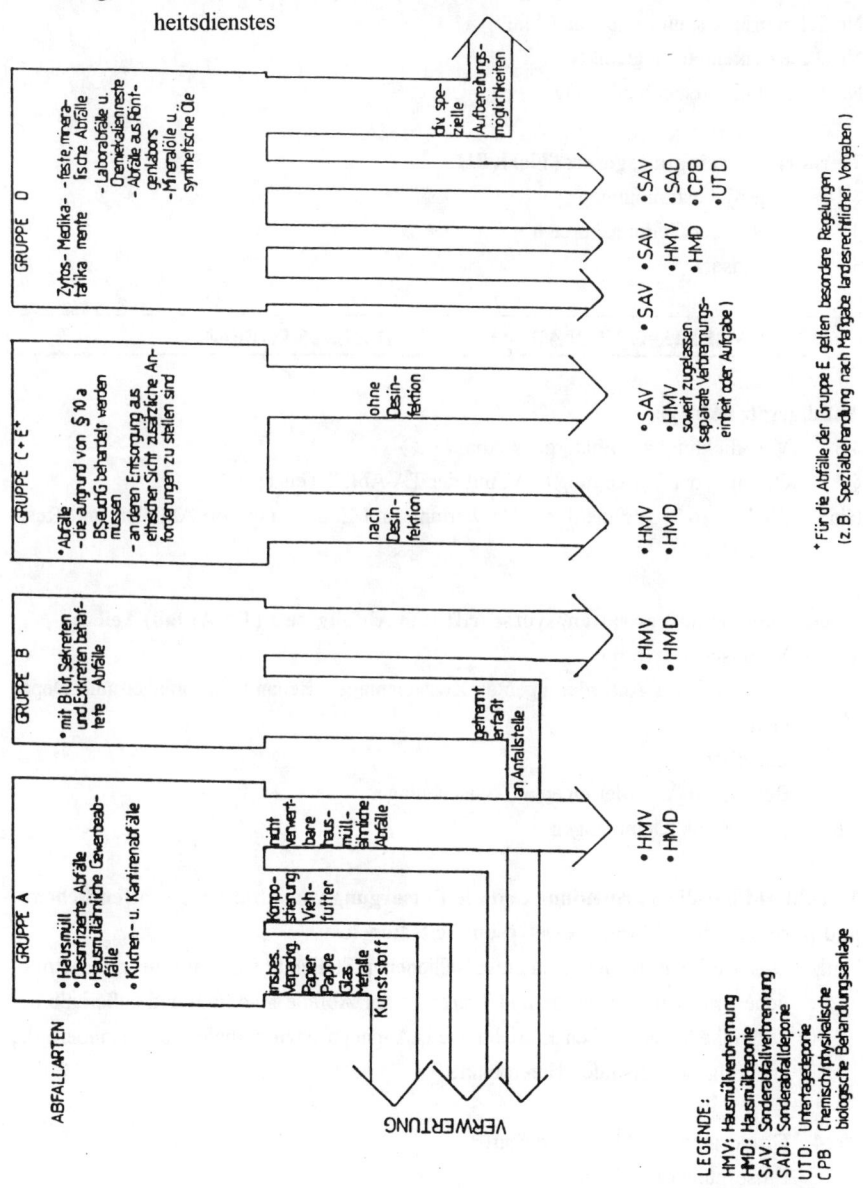

Nr. 7 Eigenkontrolle und Beratung
Nr. 7.1 Betriebsbeauftragter für Abfall
Nr. 7.2 Krankenhaushygieniker
Nr. 8 Abfallwirtschaftsplanung

Tierkörperbeseitigungsgesetz (TierKBG):
§ 1 Begriffsbestimmungen
§ 2 Sachlicher Geltungsbereich
§ 3 Grundsatz

C.6.2.1 LAGERUNG VON ABFÄLLEN UND RESTSTOFFEN

Abfallgesetz (AbfG):
§ 3 Verpflichtung zur Entsorgung Abs. 2
§ 4 Ordnung der Entsorgung (i. V. mit der TA Abfall Teil 1)
Hin.: (Siehe C.6.2 „Vermeidung, Verwertung und Entsorgung von Abfällen und Reststoffen")

Zweite allgemeine Verwaltungsvorschrift zum Abfallgesetz (TA Abfall) Teil 1:
4.2 Vermischungsverbot
6. Übergreifende Anforderungen an Zwischenlager, Behandlungsanlagen und Deponien
6.3.3 Lagerbereich
7. Besondere Anforderungen an Zwischenlager
7.6 Lagern von Kleinmengen

Merkblatt über die Vermeidung und die Entsorgung von Abfällen aus öffentlichen und privaten Einrichtungen des Gesundheitsdienstes:
Hin.: Das Merkblatt bezieht sich an verschiedenen Stellen konkret auf die innerbetriebliche Erfassung, Lagerung und Transport der Abfälle innerhalb und außerhalb der gesundheitsdienstlichen Einrichtungen. Angaben dazu enthalten insbesondere die nachfolgend genannten Unterpunkte.

Nr. 4 Grundsätze der Abfallwirtschaft
Nr. 6 Entsorgung der Abfälle

Nr. 6.1 Umfang und Grenzen innerbetrieblicher Maßnahmen
Nr. 6.2 Systematik der Abfallentsorgung

Tierkörperbeseitigungsgesetz (TierKBG):
§ 12   Sammelstellen
§ 13   Verwahrungspflicht

C.6.2.2 TRANSPORT VON ABFÄLLEN UND RESTSTOFFEN

Abfallgesetz (AbfG):
§ 3   Verpflichtung zur Entsorgung Abs. 2
§ 4   Ordnung der Entsorgung
Hin.:   (Siehe C.6.2 „Vermeidung, Verwertung und Entsorgung von Abfällen und Reststoffen")

§ 12   Einsammlungs- und Beförderungsgenehmigung (i. V. mit § 4 Abs. 3)
Hin.:   Abfälle dürfen gewerbsmäßig oder im Rahmen wirtschaftlicher Unternehmen, von Ausnahmen, die in § 12 Abs. 1 Satz 2 genannt sind abgesehen, nur mit Genehmigung der zuständigen Behörde eingesammelt oder befördert werden. Diese Genehmigungspflicht bindet nach § 4 Abs. 3 auch den Besitzer von besonders überwachungsbedürftigen Abfällen aus gentechnischen Anlagen, der diese Abfälle nur einem zum Transport Befugten überlassen darf. Die Genehmigung ist auch nötig, wenn der Abfallbesitzer selbst den Transport durchführt, es sei denn, dieses geschieht nur auf dem eigenen Werksgelände.

§ 13   Grenzüberschreitender Verkehr
§ 13a   Mitwirkung anderer Behörden
§ 13b   Kennzeichnung der Fahrzeuge
§ 13c   Grenzüberschreitender Verkehr innerhalb der Europäischen Gemeinschaften (i. V. mit der AbfVerbrVO)
Hin. §§ 13 bis 13c:
   Die §§ 13 bis 13c regeln den grenzüberschreitenden Verkehr von Abfällen. § 13 normiert den Grundsatz, daß die Verbringung von Abfällen in den, aus dem oder durch den Geltungsbereich des AbfG, der behördlichen Genehmigung bedarf. Diese darf nur unter bestimmten, einschränkenden Voraussetzungen erteilt werden,

die in § 13 genannt werden. Die Abfallverbringungsverordnung regelt nähere Einzelheiten des Genehmigungsverfahrens.

§ 14   Kennzeichnung, getrennte Entsorgung, Rückgabe- und Rücknahmepflichten Abs. 1 Nr. 2 (i. V. mit Verordnungen)

Zweite allgemeine Verwaltungsvorschrift zum Abfallgesetz (TA Abfall) Teil 1:
6. Übergreifende Anforderungen an Zwischenlager, Behandlungsanlagen und Deponien
6.2 Abfallanlieferung
Hin.: In Nr. 6.2 werden Anforderungen genannt, wie die Abfallanlieferung an Zwischenlager, Behandlungsanlagen oder Deponien zu erfolgen hat, z. B. welche Anforderungen an Behältnisse zu stellen sind, oder wie die Anlieferung zu erfolgen hat. Nr. 6.2.2 enthält darüber hinaus spezielle Anforderungen an die Anlieferungsbedingungen bei krankenhausspezifischen Abfällen, die für vergleichbare Abfälle aus gentechnischen Anlagen in analoger Weise Informationsgrundlage bilden können.

Abfall- und Reststoffüberwachungsverordnung (AbfRestÜberwV):
Hin.: (Siehe C.6.5 „Überwachung und Dokumentation")

Merkblatt über die Vermeidung und die Entsorgung von Abfällen aus öffentlichen und privaten Einrichtungen des Gesundheitsdienstes:
Hin.: (Siehe C.6.2.1 „Lagerung von Abfällen und Reststoffen")

Tierkörperbeseitigungsgesetz (TierKBG):
§ 10   Abholungspflicht
§ 11   Ablieferungspflicht

C.6.2.3   VERWERTUNG VON ABFÄLLEN UND RESTSTOFFEN

Abfallgesetz (AbfG):
§ 1   Begriffsbestimmungen und sachlicher Geltungsbereich

Hin.: Die Abfallverwertung wird als *«das Gewinnen von Stoffen oder Energie aus Abfällen»* legal definiert und ist im Begriff der Abfallentsorgung enthalten (vergl. § 1 Abs. 2).

§ 1a Abfallvermeidung und Abfallverwertung
§ 2 Grundsatz Abs. 3 (i. V. mit der RestBestV und der TA Abfall, Teil 1 Nr. 4.1 bis 4.3)
§ 3 Verpflichtung zur Entsorgung Abs. 2
Hin.: *«Die nach Landesrecht zuständigen Körperschaften des öffentlichen Rechts haben die in ihrem Gebiet angefallenen Abfälle zu entsorgen. Sie können sich zur Erfüllung dieser Pflicht Dritter bedienen. Die Abfallverwertung hat Vorrang vor der sonstigen Entsorgung, wenn sie technisch möglich ist, die hierbei entstehenden Mehrkosten im Vergleich zu anderen Verfahren der Entsorgung nicht unzumutbar sind und für die gewonnenen Stoffe oder Energie ein Markt vorhanden ist oder insbesondere durch Beauftragung Dritter geschaffen werden kann. Abfälle sind so einzusammeln, zu befördern, zu behandeln und zu lagern, daß die Möglichkeiten zur Abfallverwertung genutzt werden können.»* (§ 3 Abs. 2)

§ 4 Ordnung der Entsorgung
Hin.: (Zu §§ 1a bis 4 siehe C.6.2 „Vermeidung, Verwertung und Entsorgung von Abfällen und Reststoffen")

§ 11b Aufgaben und Befugnisse Abs. 1 Nr. 4 u. 5
Hin.: (Siehe C.1.6 „Organisatorische und personelle Rahmenbedingungen")

§ 15 Aufbringen von Abwasser und ähnlichen Stoffen auf landwirtschaftlich genutzte Böden (auch i. V. mit der AbfKlärV)
Hin.: Für die Abgabe und die Aufbringung von Abwasser, Klärschlamm, Fäkalien oder ähnlichen Stoffen (hierzu kann auch die Biomasse aus Fermentation gehören) auf landwirtschaftlich, forstwirtschaftlich oder gärtnerisch genutzte Böden sind die Vorschriften der § 2 Abs. 1 AbfG und § 11 AbfG entsprechend zu beachten, insbesondere für Jauche, Gülle oder Stallmist insoweit, als das übliche Maß der Düngung überschritten wird.

Eine Aufbringung dieser Stoffe auf landwirtschaftlich genutzte Böden unter Einhaltung der Maßgaben von § 27 Abs. 1 AbfG, §§ 11 und 15 AbfG sowie der ggf.

auf Grundlage des § 15 Abs. 2 Satz 2 erlassenen Rechtsverordnungen ist möglich, wenn die in den §§ 11 und 13 GenTSV und im Anhang V zur GenTSV genannten Anforderungen an die Hygienisierung dieser Abfälle eingehalten werden.

Aus der Praxis ist bekannt, daß Unternehmen Klärschlamm aus Abwasserbehandlungsanlagen, in welchen Abwasser aus gentechnischen Anlagen eingeleitet wird, nach den Bestimmungen des § 15 AbfG zum Einsatz in der Landwirtschaft abgeben, ohne daß diesbezüglich bisher Probleme aufgetreten wären. Biomasse aus der Fermentation wird auch nach Konditionierung als Futtermittel und Bodenverbesserungsmittel eingesetzt.

Reststoffbestimmungsverordnung (RestBestV):
Hin.: (Siehe C.6.2 „Vermeidung, Verwertung und Entsorgung von Abfällen und Reststoffen")

Abfall- und Reststoffüberwachungsverordnung (AbfRestÜberwV):
§ 8   Entsorgungsnachweis Abs. 1
Hin.: Der Abfallerzeuger hat, soweit eine Nachweispflicht nach § 11 Abs. 2 oder Abs. 3 AbfG besteht, u. a. die Möglichkeiten der Abfallverwertung zu prüfen.

Fünfter Abschnitt. Reststoffe
§ 25   Nachweis über die Zulässigkeit der vorgesehenen Verwertung (i. V. mit Anlage 3 zur AbfRestÜberwV)
§ 26   Nachweisführung über durchgeführte Verwertung (i. V. mit Anlage 6 zur AbfRestÜberwV)
Hin.: Der Nachweis über die durchgeführte Verwertung von Reststoffen erfolgt unter Verwendung eines Vordruckes nach Anlage 6 zur AbfRestÜberwV.

Zweite allgemeine Verwaltungsvorschrift zum Abfallgesetz (TA Abfall) Teil 1:
4.   Zuordnung von Abfällen zu Entsorgungsverfahren und -anlagen
4.1   Grundsatz
4.2   Vermischungsverbot
4.3   Verwertung
Hin.: Gemäß dem Grundsatz von Nr. 4.1 sind Abfälle nach den Anforderungen von Nr. 4.3 vorrangig zu verwerten und, falls es für die Verwertung erforderlich ist, vorher

zu behandeln. Nr. 4.3.1 knüpft den Vorrang der Verwertung vor der sonstigen Entsorgung an folgende Bedingungen
«Die Abfallverwertung hat Vorrang vor der sonstigen Entsorgung, wenn sie
a) technisch möglich ist,
b) die hierbei entstehenden Mehrkosten im Vergleich zu anderen Verfahren der Entsorgung nicht unzumutbar sind und
c) für die gewonnenen Stoffe oder Energie ein Markt vorhanden ist oder insbesondere durch Beauftragung Dritter geschaffen werden kann.» (Nr. 4.3.1)

In den Nr. 4.3.2 bis 4.3.5 werden die Begriffe „Verwertungsmöglichkeiten", „Technische Möglichkeit", „Zumutbarkeit" und „Vorhandensein und Schaffung eines Marktes" näher definiert. Ähnliche Begriffsbestimmungen nimmt die TA Siedlungsabfall vor. Sie betreffen dort u. a. hausmüllähnliche Gewerbeabfälle und produktionsspezifische Abfälle, die nicht als besonders überwachungsbedürftig einzustufen sind.

Merkblatt über die Vermeidung und die Entsorgung von Abfällen aus öffentlichen und privaten Einrichtungen des Gesundheitsdienstes:
Hin.: (Siehe C.6.2 „Vermeidung, Verwertung und Entsorgung von Abfällen und Reststoffen")

C.6.2.4 BEHANDLUNG UND ENTSORGUNG VON ABFÄLLEN

Abfallgesetz (AbfG):
§ 1   Begriffsbestimmungen und sachlicher Geltungsbereich
§ 1a   Abfallvermeidung und Abfallverwertung
§ 2   Grundsatz (insbesondere i. V. mit der TA Abfall)
§ 3   Verpflichtung zur Entsorgung Abs. 1 bis 6
§ 4   Ordnung der Entsorgung
§ 6   Abfallentsorgungspläne Abs. 1 u. 3
§ 7   Zulassung von Abfallentsorgungsanlagen
§ 7a   Zulassung vorzeitigen Beginns
§ 11b Aufgaben und Befugnisse Abs. 1
§ 14   Kennzeichnung, getrennte Entsorgung, Rückgabe- und Rücknahmepflichten Abs. 1 (i. V. mit den Verordnungen)

§ 15 Aufbringen von Abwasser und ähnlichen Stoffen auf landwirtschaftlich genutzte Böden (auch i. V. mit der AbfKlärV)
Hin.: (Zu §§ 1 bis 4, 6, 11b, 14 und 15 siehe Hin. zu C.6.2 „Vermeidung, Verwertung und Entsorgung von Abfällen und Reststoffen")

Abfallbestimmungsverordnung (AbfBestV):
Hin.: (Siehe C.6.2 „Vermeidung, Verwertung und Entsorgung von Abfällen und Reststoffen")

Abfall- und Reststoffüberwachungsverordnung (AbfRestÜberwV):
Hin.: (Siehe C.6.2.2 „Transport von Abfällen und Reststoffen")

Verordnung über Betriebsbeauftragte für Abfall:
Hin.: Die Pflichten und Rechte des Beauftragten werden durch die §§ 11a bis 11f AbfG geregelt.

Zweite allgemeine Verwaltungsvorschrift zum Abfallgesetz (TA Abfall) Teil 1:
Hin : Die Lagerung, chemisch/physikalische und biologische Behandlung, Verbrennung und Ablagerung von besonders überwachungsbedürftigen Abfällen ist zentraler Inhalt der gesamten technischen Anleitung.

Nr. 2 Allgemeine Vorschriften
Hin.: Nr. 2 enthält u. a. die Definitionen für wichtige, in der TA Abfall verwendeten Begriffe. Einige auch für Arbeiten mit GVO relevante Begriffe sind beispielsweise Abfälle, Arbeitsbereiche, Behandlungsanlagen, Behälter, Behältnisse und Lagerbereich.

Nr. 4 Zuordnung von Abfällen zu Entsorgungsverfahren und -anlagen
Hin.: Nach Nr. 4.1 „Grundsatz" sind Abfälle vorrangig zu verwerten. Die näheren Einzelheiten ergeben sich aus den Bestimmungen der Nr. 4.3. Nur für den Fall einer (auch nach Vorbehandlung) gegebenen Nichtverwertbarkeit ist eine sonstige Entsorgung zulässig. Dazu ist ggf. eine Vorbehandlung erforderlich, damit die Abfälle ohne Beeinträchtigung des Wohls der Allgemeinheit abgelagert werden können. Art und Umfang von (Vor-)Behandlungsmaßnahmen für Abfälle aus Arbeiten mit GVO, insbesondere bei höheren Sicherheitsstufen, werden auch von § 13 GenTSV vorgeschrieben.

Nr. 4.2 „Vermischungsverbot" verbietet grundsätzlich das Vermischen von Abfällen (auch bei gleichen Abfallschlüsselnummern), um zu verhindern, daß dadurch Zuordnungen zu Entsorgungswegen durch Verringerung von Schadstoffkonzentrationen beeinflußt werden. Für Arbeiten mit GVO kann dies bedeuten, daß damit z. B. auch Vermischungen von besonders überwachungsbedürftigen Abfällen bei oder zum Zweck der Sterilisation oder Inaktivierung zu unterbleiben haben. Ausnahmen sind möglich nach Maßgabe des Betreibers der vorgesehenen Abfallentsorgungsanlage oder des Verwerters i. V. mit Entsorgungs-/Verwertungsnachweisen gemäß AbfRestÜberwV.

Nr. 4.4 „Kriterien für die Zuordnung von Abfällen zur sonstigen Entsorgung" regelt das Verfahren der Zuordnung nachweislich nicht verwertbarer Abfälle zur sonstigen Entsorgung, insbesondere Schritte zur Bearbeitung der Entsorgungsnachweise durch Abfallerzeuger, Betreiber der Abfallentsorgungsanlage und der Behörde. Außerdem wird die Zuordnung der Abfälle zu bestimmten Behandlungs- bzw. Entsorgungsverfahren festgelegt.

Nr. 5 Anforderungen an die Organisation und das Personal von Abfallentsorgungsanlagen sowie an die Information und Dokumentation
Hin.: (Siehe auch Hin. zu C.1.6 „Organisatorische und personelle Rahmenbedingungen")

Gegenwärtig ist schwer abschätzbar, in welchem Umfang die Bestimmungen in Nr. 5 in Zukunft beim Betrieb gentechnischer Anlagen Berücksichtigung finden werden. Für den Fall einer ortsfesten (zentralen) Abfallbehandlungsanlage (z. B. Autoklav, Verbrennungseinheit) innerhalb einer gentechnischen Anlage oder in direktem Zusammenhang damit stehend, würden beispielsweise alle Regelungen in Nr. 5, die die Annahme und Übergabe von Abfällen beträfen, nicht zur Anwendung gelangen. Es wird daher wesentlich von den jeweiligen technischen oder organisatorischen Problemstellungen vor Ort abhängen, ob und inwieweit die Anforderungen nach Nr. 5 Geltung erlangen werden.

Nr. 6 Übergreifende Anforderungen an Zwischenlager, Behandlungsanlagen und Deponien
Nr. 7 Besondere Anforderungen an Zwischenlager
Nr. 8 Besondere Anforderungen an Behandlungsanlagen

Hin.: Nr. 6 bis Nr. 8 regeln die Anforderungen an Abfallbehandlungsanlagen, insbesondere bauliche Voraussetzungen, organisatorische Voraussetzungen, technische Anforderungen, Ver- und Entsorgung sowie Art und Zustand der zur Lagerung von Abfällen benutzten Behältnisse.

Für gentechnische Anlagen sind diese Sachpunkte nur teilweise relevant, so daß im Einzelfall mit der zuständigen Behörde abzuklären ist, ob z. B. bestimmte Inaktivierungs- oder Sterilisationsanlagen oder innerbetriebliche Abfallerfassungs- und -lagerstätten Abfallbehandlungsanlagen im Sinne dieser Vorschrift darstellen (zur materiellrechtlichen Bedeutung dieser Bestimmungen im Hinblick auf den geänderten § 7 AbfG siehe Ausführungen in Band 6, Kapitel 1.6.1.1).

Anhang C Katalog der besonders überwachungsbedürftigen Abfälle
Hin.: Der Katalog listet analog zur AbfBestV die unter die Vorschriften der TA Abfall fallenden Abfälle auf.
- Reststoffe im Sinne der RestBestV fallen nicht unter diesen Katalog.
- Die Herkunft der Abfälle wird beispielhaft (aber nicht abschließend) aufgeführt.

Im Bereich gentechnischer Anlagen können eine Reihe der in dieser Vorschrift genannten Abfälle anfallen. (Beispiele siehe Tabelle 9 unter A.2 „Geltungsbereich und Anwendbarkeit"). Unter anderem sind dort unter Abfallschlüssel 97101 Infektiöse Abfälle aufgeführt.

Dabei ist allerdings zu beachten, daß Abfälle ab der Sicherheitsstufe 3 nach den Vorschriften der GenTSV direkt in der Anlage zu sterilisieren sind, so daß diese danach nicht mehr in die Kategorie der infektiösen Abfälle einzuordnen sind.

Merkblatt über die Vermeidung und die Entsorgung von Abfällen aus öffentlichen und privaten Einrichtungen des Gesundheitsdienstes:
Hin.: (Siehe C.6.2 „Vermeidung, Verwertung und Entsorgung von Abfällen und Reststoffen")

Tierkörperbeseitigungsgesetz (TierKBG):
§ 5 Beseitigung von Tierkörpern
§ 6 Beseitigung von Tierkörperteilen
§ 7 Beseitigung von Erzeugnissen

§ 8   Ausnahmen Abs. 2
§ 13 Verwahrungspflicht

C.6.3 BEHANDLUNG VON ABWASSER, GEWÄSSERSCHUTZ

Abfallgesetz (AbfG):
§ 1   Begriffsbestimmungen und sachlicher Geltungsbereich Abs. 3 Nr. 5
Hin.: Nach § 1 Abs. 3 Nr. 5 gelten die Bestimmungen des AbfG nicht für Stoffe, die in Gewässer oder Abwasseranlagen eingeleitet oder eingebracht werden.

§ 15 Aufbringen von Abwasser und ähnlichen Stoffen auf landwirtschaftlich genutzte Böden (auch i. V. mit der AbfKlärV)
Hin.: (Siehe C.6.2.3 „Verwertung von Abfällen und Reststoffen")

Zweite allgemeine Verwaltungsvorschrift zum Abfallgesetz (TA Abfall) Teil 1:
6.   Übergreifende Anforderungen an Zwischenlager, Behandlungsanlagen und Deponien
6.1.7 Abwassererfassung und Entsorgung (i. V. mit § 7a WHG)

C.6.4 BEHANDLUNG VON GASFÖRMIGEN UND PARTIKULÄREN EMISSIONEN, LUFTREINHALTUNG

Abfallgesetz (AbfG):
§ 1   Begriffsbestimmungen und sachlicher Geltungsbereich Abs. 3 Nr. 4
Hin.: Nach § 1 Abs. 3 Nr. 4 unterliegen nichtgefaßte gasförmige Stoffe nicht den Bestimmungen des AbfG.

C.6.5 ÜBERWACHUNG UND DOKUMENTATION

Abfallgesetz (AbfG):
§ 11 Anzeigepflicht und Überwachung
Hin.: (Siehe C.1.1 „Melde-, Auskunfts- und Unterrichtungspflichten" und C.1.2 „Überwachungspflichten")

§ 11b Aufgaben und Befugnisse Abs. 2

Hin.: Jährliche Berichtspflicht des Betriebsbeauftragten für Abfall gegenüber dem Anlagenbetreiber.

Reststoffbestimmungsverordnung (RestBestV):
§ 2 Anwendung von Vorschriften des Abfallgesetzes
Hin.: Die Verordnung schreibt die entsprechende Anwendung von § 11 Abs. 1 Satz 1, Abs. 2, 4, 5 AbfG vor, welcher Bestimmungen zur Überwachung und Dokumentation enthält.

Abfall- und Reststoffüberwachungsverordnung (AbfRestÜberwV):
Hin.: Die Überwachung und Dokumentation der Entsorgung von bestimmten Abfällen und überwachungsbedürftigen Reststoffen ist wesentlicher Gegenstand der Verordnung. Die Vorschriften des dritten bis fünften Abschnitts betreffen Abfallerzeuger, -beförderer und -entsorger gleichermaßen. Sie beinhalten Teilaspekte der Entsorgung, Verwertung, Transport und Dokumentation von Abfällen bzw. Reststoffen.

Erster Abschnitt. Allgemeine Bestimmungen
§ 1 Anwendungsbereich
§ 2 Ausnahmen
§ 3 Lesbarkeit und Dokumentenechtheit

Dritter Abschnitt. Nachweis über die Zulässigkeit der vorgesehenen Entsorgung
Hin.: Der dritte Abschnitt der Verordnung enthält nähere Spezifizierungen zur Nachweisführung über die Zulässigkeit der vorgesehenen Entsorgung, soweit eine Nachweispflicht nach § 11 Abs. 2 oder 3 AbfG besteht.

§ 8 Entsorgungsnachweis
§ 9 Handhabung des Entsorgungsnachweises
§ 10 Sammelentsorgungsnachweis
§ 11 Handhabung des Sammelentsorgungsnachweises
§ 12 Nachweis über die Zulässigkeit der vorgesehenen Entsorgung in sonstigen Fällen
§ 13 Elektronische Datenverarbeitung

Vierter Abschnitt. Nachweisführung über entsorgte Abfälle

Hin.: Der vierte Abschnitt betrifft die Nachweisführung über entsorgte Abfälle durch Begleitscheine, Nachweisbücher und Übernahmescheine bei besonders überwachungsbedürftigen Abfällen oder auch anderen Abfällen, soweit die zuständige Behörde die Führung eines Nachweisbuches oder von Belegen nach § 11 Abs. 2 AbfG verlangt. Die Nachweisführung über die durchgeführte Verwertung kann in analoger Weise durch Führung eines Nachweisbuches sowie die Vorlage von Belegen von der zuständigen Behörde verlangt werden.

Fünfter Abschnitt. Reststoffe

§ 26 Nachweisführung über durchgeführte Verwertung

Zweite allgemeine Verwaltungsvorschrift zum Abfallgesetz (TA Abfall) Teil 1:

5. Anforderungen an die Organisation und Personal von Abfallentsorgungsanlagen sowie an die Information und Dokumentation

Merkblatt über die Vermeidung und die Entsorgung von Abfällen aus öffentlichen und privaten Einrichtungen des Gesundheitsdienstes:

Nr. 7 Eigenkontrolle und Beratung

Hin.: Nr. 7 empfiehlt unter umwelthygienischen und infektionspräventiven Gesichtspunkten eine betriebsinterne Eigenkontrolle durch den Beauftragten für Abfall und den Krankenhaushygieniker ergänzend zur staatlichen Überwachung.

D.	HAFTUNGSVORSCHRIFTEN

E.	STRAF- UND BUSSGELDVORSCHRIFTEN

Abfallgesetz (AbfG):

§ 18 Ordnungswidrigkeiten

§ 18a Einziehung

Abfall- und Reststoffüberwachungsverordnung (AbfRestÜberwV):

§ 27 Ordnungswidrigkeiten

Tierkörperbeseitigungsgesetz (TierKBG):
§ 19   Bußgeldvorschriften

Strafgesetzbuch (StGB):
§ 326   Umweltgefährdende Abfallbeseitigung
§ 327   Unerlaubtes Betreiben von Anlagen
§ 330   Schwere Umweltgefährdung
§ 330a   Schwere Gefährdung durch Freisetzen von Giften

F.	KOSTEN UND GEBÜHREN

Abfallgesetz (AbfG):
§ 12   Einsammlungs- und Beförderungsgenehmigung Abs. 3
§ 13   Grenzüberschreitender Verkehr Abs. 4, 5

Tierkörperbeseitigungsgesetz (TierKBG):
§ 16   Vorbehalt für die Länder Abs. 1

6.2 Regelwerke Wasser- und Gewässerschutz

6.2.1 Regelwerke Wasser- und Gewässerschutz - Vorbemerkung

Die rechtliche Basis des Gewässerschutzes sind das Gesetz zur Ordnung des Wasserhaushalts (Wasserhaushaltsgesetz - WHG) sowie die Wassergesetze der Länder. Im Bereich des Wasserrechts liegen relativ viele Bestimmungen auf landesrechtlicher Ebene vor. Für die Gentechnik ist der Grundsatz der Verhütung von Verunreinigungen des Wassers und sonstigen nachteiligen Veränderungen seiner Eigenschaften in § 1a WHG maßgeblich. *«Jedermann ist verpflichtet, bei Maßnahmen, mit denen Einwirkungen auf ein Gewässer verbunden sein können, die nach den Umständen erforderliche Sorgfalt anzuwenden, um eine Verunreinigung des Wassers oder eine sonstige nachteilige Veränderung seiner Eigenschaften zu verhüten und um eine mit Rücksicht auf den Wasserhaushalt gebotene sparsame Verwendung des Wassers zu erzielen.»* (§ 1a Abs. 2 WHG).

Der Gewässerbegriff des Gesetzes umfaßt oberirdische Gewässer, Küstengewässer und das Grundwasser. Dieser Grundsatz des Wasserhaushaltsgesetzes ist auch für Arbeiten und Verfahren in gentechnischen Anlagen wichtig, da die Nutzung von Wasser bei gentechnischen Arbeiten eine wesentliche Rolle spielt. Das dabei entstehende Abwasser wird in der Regel mittelbar - über die öffentliche Kläranlage - ins Gewässer gelangen und kann auf diesem Wege eine Verunreinigung des Gewässers nach sich ziehen. Verschiedene Vorschriften des Wasserrechts auf Bundes- und Landesebene sowie kommunale satzungsrechtliche Vorgaben sind daher bei der Planung, der Errichtung und dem Betrieb gentechnischer Anlagen als materiellrechtliche Grundlagen zu berücksichtigen (siehe auch Kapitel 6.2.2 Gliederungspunkt A.2)

Für die Benutzung eines Gewässers im Sinne des § 3 WHG schreibt das Wasserhaushaltsgesetz in der Regel eine behördliche Erlaubnis nach § 7 WHG oder Bewilligung nach § 8 WHG vor (vergl. § 2 Abs. 1 WHG). Beide können nach § 4 Abs. 1 WHG unter Festsetzung von Benutzungsbedingungen und Auflagen erteilt werden. Einige der Auflagen, die in Betracht kommen können, sind in § 4 Abs. 2 WHG genannt.

§ 3 WHG nennt verschiedene Einwirkungen auf Gewässer, die als Benutzungen im Sinne des Gesetzes gelten, so z. B. das Einbringen und Einleiten von Stoffen in oberirdische Gewässer (bzw. unter bestimmten Voraussetzungen in Küstengewässer), das Einleiten von Stoffen in das Grundwasser oder Maßnahmen, die geeignet sind, dauernd oder in einem nicht nur unerheblichen Ausmaß schädliche Veränderungen der physikalischen, chemischen oder biologischen Beschaffenheit des Wassers herbeizuführen.

Die wasserrechtliche Erlaubnis gewährt nach § 7 Abs. 1 WHG die widerrufliche Befugnis, ein Gewässer zu einem bestimmten Zweck in einer nach Art und Maß bestimmten Weise zu benutzen. Die wasserrechtliche Bewilligung räumt nach § 8 Abs. 1 Satz 1 WHG das Recht ein, ein Gewässer in einer nach Art und Maß bestimmten Weise zu benutzen. Der rechtlich bedeutsame Unterschied zwischen Erlaubnis und Bewilligung liegt in der durch sie jeweils gewährten Rechtsposition. Der Bewilligungsinhaber verfügt im Vergleich zu einem Erlaubnisinhaber über eine stärkere und weitreichendere Rechtsstellung. Es läßt sich sagen, daß die behördliche Zulassung der Gewässerbenutzung durch Erteilung einer Erlaubnis die Regel, die Gestattung durch Erteilung einer Bewilligung die Ausnahme ist. Der Grund hierfür ist, daß die Bewilligung nur erteilt werden darf, wenn neben den auch für die Erteilung einer Erlaubnis geltenden Tatbestandsvoraussetzungen des § 6 WHG zusätzlich auch die Anforderungen des § 8 Abs. 2 Satz 1 WHG erfüllt sind. Allerdings darf eine Bewilligung nach § 8 Abs. 2 Satz 2 für das Einbringen und Einleiten von Stoffen in ein Gewässer sowie für Maßnahmen, die geeignet sind, dauernd oder in einem nicht nur unerheblichen Ausmaß schädliche Veränderungen der physikalischen, chemischen oder biologischen Beschaffenheit des Wassers herbeizuführen, nicht erteilt werden.

Für das Einleiten von Abwasser in Gewässer gelten die Maßgaben des § 7a WHG. Danach darf eine Erlaubnis für das Einleiten von Abwasser nur erteilt werden, wenn die Schadstofffracht des Abwassers so gering gehalten wird, wie dies bei Einhaltung der jeweils in Betracht kommenden Mindestanforderungen, die in den jeweiligen allgemeinen Verwaltungsvorschriften umschrieben sind, möglich ist. Sofern Abwasser bestimmter Herkunft - dies bestimmt sich aus der Abwasserherkunftsverordnung - gefährliche Stoffe[7] enthält, sind Anforderungen nach dem Stand der Technik zu stellen, ansonsten müssen mindestens die allgemein anerkannten Regeln der Technik erfüllt werden. Eine Auswahl von Abwasserherkunftsbereichen, die in der Abwasserherkunftsverordnung genannt werden und innerhalb derer bereits heute oder in Zukunft ein Einsatz von GVO in Frage

---

[7] Das Wasserhaushaltsgesetz definiert in § 7a Abs. 1 gefährliche Stoffe als «... *Stoffe oder Stoffgruppen, die wegen der Besorgnis einer Giftigkeit, Langlebigkeit, Anreicherungsfähigkeit oder einer krebserzeugenden, fruchtschädigenden oder erbgutverändernden Wirkung als gefährlich zu bewerten sind ...*».

kommt, ist in Kapitel 6.2.2 Gliederungspunkt A.2 aufgelistet, darunter der Abwasserherkunftsbereich *«Herstellung und Verwendung von Mikroorganismen und Viren und andere biotechnische Verfahren»* (§ 1 Nr. 10h AbwHerkV).

§ 7a Abs. 3 WHG legt darüber hinaus fest, daß die Länder sicherzustellen haben, daß im Falle des Einleitens von Abwasser mit gefährlichen Stoffen in eine öffentliche Abwasseranlage, der sogenannten Indirekteinleitung, die erforderlichen Maßnahmen entsprechend § 7a Abs. 1 Satz 3 WHG durchgeführt werden. Damit wird sichergestellt, daß Indirekteinleiter und Direkteinleiter des gleichen Anwendungsbereiches bei der Einleitung von Abwasser mit gefährlichen Stoffen grundsätzlich die gleichen Anforderungen einzuhalten haben.

Für die Indirekteinleitung von Abwässern in öffentliche Abwasseranlagen haben zahlreiche Länder, gestützt auf die jeweiligen Landeswassergesetze bereits entsprechende Indirekteinleiterverordnungen erlassen.

Die §§ 18a bis 18c WHG sind grundlegend für die Abwasserbeseitigung. § 18a Abs. 1 WHG bestimmt, gleichsam als Grundsatz, daß Abwasser so zu beseitigen ist, daß das Wohl der Allgemeinheit nicht beeinträchtigt wird, wobei die Abwasserbeseitigung das Sammeln, Fortleiten, Behandeln, Einleiten, Versickern, Verregnen und Verrieseln von Abwasser sowie das Entwässern von Klärschlamm in Zusammenhang mit der Abwasserbeseitigung umfaßt. Der Bau und Betrieb von Abwasseranlagen hat unter Berücksichtigung der Benutzungsbedingungen und Auflagen für das Einleiten von Abwasser, die sich aus den §§ 4, 5 und 7a WHG ergeben, nach den hierfür jeweils in Betracht kommenden Regeln der Technik zu erfolgen. Der Bau, der Betrieb sowie die wesentliche Änderung von Abwasserbehandlungsanlagen ab einer bestimmten Größenordnung bzw. Auslegung bedürfen der behördlichen Zulassung.

Die §§ 19g bis 19l WHG enthalten Vorschriften über Anlagen zum Umgang mit wassergefährdenden Stoffen. Wassergefährdende Stoffe im Sinne der §§ 19g bis 19l WHG werden in § 19g Abs. 5 WHG definiert. Einige der dort aufgeführten Stoffgruppen können beim Betrieb gentechnischer Anlagen Verwendung finden (siehe dazu auch Kapitel 6.2.2 Gliederungspunkt B.2.1) Die VwV wassergefährdende Stoffe bestimmt wassergefährdende Stoffe im Sinne des § 19g WHG und stuft sie entsprechend ihrer Gefährlichkeit in Wassergefährdungsklassen ein. Die Einstufung ist Grundlage für Anforderungen zum Schutz der Gewässer an Anlagen zum Umgang mit wassergefährdenden Stoffen, die dem

Gefährdungspotential angemessen sind. Unter den Anlagenbegriff nach § 19g Abs. 1 WHG fallen Anlagen zum Lagern, Abfüllen, Herstellen und Behandeln sowie Anlagen zum Verwenden wassergefährdender Stoffe. Rohrleitungsanlagen, die den Bereich des Werksgeländes nicht überschreiten, sind diesen gleichgestellt[8]. Diese Anlagen müssen so beschaffen sein, und so eingebaut, aufgestellt, unterhalten und betrieben werden, daß eine Verunreinigung der Gewässer oder eine sonstige nachteilige Veränderung ihrer Eigenschaften nicht zu besorgen ist. Von der Anwendung der §§ 19g bis 19l WHG ausgeschlossen sind u. a. Anlagen zum Lagern, Abfüllen und Umschlagen von Abwasser und Stoffen, die hinsichtlich der Radioaktivität die Freigrenzen des Strahlenschutzrechts überschreiten.

Anlagen zum Umgang mit wassergefährdenden Stoffen sowie bestimmte Teile von ihnen bedürfen gemäß § 19h WHG vor ihrer Verwendung der behördlichen Eignungsfeststellung oder Bauartzulassung. Davon betroffen sind grundsätzlich Anlagen zum Lagern, Abfüllen und Umschlagen wassergefährdender Stoffe. § 19h Abs. 2 WHG läßt Ausnahmen zu für das vorübergehende Lagern in Transportbehältern sowie das kurzfristige Bereitstellen oder Aufbewahren wassergefährdender Stoffe in Verbindung mit dem Transport. Außerdem ist keine Eignungsfeststellung erforderlich für wassergefährdende Stoffe, die sich im Arbeitsgang befinden (also grundsätzlich in Anlagen zum Herstellen, Behandeln oder Verwenden wassergefährdender Stoffe) oder in Laboratorien in der für den Handgebrauch erforderlichen Menge bereitgehalten werden.

Daneben hat der Betreiber solcher Anlagen bestimmte, sich aus den §§ 19i bis 19l WHG ergebende Pflichten, welche den Einbau, die Aufstellung, die Instandhaltung, die Reinigung oder Überwachung betreffen, einzuhalten (siehe auch Kapitel 6.2.2 Gliederungspunkt B.2.1 und B.2.2).

Wer ein Gewässer benutzt oder einen Antrag auf Erteilung einer Erlaubnis oder Bewilligung gestellt hat, unterliegt der behördlichen Überwachung nach § 21 WHG. Dies gilt

---

[8] Für Rohrleitungsanlagen, die den Bereich des Werksgeländes überschreiten, sind die Vorschriften in den §§ 19a bis 19f WHG maßgeblich. Die Anwendung dieser Vorschrift im Zusammenhang mit der Planung, der Errichtung und dem Betrieb gentechnischer Anlagen dürfte auf sehr seltene Einzelfälle beschränkt bleiben.

u. a. entsprechend auch für denjenigen, der Anlagen zum Umgang mit wassergefährdenden Stoffen herstellt, einbaut, aufstellt, unterhält oder betreibt.

Das Wasserhaushaltsgesetz regelt in den §§ 21a bis 21g die Bestellung, Aufgaben, Pflichten und Rechte des Betriebsbeauftragten für Gewässerschutz (Gewässerschutzbeauftragter). § 21a WHG schreibt vor, daß Benutzer von Gewässern, die mehr als 750 m³ Abwasser an einem Tag einleiten dürfen, einen oder mehrere Gewässerschutzbeauftragte zu bestellen haben. Die zuständige Behörde kann aber auch gegenüber dem Einleiter von Abwasser die Bestellung von Gewässerschutzbeauftragten anordnen, wenn der vorgenannte Grenzwert nicht erreicht wird oder wenn eine Indirekteinleitung in eine Sammelkläranlage vorliegt.

Speziell für oberirdische Gewässer sieht § 26 WHG u. a. vor, daß feste Stoffe nicht zu dem Zweck in ein Gewässer eingebracht werden dürfen, um sich ihrer zu entledigen, wobei schlammige Stoffe nicht zu den festen Stoffen zählen. Dies kann verfahrenstechnische Entscheidungen bei der Auswahl von Aufarbeitungsverfahren insbesondere bei gentechnischen Produktionsanlagen beeinflussen.

Neben den genannten Bestimmungen enthält das Wasserhaushaltsgesetz in § 22 zivilrechtliche Haftungsbestimmungen sowie in § 41 eine Aufzählung von Bußgeldtatbeständen. Ähnlich wie beim Abfallrecht können bestimmte Verstöße strafrechtlich nach §§ 324, 329, 330, 330a StGB verfolgt werden.

Von großer Bedeutung sind neben den Anforderungen des Wasserhaushaltsgesetzes die in der Rahmen-AbwasserVwV festgelegten Mindestanforderungen an das Einleiten von Abwasser in Gewässer. Neben der Rahmen-AbwasserVwV ist die Abwasserherkunftsverordnung zu berücksichtigen, die bestimmt, aus welchen Bereichen grundsätzlich Abwasser mit gefährlichen Stoffen zu erwarten ist. In den Anhängen zur Rahmen-AbwasserVwV werden, für einzelne Anwendungsbereiche unterschieden, Mindestanforderungen an die Abwassereinleitung gestellt. Die für einzelne Anwendungsbereiche noch bestehenden allgemeinen Abwasserverwaltungsvorschriften, werden z. Z. überarbeitet und in Anhänge der Rahmen-AbwasserVwV umgewandelt. Bei den üblichen Verschmutzungsparametern sind zur Erfüllung der Mindestanforderungen die allgemein anerkannten Regeln der Technik anzuwenden; für gefährliche Stoffe gilt der Stand der Technik. Anwendungsbereiche, für die in der Rahmen-AbwasserVwV oder in den allgemeinen Abwasserverwaltungsvorschriften spezielle Mindestanforderungen an das Abwasser gestellt werden und in denen ein Einsatz von GVO bereits erfolgt oder in Frage kommen könnte, sind ebenfalls im Kapitel 6.2.2 Gliederungspunkt A.2 in Tabelle 10 aufgelistet.

Ein spezieller Anhang zur Rahmen-AbwasserVwV für den Abwasserherkunftsbereich *«Herstellung und Verwendung von Mikroorganismen und Viren und andere biotechnische Verfahren»* (§ 1 Nr. 10h AbwHerkV) wurde bisher nicht erlassen.

6.2.2 Regelwerke Wasser- und Gewässerschutz - Detailfassung mit Hinweisen

A. ALLGEMEINES

A.1 ZIELSETZUNG UND ZWECK DER REGELWERKE

Wasserhaushaltsgesetz (WHG):
Erster Teil. Gemeinsame Bestimmungen für die Gewässer
§ 1a Grundsatz Abs. 1 u. 2
Hin.: *(1) «Die Gewässer sind als Bestandteil des Naturhaushaltes so zu bewirtschaften, daß sie dem Wohl der Allgemeinheit und im Einklang mit ihm auch dem Nutzen einzelner dienen und daß jede vermeidbare Beeinträchtigung unterbleibt.»*

(2) «Jedermann ist verpflichtet, bei Maßnahmen, mit denen Einwirkungen auf ein Gewässer verbunden sein können, die nach den Umständen erforderliche Sorgfalt anzuwenden, um eine Verunreinigung des Wassers oder eine sonstige nachteilige Veränderung seiner Eigenschaften zu verhüten und um eine mit Rücksicht auf den Wasserhaushalt gebotene sparsame Verwendung des Wassers zu erzielen.» (§ 1a Abs. 1 u. 2)

Abwasserherkunftsverordnung (AbwHerkV):
§ 1 [Herkunftsbereiche]
Hin.: Die Ermächtigungsgrundlage für den Erlaß der AbwHerkV ist § 7a Abs. 1 Satz 4 WHG. Der Verordnungsgeber listet in § 1 katalogartig die Herkunftsbereiche von Abwasser mit gefährlichen Stoffen auf. Abwasser dieser Herkunftsbereiche enthält somit Stoffe oder Stoffgruppen, die wegen der Besorgnis einer Giftigkeit, Langlebigkeit, Anreicherungsfähigkeit oder einer krebserzeugenden, fruchtschädigenden oder erbgutverändernden Wirkung als gefährlich zu bewerten sind.

Rahmen-AbwasserVwV und Allgemeine AbwasserVwV:
Hin.: Die Rahmen-AbwasserVwV legt Mindestanforderungen an das Einleiten von Abwasser in Gewässer gemäß § 7a Abs. 1 Satz 3 WHG für bestimmte Anwendungsbereiche fest. Sie besteht aus einem allgemeinen, für alle erfaßten Bereiche geltenden Teil und aus Anhängen mit branchenspezifischen Mindestanforderungen. Es ist vorgesehen, die verschiedenen noch selbständig nebeneinander bestehenden

allgemeinen Verwaltungsvorschriften über Mindestanforderungen an das Einleiten von Abwasser nach und nach fortzuschreiben und sodann als Anhänge in die Rahmen-AbwasserVwV einzugliedern.

VwV wassergefährdende Stoffe (VwVwS):
1. Anwendungsbereich Nr. 1.1
Hin.: Die Verwaltungsvorschrift nimmt als bindende Arbeitshilfe für die Vollzugsbehörden eine Bestimmung wassergefährdender Stoffe, die den Einsatz von Anlagen zum Umgang mit wassergefährdenden Stoffen nach § 19g WHG erforderlich machen, und ihre Einstufung entsprechend ihrer Gefährlichkeit nach Wassergefährdungsklassen vor. Sie erhebt hinsichtlich der Aufzählung der wassergefährdenden Stoffe keinen Anspruch auf Vollständigkeit.

A.2 GELTUNGSBEREICH UND ANWENDBARKEIT

Wasserhaushaltsgesetz (WHG):
Hin.: Der Grundsatzbestimmung des WHG, Verunreinigungen des Wassers oder sonstige nachteilige Veränderungen seiner Eigenschaften zu verhüten, unterliegen auch Arbeiten und Verfahren in gentechnischen Anlagen, insbesondere weil bei gentechnischen Arbeiten die Nutzung des Wassers eine wesentliche Rolle spielt. Dabei entsteht i. d. R. Abwasser, dessen Beseitigung eine Benutzung der Gewässer im Sinne dieses Gesetzes notwendig macht und eine Verunreinigung der Gewässer nach sich ziehen kann. Verschiedene Vorschriften des Wasserrechts auf Bundes- und Länderebene sowie Bestimmungen in kommunalen Satzungen sind deshalb bei Planung, Errichtung und Betrieb von gentechnischen Anlagen als materiell-rechtliche Grundlagen bei der Anmeldung oder Genehmigung von gentechnischen Anlagen und im Rahmen des wasserrechtlichen Vollzugs zu berücksichtigen.

Einleitende Bestimmungen
§ 1   Sachlicher Geltungsbereich Abs. 1
Hin.: Das WHG regelt die Einzelheiten der Benutzung von Gewässern. Gewässer im Sinne des WHG sind oberirdische Gewässer, Küstengewässer und das Grundwasser (vergl. § 1 Abs. 1).

Primärer Regelungsgegenstand des WHG ist die Direkteinleitung von Abwasser in ein Gewässer, die in der Regel von einer Kläranlage ausgeht. Bei einer Indirekteinleitung wird Abwasser zunächst in eine Sammelkanalisation eingeleitet und darin zusammen mit Abwasser anderer Einleiter einer gemeinsamen Behandlungsanlage zugeführt. Die Indirekteinleiterverordnungen der Bundesländer (soweit vorhanden) stellen Anforderungen an Abwasser, das auf diesem mittelbaren Wege in die Gewässer gelangt. Darüber hinaus sind die Vorschriften der örtlich geltenden gemeindlichen Entwässerungssatzung zu beachten.

Die Ausfüllung der Rahmenvorschriften des WHG nach Art. 75 Nr. 4 Grundgesetz obliegt der Rechtshoheit der Länder. Einige, durch Länderrecht näher geregelte Sachgebiete, die die Planung, die Errichtung und den Betrieb gentechnischer Anlagen betreffen können sind nachfolgend genannt.

1. Bau, Zulassung und Betrieb von Abwasseranlagen werden durch Landesrecht näher geregelt.

2. Die Länder haben nach § 7a Abs. 3 WHG sicherzustellen, daß bei Indirekteinleitungen bereits vor dem Einleiten von Abwasser mit gefährlichen Stoffen in die Sammelkanalisation die erforderlichen Maßnahmen zur Einhaltung der entsprechenden Mindestanforderungen ergriffen werden.

3. Die Durchführung von Eigenüberwachungsmaßnahmen bei Betreibern von Abwasseranlagen ist landesrechtlich geregelt (Eigenüberwachungsverordnungen).

Darüber hinaus fällt der Vollzug des Wasserrechts in die Zuständigkeit der Länder.

Erster Teil. Gemeinsame Bestimmungen für die Gewässer
§ 3 Benutzungen Abs. 1 Nr. 4, Nr. 4a, Nr. 5; Abs. 2 Nr. 2
Hin.: § 3 definiert verschiedene Einwirkungen auf Gewässer als Benutzungen im Sinne des WHG. Einige davon können für die Planung und den Betrieb gentechnischer Anlagen relevant werden.

§ 7 Erlaubnis

<§ 19a Genehmigung von Rohrleitungsanlagen zum Befördern wassergefährdender Stoffe>

§ 19g Anlagen zum Umgang mit wassergefährdenden Stoffen

Hin.: Die Vorschriften §§ 19g bis 19l regeln den Anwendungsbereich „Anlagen zum Umgang mit wassergefährdenden Stoffen".

§ 21a Bestellung von Betriebsbeauftragten für Gewässerschutz

Hin.: Die §§ 21a bis 21f enthalten nähere Regelungen über Bestellung, Aufgaben, Pflichten und Rechte des Betriebsbeauftragten für den Gewässerschutz.

Zweiter Teil. Bestimmungen für oberirdische Gewässer,
2. Abschnitt. Reinhaltung

§ 26 Einbringen, Lagern und Befördern von Stoffen

Hin.: Abs. 1 verbietet das Einbringen fester Stoffe in ein Gewässer zu dem Zweck, sich dieser zu entledigen. Eine Erlaubnis dafür darf nicht erteilt werden. Schlammige Stoffe zählen allerdings nicht zu den festen Stoffen.

<§ 27 Reinhalteordnung>

Hin.: Die Landesregierungen oder die von ihnen bestimmten Stellen können durch Rechtsverordnung für oberirdische Gewässer oder Gewässerteile aus Gründen des Wohls der Allgemeinheit Reinhalteordnungen erlassen, in denen z. B. u. a. das Verbot der Zuführung bestimmter Stoffe vorgeschrieben werden kann.

<Dritter Teil. Bestimmungen für Küstengewässer>

<§ 32b Reinhaltung>

Hin.: Die Vorschrift bezieht sich auf die Lagerung von Stoffen an Küstengewässern.

Vierter Teil. Bestimmungen für das Grundwasser

§ 34 Reinhaltung Abs. 2

Hin.: *«Stoffe dürfen nur so gelagert oder abgelagert werden , daß eine schädliche Verunreinigung des Grundwassers oder eine sonstige nachteilige Veränderung seiner Eigenschaften nicht zu besorgen ist. Das gleiche gilt für die Beförderung von Flüssigkeiten und Gasen durch Rohrleitungen.»* (§ 34 Abs. 2)

Abwasserherkunftsverordnung (AbwHerkV):

Hin.: Die AbwHerkV ist für die Planung und den Betrieb gentechnischer Anlagen insofern relevant, als sie die Herkunftsbereiche für Abwasser mit gefährlichen Stoffen bestimmt. Sie legt damit grundsätzlich fest, für welche Abwasserherkunftsbereiche über die allgemein anerkannten Regeln der Technik hinausgehende Anforderungen nach dem Stand der Technik zur Begrenzung gefährlicher Stoffe erforderlich sind. Dies ist im Vorfeld der Anlagenplanung zu beachten.

§ 1 [Herkunftsbereiche]

Hin.: Sofern gentechnische Arbeiten innerhalb der in der Abwasserherkunftsverordnung aufgeführten Herstellungs- und Verwendungsbereiche Einsatz finden, sind die diesbezüglichen Anforderungen der Rahmen-AbwasserVwV bei der Auslegung und dem Betrieb der dafür notwendigen gentechnischen Anlagen mit zu berücksichtigen. Der Herkunftsbereich „Herstellung und Verwendung von Mikroorganismen und Viren mit in-vitro neukombinierten Nukleinsäuren" (§ 1 Nr. 10h AbwHerkV) wurde durch Art. 3 des Gesetzes zur Regelung von Fragen der Gentechnik vom 20.06.1990 gestrichen und durch die Verordnung zur Änderung der Abwasserherkunftsverordnung vom 27.05.1991 (BGBl. I S. 1197) durch den Herkunftsbereich „Herstellung und Verwendung von Mikroorganismen und Viren und andere biotechnische Verfahren" ersetzt (§ 1 Nr. 10h AbwHerkV).

Weitere in der Abwasserherkunftsverordnung aufgeführte Herkunftsbereiche, in denen ein Einsatz von GVO bereits erfolgt bzw. in Zukunft möglich erscheint, sind beispielsweise:

- Kohle-, Erzaufbereitung
- Herstellung von Grundchemikalien
- Herstellung von Farbstoffen, Farben, Anstrichstoffen
- Herstellung und Verarbeitung von Kunststoffen, Gummi, Kautschuk
- Herstellung von Arzneimitteln
- Herstellung von Bioziden
- Herstellung von Rohstoffen für Wasch- und Reinigungsmittel
- Herstellung von Kosmetika, Körperpflegemitteln
- Herstellung von Gelatine, Hautleim, Klebstoffen
- Herstellung von Zellstoff, Papier und Pappe
- Verwertung, Behandlung, Lagerung, Umschlag und Ablagerung von Abfällen und Reststoffen, Lagerung, Umschlag und Abfüllen von Chemikalien

- Medizinische und naturwissenschaftliche Forschung und Entwicklung, Krankenhäuser, Arztpraxen, Röntgeninstitute, Laboratorien, technische Prüfstände
- Wasseraufbereitung
- Herstellung und Veredlung von pflanzlichen und tierischen Extrakten

Rahmen-AbwasserVwV und Allgemeine AbwasserVwV:
1. Anwendungsbereich

Hin.: Die Bestimmungen der Rahmen-AbwasserVwV gelten für in Gewässer einzuleitendes Abwasser, dessen Schmutzfracht im wesentlichen aus den in den Anhängen zur Rahmen-AbwVwV aufgeführten Anwendungsbereichen stammt. Sie sind damit für alle gentechnischen Verfahren zu berücksichtigen, die innerhalb dieser Anwendungsbereiche eingesetzt werden.

Im Anhang zur Rahmen-AbwasserVwV werden für die jeweils aufgeführten Anwendungsbereiche spezifische Einleitungsanforderungen (Mindestanforderungen) gestellt.

Die noch selbständig neben der Rahmen-AbwasserVwV bestehenden, einzelnen allgemeinen Abwasserverwaltungsvorschriften (AbwasserVwV) für verschiedene Abwasserherkunftsbereiche werden sukzessive überarbeitet und dann als Anhänge der Rahmen-AbwasserVwV angegliedert.

Für Abwasser, dessen Schmutzfracht im wesentlichen aus Abwasserströmen unterschiedlicher Art und Herkunft eines Industriebetriebes stammt, ist der Anhang 22 der Rahmen-AbwVwV anzuwenden. Ausgenommen ist Abwasser, für das insgesamt ein anderer Anhang oder eine andere AbwasserVwV anzuwenden ist oder für das sich strengere Anforderungen mit Hilfe einer Mischungsrechnung auf Anforderungen anderer Anhänge oder anderer AbwasserVwV ergeben.

Die Bestimmungen der Rahmen-AbwasserVwV, nebst ihren Anhängen, und der allgemeinen AbwasserVwV differenzieren zwischen Anforderungen nach dem Stand der Technik für gefährliche Stoffe und Anforderungen nach den allgemein anerkannten Regeln der Technik für die übrigen Parameter. Sie gelten insgesamt für Direkteinleiter.

Die Anforderungen nach dem Stand der Technik sind darüber hinaus auch von Indirekteinleitern einzuhalten, die von den entsprechenden Anwendungsbereichen erfaßt werden. Voraussetzung ist, daß landesrechtlich die bundesrechtliche Vorgabe des § 7a Abs. 3 WHG umgesetzt ist. Näheres hierzu regeln die Wassergesetze und die - soweit bereits erlassen - Indirekteinleiterverordnungen der einzelnen Bundesländer.

Bei der Einleitung von Stoffen, die nicht in den unter die Indirekteinleiterverordnung fallen, sind die jeweiligen Bestimmungen der kommunalen Entwässerungssatzungen einzuhalten.

Anwendungsbereiche, für die in der Rahmen-AbwasserVwV oder den allgemeinen Abwasserverwaltungsvorschriften spezielle Mindestanforderungen an das Abwasser gestellt werden und in denen ein Einsatz von GVO bereits erfolgt oder in Zukunft möglich erscheint, sind in Tabelle 10 aufgelistet.

Tabelle 10: Mögliche Einsatzbereiche für GVO mit Mindestanforderungen an das Einleiten von Abwasser nach der Rahmen-AbwasserVwV oder den allgemeinen Abwasserverwaltungsvorschriften

Rahmen-AbwasserVwV:	Allgemeine Abwasserverwaltungsvorschriften:
Anhang 3: Milchverarbeitung Anhang 5: Herstellung von Obst- und Gemüseprodukten Anhang 6: Herstellung von Erfrischungsgetränken und Getränkeabfüllung Anhang 7: Fischverarbeitung Anhang 8: Kartoffelverarbeitung Anhang 10: Fleischwirtschaft Anhang 11: Brauereien Anhang 12: Herstellung von Alkohol und alkoholischen Getränken Anhang 18: Zuckerherstellung Anhang 22: Mischabwasser	19. AbwasserVwV: Teil A, Zellstofferzeugung 20. AbwasserVwV: Tierkörperbeseitigung 28. AbwasserVwV: Melasseverarbeitung 29. AbwasserVwV: Fischintensivhaltung 31. AbwasserVwV: Wasseraufbereitung, Kühlsysteme 32. AbwasserVwV: Arzneimittel 48. AbwasserVwV: Verwendung bestimmter gefährlicher Stoffe

Anforderungen nach dem Stand der Technik sind bei den in Tabelle 10 genannten Anhängen bzw. Abwasserverwaltungsvorschriften lediglich im Anhang 22 sowie in der 19. und 48. AbwasserVwV enthalten.

Eine AbwasserVwV über Mindestanforderungen an das Einleiten von Abwasser in Gewässer für den Abwasserherkunftsbereich „Herstellung und Verwendung von Mikroorganismen und Viren und andere biotechnische Verfahren" (§ 1 Nr. 10h AbwHerkV) wurde bisher noch nicht erlassen.

VwV wassergefährdende Stoffe (VwVwS):
1. Anwendungsbereich Nr. 1.1 u. 1.2 (i. V. mit §§ 19g bis 19l WHG „Anlagen zum Umgang mit wassergefährdenden Stoffen")

Hin.: Die Bestimmung und Einstufung wassergefährdender Stoffe, die die VwVwS vornimmt, ist Grundlage für Anforderungen zum Schutz der Gewässer, die an Anlagen zum Umgang mit wassergefährdenden Stoffen zu stellen sind.

Die VwVwS bildet mit den in Anhang 1 und 2 aufgeführten und hinsichtlich ihrer Wassergefährdung eingestuften Stoffen die Grundlage für die Beurteilung, ob in gentechnischen Anlagen wassergefährdende Stoffe zum Einsatz gelangen oder möglicherweise hergestellt werden.

A.3 REGELWERKE ENTHALTEN EXPLIZITE AUSSAGEN ÜBER GVO

Keines der aufgeführten Regelwerke (siehe Kapitel 2.2.2) enthält explizite Aussagen über GVO.

A.4 RELEVANZ DER REGELWERKE FÜR PLANUNG, ERRICHTUNG, ÄNDERUNG ODER BETRIEB GENTECHNISCHER ANLAGEN BZW. FÜR DIE FREISETZUNG VON GVO

A.4.1 RELEVANZ DER REGELWERKE FÜR PLANUNG, ERRICHTUNG ODER ÄNDERUNG GENTECHNISCHER ANLAGEN

WHG, AbwHerkV, Rahmen-AbwasserVwV und Allgemeine AbwasserVwV, VwVwS

A.4.2 RELEVANZ DER REGELWERKE FÜR DEN BETRIEB GENTECHNISCHER ANLAGEN

WHG, AbwHerkV, Rahmen-AbwasserVwV und Allgemeine AbwasserVwV, VwVwS

A.4.3 RELEVANZ DER REGELWERKE FÜR DIE FREISETZUNG ODER DAS INVERKEHRBRINGEN VON GVO

WHG

A.5 DIE REGELWERKE BESTIMMEN UNTERSCHIEDLICHE SICHERHEITSSTUFEN ODER RISIKOKATEGORIEN

Wasserhaushaltsgesetz (WHG):
§ 7a Anforderungen an das Einleiten von Abwasser
§ 19g Anlagen zum Umgang mit wassergefährdenden Stoffen

Abwasserherkunftsverordnung (AbwHerkV):
Hin.: Innerhalb der einzelnen Abwasserherkunftsbereiche erfolgt keine sicherheitsorientierte Kategorisierung. Die Zuordnung der Abwasserherkunftsbereiche zu dieser Verordnung stellt aber für sich betrachtet eine Art Sicherheitseinstufung dar, da es sich um Herkunftsbereiche mit Abwasser handelt, das gefährliche Stoffe enthält (vergl. § 7a Abs. 1 WHG)..

VwV wassergefährdende Stoffe (VwVwS):
3. Einstufung
Hin.: Es erfolgt eine Einstufung in Wassergefährdungsklassen (WGK)
    WGK 3: stark wassergefährdend
    WGK 2: wassergefährdend
    WGK 1: schwach wassergefährdend
    WGK 0: im allgemeinen nicht wassergefährdend

A.6 DIE REGELWERKE UNTERSCHEIDEN IN IHREN ANFORDERUNGEN ZWISCHEN FORSCHUNG UND GEWERBE

Keines der aufgeführten Regelwerke (siehe Kapitel 2.2.2) unterscheidet in seinen Anforderungen zwischen Forschung und Gewebe.

B. GENEHMIGUNG UND ANMELDUNG GENTECHNISCHER ANLAGEN UND ARBEITEN

B.1 BERATUNG MIT DER BEHÖRDE

Wasserhaushaltsgesetz (WHG):
Erster Teil. Gemeinsame Bestimmungen für die Gewässer
§ 2 Erlaubnis- und Bewilligungserfordernis (i. V. mit § 3 „Benutzungen")
Hin.: Eine Benutzung der Gewässer bedarf nach § 2 Abs. 1 der behördlichen Erlaubnis (§ 7) oder der Bewilligung (§ 8) soweit sich nicht aus den Bestimmungen des WHG oder aus dem im Rahmen dieses Gesetzes erlassenen landesrechtlichen Bestimmungen etwas anderes ergibt. Es gilt im Einzelfall zu klären, ob die Benutzung eines Gewässers nach Art und Maß einer behördlichen Zulassung bedarf.

§ 4 Benutzungsbedingungen und Auflagen
Hin.: Die Erlaubnis und die Bewilligung können nach Abs. 1 unter Festsetzung von Benutzungsbedingungen und Auflagen erteilt werden. Durch Benutzungsbedingungen werden Art und Umfang der Benutzung eingegrenzt. Diese Benutzungsbedingungen gilt es abzuklären.

§ 5 Vorbehalt
§ 6 Versagung
§ 7 Erlaubnis
Hin.: Satz 1 umschreibt, welche Rechtsposition die wasserrechtliche Erlaubnis gewährt. Für den Bereich der Gentechnik sind im Rahmen des Genehmigungsverfahrens die materiellrechtlichen Regelungen für die wasserrechtliche Zulassung mit zu berücksichtigen, sofern es einer wasserrechtlichen Erlaubnis bedarf.

§ 7a Anforderungen an das Einleiten von Abwasser

Hin.: Abs. 1 fordert, daß eine Erlaubnis für das Einleiten von Abwasser nur erteilt werden darf, wenn die Schadstofffracht des Abwassers so gering gehalten wird, wie dies bei Einhaltung der Anforderungen nach den jeweiligen allgemeinen Verwaltungsvorschriften über Mindestanforderungen, die die Bundesregierung erläßt, möglich ist. Hinsichtlich der Begrenzung gefährlicher Stoffe definieren diese Anforderungen den Stand der Technik, für die übrigen Parameter legen sie die allgemein anerkannten Regeln der Technik fest.

Satz 3, 2. Halbsatz enthält eine Definition für **gefährliche Stoffe** i. S. des WHG. Dies sind «... *Stoffe oder Stoffgruppen, die wegen der Besorgnis einer Giftigkeit, Langlebigkeit, Anreicherungsfähigkeit oder einer krebserzeugenden, fruchtschädigenden oder erbgutverändernden Wirkung als gefährlich zu bewerten sind»*.

Nach Abs. 3 haben die Länder sicherzustellen, daß im Falle des Einleitens von Abwasser mit gefährlichen Stoffen in eine öffentliche Abwasseranlage vorher die erforderlichen Maßnahmen nach Abs. 1 Satz 3 durchgeführt werden. Abs. 3 in Verbindung mit den entsprechenden landesrechtlichen Bestimmungen stellt damit sicher, daß Abwässer von Indirekteinleitern im Hinblick auf die Begrenzung gefährlicher Stoffe den gleichen Mindestanforderungen unterliegen wie Direkteinleiter.

Abs. 1 ist für solche gentechnische Vorhaben von Bedeutung, die mit einer erlaubnispflichtigen Direkteinleitung in ein Gewässer verbunden sind. Abs. 1 Satz 3 ist i. V. mit Abs. 3 auch für jene indirekteinleitenden Betreiber gentechnischer Anlagen relevant, die mit dem Abwasser gefährliche Stoffe in eine öffentliche Abwasseranlage abgeben.

Die Länder haben sicherzustellen, daß dabei Anforderungen nach dem Stand der Technik erfüllt werden. Verschiedene Länder haben für das indirekte Einleiten bestimmter gefährlicher Stoffe auf dem Verordnungswege eine Genehmigungspflicht eingeführt. Es ist im Einzelfall mit der zuständigen Behörde zu klären, ob in Anbetracht der zu erwartenden Abwasserinhaltsstoffe eine Erlaubnis- oder Genehmigungspflicht besteht.

§ 9a   Zulassung vorzeitigen Beginns
Hin.: (Siehe Hin. zu B.8.1 „Vorzeitiger Beginn gentechnischer Arbeiten")

§ 18a Pflicht und Pläne zur Abwasserbeseitigung

Hin.: Die Vorschrift stellt grundsätzlich fest, daß Abwasser so zu beseitigen ist, daß das Wohl der Allgemeinheit nicht beeinträchtigt wird (eine gleichlautende Formulierung kennt das Abfallgesetz).

Die Länder regeln, welche Körperschaften des öffentlichen Rechts zur Abwasserbeseitigung verpflichtet sind und die Voraussetzungen, unter denen anderen die Abwasserbeseitigung obliegt.

Die Länder stellen Pläne zur Abwasserbeseitigung (Abwasserbeseitigungspläne) nach überörtlichen Gesichtspunkten mit bestimmten inhaltlichen Festlegungen auf. Diese Pläne entfalten grundsätzlich nur eine verwaltungsinterne Bindungswirkung für die nachgeordneten Behörden; sie können aber auch für Dritte als verbindlich erklärt werden.

Bei der Planung von gentechnischen Anlagen sind Festlegungen, die die Länder in den Abwasserbeseitigungsplänen getroffen haben, zu berücksichtigen. In diesen Plänen müssen enthalten sein:

- Standorte und Einzugsbereiche bedeutsamer Abwasserbehandlungsanlagen
- Grundzüge der Abwasserbehandlung
- Träger der Abwasserbehandlung

Die Länder können darüber hinaus noch weitere Angaben in die Abwasserbeseitigungspläne mit aufnehmen.

§ 18b Bau und Betrieb von Abwasseranlagen

Hin.: Abwasseranlagen sind alle Anlagen, die mit der Abwasserbeseitigung i. S. d. § 18a Abs. 1 Satz 2 in Zusammenhang stehen bzw. ihr dienen (Anlagen für das Sammeln, Fortleiten, Behandeln, Einleiten, Versickern, Verregnen und Verrieseln von Abwasser sowie das Entwässern von Klärschlamm im Zusammenhang mit der Abwasserbeseitigung). Diese Anlagen sind nach den jeweiligen Regeln der Technik zu errichten und zu betreiben, die durch die zuständige Landesbehörde öffentlich bekannt gemacht werden.

<§ 18c Zulassung von Abwasserbehandlungsanlagen>

Hin.: Aufgrund der in § 18c genannten Größenordnung der Anlage ist es nur in Einzelfällen zu erwarten, daß § 18c im Bereich der Gentechnik zur Anwendung kommen dürfte, sowohl was den Fall der Errichtung einer vollständig neuen Abwasserbehandlungsanlage anbelangt, als auch was die bauliche Abänderung einer bestehenden Anlage dieser Größenordnung betrifft, um z. B. zusätzlich Abwasser aus neuinstallierten gentechnischen Produktionsanlagen mitbehandeln zu können.

§ 19g Anlagen zum Umgang mit wassergefährdenden Stoffen
Hin.: Die Vorschriften §§ 19g bis 19l regeln den Anwendungsbereich „Anlagen zum Umgang mit wassergefährdenden Stoffen". Sie sind sowohl für gentechnische Anlagen im Technikums- oder Produktionsmaßstab als auch für gentechnische Labors relevant.

In § 19g sind die materiellen Anforderungen an Anlagen zum Umgang mit wassergefährdenden Stoffen festgelegt.

(Siehe auch Hin. zu § 19g unter B.2.1 „Technische Erfordernisse (Gebäude, Räume, Anlagen, Apparaturen, Einrichtungen)")

§ 19h Eignungsfeststellung und Bauartzulassung
Hin.: Prüfung, ob für bestimmte Anlagen oder Anlagenkomponenten formelle Anforderungen (Eignungsfeststellung oder Bauartzulassung) zu erfüllen sind. Nähere Bestimmungen und Abgrenzungen sind landesrechtlich geregelt.

<Dritter Teil. Bestimmungen für Küstengewässer>
<§ 32a Erlaubnisfreie Benutzungen>

<Vierter Teil. Bestimmungen für das Grundwasser>
<§ 33 Erlaubnisfreie Benutzungen>
<§ 34 Reinhaltung Abs. 1>

Abwasserherkunftsverordnung (AbwHerkV):
AbwHerkV (i. V. mit § 7a Abs. 1 Satz 4 WHG)

Rahmen-AbwasserVwV und Allgemeine AbwasserVwV:
Hin.: Insbesondere bei geplanten gentechnischen Produktionsanlagen, die einem oder mehreren der in der Rahmen-AbwasserVwV genannten Anwendungsbereiche mit Mindestanforderungen an das Einleiten von Abwasser in Gewässer zuzuordnen sind, sind die dort genannten Anforderungen neben den Anforderungen, die sich aus kommunalen Entwässerungssatzungen ergeben, einzuhalten. Im Bedarfsfall ist eine Abklärung mit der zuständigen Behörde zweckmäßig.

VwV wassergefährdende Stoffe (VwVwS):
Hin.: Mit der zuständigen Behörde ist abzuklären, welche wassergefährdenden Stoffe gem. § 19g Abs. 5 WHG beim späteren Betrieb der gentechnischen Anlage zum Einsatz kommen und welche materiellen und formellen Anforderungen gem. §§ 19g bis 19l WHG sich daraus unter Berücksichtigung der Einstufung in Wassergefährdungsklassen gem. Anhang 1 und 2 VwVwS ergeben.

B.2 ART UND UMFANG DER ANTRAGS- UND ANMELDEUNTERLAGEN

Hin.: Das Verfahren zur Erteilung einer wasserrechtlichen Erlaubnis oder Bewilligung bestimmt sich nach Landesrecht.

B.2.1 TECHNISCHE ERFORDERNISSE (GEBÄUDE, RÄUME, ANLAGEN, APPARATUREN, EINRICHTUNGEN)

Wasserhaushaltsgesetz (WHG):
Erster Teil. Gemeinsame Bestimmungen für die Gewässer
§ 4 Benutzungsbedingungen und Auflagen
Hin.: Der Gestattungsrahmen einer wasserrechtlichen Erlaubnis oder Bewilligung wird durch Benutzungsbedingungen festgelegt (z. B. Höchstmenge für Abwasserzufluß, Schmutzfracht).

Im Bereich gentechnischer Produktionen ist hier insbesondere an technische Maßnahmen zur Verminderung der hohen organischen Belastungen zu denken, um z. B. den Sauerstoffhaushalt eines Gewässers zu schützen.

Die Erlaubnis kann ferner mit Auflagen versehen werden, um nachteilige Auswirkungen der Benutzung auf das Gewässer zu verhüten oder auszugleichen (z. B. Einbau von Meßgeräten, Sicherheitseinrichtungen).

§ 5 Vorbehalt

Hin.: Die Erlaubnis (und die Bewilligung) zur Benutzung eines Gewässers stehen unter dem Vorbehalt, daß sie nachträglich mit zusätzlichen, in Abs. 1 genannten Anforderungen oder Maßnahmen versehen werden können.

§ 7a Anforderungen an das Einleiten von Abwasser (i. V. mit der Abwasserherkunftsverordnung, der Rahmen-Abwasserverwaltungsvorschrift bzw. den Allgemeinen Abwasserverwaltungsvorschriften)

Hin.: Enthält Abwasser bestimmter Herkunft (vergl. Abwasserherkunftsverordnung) „gefährliche Stoffe", sind Anforderungen nach dem Stand der Technik zu stellen, ansonsten müssen mindestens die allgemein anerkannten Regeln der Technik eingehalten werden.

Für Indirekteinleiter ist § 7a Abs. 3 WHG maßgeblich. Die Länder haben sicherzustellen, daß vor dem Zuleiten von Abwasser mit gefährlichen Stoffen in Abwasseranlagen Anforderungen nach dem Stand der Technik eingehalten werden. Verschiedene Länder haben für das indirekte Einleiten bestimmter gefährlicher Stoffe auf dem Verordnungswege eine Genehmigungspflicht eingeführt.

Auch von Seiten des Betreibers der öffentlichen Kanalisation und Abwasserbehandlungsanlage bestehen Vorschriften für Indirekteinleiter (gemeindliche Entwässerungssatzung), die ggf. durch vertragliche Sondervereinbarungen zu konkretisieren sind.

§ 18a Pflicht und Pläne zur Abwasserbeseitigung

Hin.: Bei der Planung von gentechnischen Anlagen sind Festlegungen, die die Länder in ihren Abwasserbeseitigungsplänen getroffen haben, zu berücksichtigen. In diesen Plänen müssen enthalten sein:

- Standorte und Einzugsbereiche bedeutsamer Abwasserbehandlungsanlagen
- Grundzüge der Abwasserbehandlung
- Träger der Abwasserbehandlung

Die Länder können darüber hinaus noch weitere Angaben in die Abwasserbeseitigungspläne mit aufnehmen.

§ 18b Bau und Betrieb von Abwasseranlagen
§ 19g Anlagen zum Umgang mit wassergefährdenden Stoffen (i. V. mit der VwV wassergefährdende Stoffe)
Hin.: § 19g Abs. 1, 2 legt fest, daß Anlagen zum Lagern, Abfüllen, Herstellen und Behandeln sowie zum Verwenden und Umschlagen wassergefährdender Stoffe ebenso wie Rohrleitungsanlagen innerhalb des Werksgeländes so beschaffen sein und so eingebaut, aufgestellt, unterhalten und betrieben werden müssen, daß eine Verunreinigung der Gewässer oder sonstige nachteilige Veränderungen ihrer Eigenschaften nicht zu besorgen sind. Die Anlagen müssen gemäß Abs. 3 mindestens nach den allgemein anerkannten Regeln der Technik beschaffen sein sowie eingebaut, aufgestellt, unterhalten und betrieben werden.

Die allgemein anerkannten Regeln der Technik werden landesrechtlich festgelegt und umgesetzt. Die Länder werden bzw. haben schon aufgrund entsprechender Ermächtigungsgrundlagen in ihren Wassergesetzen Verordnungen über Anlagen zum Umgang mit wassergefährdenden Stoffen und über Fachbetriebe (VAwS) erlassen, die auf einem entsprechenden Musterentwurf der Länderarbeitsgemeinschaft Wasser beruhen und die jeweils die bisher bestehenden landesrechtlichen Lager- bzw. Anlagenverordnungen ablösen werden. In diesen neuen VAwS der Länder ist vorgesehen, daß als allgemein anerkannte Regeln der Technik im Sinne des § 19g Abs. 3 WHG insbesondere die technischen Vorschriften und Baubestimmungen gelten, die die jeweils oberste Wasserbehörde bzw. oberste Bauaufsichtsbehörde durch öffentliche Bekanntmachung eingeführt hat.

Unter die wassergefährdenden Stoffe im Sinne der §§ 19g bis 19l fallen nach Abs. 5 feste, flüssige und gasförmige Stoffe, die geeignet sind, nachhaltig die physikalische, chemische oder biologische Beschaffenheit des Wassers nachteilig zu verändern. Von den in Abs. 5 Satz 1 beispielhaft genannten Stoffgruppen können beim Betrieb gentechnischer Anlagen insbesondere Verwendung finden:

- Säuren und Laugen
- flüssige sowie wasserlösliche Kohlenwasserstoffe, Alkohole, Aldehyde, Ketone, Ester, halogen-, stickstoff- und schwefelhaltige organische Verbindungen

- Gifte

Wassergefährdende Stoffe sind in der VwV wassergefährdende Stoffe näher bestimmt und entsprechend ihrer Gefährlichkeit in Wassergefährdungsklassen eingestuft. Sofern die dort in den Anhängen 1 oder 2 bezeichneten Stoffe in gentechnischen Anlagen eingesetzt oder ggf. hergestellt werden, sind besondere anlagentechnische Anforderungen, die sich aus den §§ 19g bis 19l und darauf erlassenen Vorschriften (s. o.) ergeben, zu berücksichtigen.

Ausgenommen vom Anwendungsbereich der §§ 19g bis 19l sind Anlagen zum Lagern, Abfüllen und Umschlagen von Abwasser sowie von Stoffen, die hinsichtlich der Radioaktivität die Freigrenzen des Strahlenschutzrechts überschreiten.

Zusätzlich sind nach Abs. 4 landesrechtliche Vorschriften für das Lagern wassergefährdender Stoffe zu beachten; das sind in erster Linie die Wassergesetze sowie die Lagerverordnungen der Bundesländer und, sofern bereits erlassen, die sog. Anlagenverordnungen, die zukünftig die Lagerverordnungen ersetzen werden.

§ 19h Eignungsfeststellung und Bauartzulassung
Hin.: Anlagen nach § 19g Abs. 1 u. 2, Teile von ihnen sowie technische Schutzvorkehrungen, die nicht einfacher oder herkömmlicher Art sind, dürfen nur verwendet werden, wenn ihre Eignung von der zuständigen Behörde festgestellt ist. Ausnahmen regelt § 19h Abs. 2.

§ 19k Besondere Pflichten beim Befüllen und Entleeren
Hin.: Die Vorschrift weist auf erforderliche Sicherheitseinrichtungen für das Befüllen und Entleeren von Anlagen zum Lagern wassergefährdender Stoffe hin. Bei der technischen Umsetzung ist an den Einsatz von Überfüllsicherungen und/oder Leckanzeigegeräten zu denken.

<Zweiter Teil. Bestimmungen für oberirdische Gewässer,>
<2. Abschnitt. Reinhaltung>
<§ 26 Einbringen, Lagern und Befördern von Stoffen Abs. 2>
<§ 27 Reinhalteordnung>

Rahmen-AbwasserVwV und Allgemeine AbwasserVwV:
Hin.: (Siehe Hin. zu § 7a WHG unter diesem Gliederungspunkt)

VwV wassergefährdende Stoffe (VwVwS):
Hin.: (Siehe Hin. zu § 19g WHG unter diesem Gliederungspunkt)

B.2.2 ORGANISATORISCHE UND PERSONELLE ERFORDERNISSE

Wasserhaushaltsgesetz (WHG):
Erster Teil. Gemeinsame Bestimmungen für die Gewässer
§ 4   Benutzungsbedingungen und Auflagen Abs. 2 Nr. 2
Hin.:   Durch Auflage kann nach Abs. 2 Nr. 2 die Bestellung eines oder mehrerer verantwortlicher Betriebsbeauftragter vorgeschrieben werden, sofern nicht nach § 21a die Bestellung eines Gewässerschutzbeauftragten vorgeschrieben ist oder angeordnet werden kann.

§ 19i   Pflichten des Betreibers
Hin.:   Der Betreiber hat nach Abs. 1 mit dem Einbau, der Aufstellung, Instandhaltung, Instandsetzung oder Reinigung von Anlagen zum Umgang mit wassergefährdenden Stoffen nach § 19g Abs. 1 u. 2 Fachbetriebe nach § 19l zu beauftragen, sofern der Betreiber nicht selbst die in § 19l Abs. 2 genannten Voraussetzungen erfüllt. Ist der Betreiber eine öffentliche Einrichtung, muß er in dem vorgenannten Fall zumindest über eine dem § 19l Abs. 2 Nr. 2 gleichwertige Überwachung verfügen. Abs. 1 schafft damit die Voraussetzungen, daß durch den Einsatz von Fachbetrieben von der anlagentechnischen Seite eine Wassergefährdung minimiert wird.

Nach Abs. 3 kann die zuständige Behörde dem Betreiber Maßnahmen zur Beobachtung der Gewässer und des Bodens auferlegen, soweit dies zur frühzeitigen Erkennung von Verunreinigungen, die von Anlagen nach § 19g Abs. 1 u. 2 ausgehen können, erforderlich ist. Die Bestellung eines Gewässerschutzbeauftragten kann angeordnet werden.

§ 19l   Fachbetriebe
Hin.:   Abs. 1 legt fest, daß Anlagen im Sinne des § 19g Abs. 1 u. 2 nur von Fachbetrieben eingebaut, aufgestellt, instandgehalten, instandgesetzt und gereinigt werden

dürfen, wobei die Länder bestimmte Tätigkeiten von diesem Erfordernis ausnehmen können. Abs. 2 legt die fachlichen und förmlichen Voraussetzungen fest, unter welchen ein Betrieb Fachbetrieb i. S. des Abs. 1 ist.

§ 21a Bestellung von Betriebsbeauftragten für Gewässerschutz
Hin.: (Siehe C.1.6 „Organisatorische und personelle Rahmenbedingungen")

| B.2.3 | SONSTIGE ERFORDERNISSE |

| B.3 | EINREICHEN DER ANTRAGS- UND ANMELDEUNTERLAGEN |

| B.4 | DAUER DES GENEHMIGUNGS- BZW. ANMELDEVERFAHRENS (FRISTEN) |

| B.5 | ÖFFENTLICHKEITSBETEILIGUNG |

Wasserhaushaltsgesetz (WHG):
Erster Teil. Gemeinsame Bestimmungen für die Gewässer
§ 7   Erlaubnis
<§ 9   Bewilligungsverfahren>
Hin.: <Im Gegensatz zum Verfahren über die Erteilung einer wasserrechtlichen Bewilligung ist beim Verfahren über die Erteilung einer wasserrechtlichen Erlaubnis ein förmliches Verfahren nicht vorgesehen, es sei denn, für das Vorhaben ist eine Umweltverträglichkeitsprüfung durchzuführen. Ansonsten bestimmen sich die Einzelheiten des Erlaubnis- und Bewilligungsverfahrens nach Landesrecht.>

<§ 18c Zulassung von Abwasserbehandlungsanlagen>
Hin.: Relevant bei Bau, Betrieb und wesentlicher Änderung einer Abwasserbehandlungsanlage, die für mehr als 3000 kg/d BSB_5 (roh) oder für mehr als 1.500 m^3 Abwasser in 2 Stunden (ausgenommen Kühlwasser) ausgelegt ist.

| B.6 | BETRIEBSGEHEIMNISSE |

B.7 PFLICHTEN IM RAHMEN DES GENEHMIGUNGS- BZW. ANMELDEVERFAHRENS SEITENS DES ANTRAGSTELLERS ODER DER BEHÖRDE

B.7.1 MELDE- UND AUSKUNFTSPFLICHTEN

Wasserhaushaltsgesetz (WHG):
Erster Teil. Gemeinsame Bestimmungen für die Gewässer
§ 21   Überwachung

B.7.2 BEWERTUNGSPFLICHTEN (SICHERHEITSEINSTUFUNG)

VwV wassergefährdende Stoffe (VwVwS):
VwVwS (i. V. mit §§ 19g bis 19l WHG (Sicherheitseinstufung))
Hin.:   Bei der Anlagenplanung ist zu berücksichtigen, ob wassergefährdende Stoffe im Sinne des § 19g Abs. 5 WHG, insbesondere Stoffe, die in den Anhängen 1 und 2 VwVwS aufgeführt sind, zum Einsatz kommen werden.

B.7.3 SONSTIGE PFLICHTEN

Wasserhaushaltsgesetz (WHG):
Erster Teil. Gemeinsame Bestimmungen für die Gewässer
§ 19i   Pflichten des Betreibers
Hin.:   Gemäß § 19i WHG hat der Betreiber einer gentechnischen Anlage (sofern wassergefährdende Stoffe im Sinne des § 19g Abs. 5 WHG zum Einsatz kommen) bei deren Errichtung bestimmte, in § 19i WHG genannte Pflichten zu erfüllen.

B.8 ENTSCHEIDUNG DER BEHÖRDE

B.8.1 VORZEITIGER BEGINN GENTECHNISCHER ARBEITEN

Wasserhaushaltsgesetz (WHG):
Erster Teil. Gemeinsame Bestimmungen für die Gewässer
§ 9a   Zulassung vorzeitigen Beginns

Hin.: Die für die Erteilung der wasserrechtlichen Erlaubnis oder Bewilligung zuständige Behörde kann nach § 9a Abs. 1 unter bestimmten Voraussetzungen die Gewässerbenutzung in jederzeit widerruflicher Weise bereits vor der Erteilung der Erlaubnis oder Bewilligung zulassen. Die Zulassung kann befristet und mit Benutzungsbedingungen erteilt und mit Auflagen verbunden werden.

B.8.2 TEILGENEHMIGUNG

B.8.3 GENEHMIGUNG

B.9 ANTRAG AUF SOFORTVOLLZUG DER GENEHMIGUNG

B.10 ERLÖSCHEN DER GENEHMIGUNG

C. BETRIEB GENTECHNISCHER ANLAGEN

C.1 GRUNDPFLICHTEN

Hin.: Sowohl das Wasserrecht des Bundes als auch das der Länder enthält wichtige „Grundpflichten", die unter bestimmten Voraussetzungen beim Betrieb gentechnischer Anlagen zu erfüllen sind, wobei nachfolgend nur Bestimmungen nach Bundesrecht aufgeführt werden.

C.1.1 MELDE-, AUSKUNFTS- UND UNTERRICHTUNGSPFLICHTEN

Wasserhaushaltsgesetz (WHG):
Erster Teil. Gemeinsame Bestimmungen für die Gewässer
§ 4   Benutzungsbedingungen und Auflagen Abs. 1 u. 2
Hin.:   Die Erlaubnis kann mit Auflagen versehen werden, die Meldepflichten begründen.

§ 19i   Pflichten des Betreibers
Hin.:   Anzeigepflichten im Zusammenhang mit dem Umgang mit wassergefährdenden Stoffen sind landesrechtlich geregelt.

§ 21 Überwachung

Hin.: Benutzer von Gewässern und Personen, die einen Antrag auf Erlaubnis bzw. Bewilligung zur Gewässerbenutzung gestellt haben sowie Betreiber von Anlagen zum Umgang mit wassergefährdenden Stoffen und verschiedene andere Personen haben die in § 21 näher bestimmten behördlichen Überwachungsvorgänge zu dulden und Auskünfte zu erteilen.

Weitere Auskunfts- und Meldepflichten im Rahmen der Eigenüberwachung werden durch Landesrecht festgelegt.

C.1.2 ÜBERWACHUNGSPFLICHTEN

Hin.: Das Wasserrecht der Bundesländer enthält eine Reihe von Überwachungsbestimmungen zum Schutz der Gewässer. Adressat dieser Bestimmungen sind sowohl die zuständigen Behörden, beispielsweise im Rahmen der Gewässeraufsicht, als auch Benutzer von Gewässern oder Betreiber von Anlagen zum Umgang mit wassergefährdenden Stoffen.

Wasserhaushaltsgesetz (WHG):
Erster Teil. Gemeinsame Bestimmungen für die Gewässer
§ 4 Benutzungsbedingungen und Auflagen Abs. 2 Nr. 1
Hin.: Die Erlaubnis und die Bewilligung können unter Festsetzung von Benutzungsbedingungen und Auflagen erteilt werden. Durch Auflagen können Maßnahmen zur Beobachtung oder zur Feststellung des Zustandes vor der Benutzung und von Beeinträchtigungen und nachteiligen Wirkungen durch die Benutzung angeordnet werden.

§ 5 Vorbehalt Abs. 1 Nr. 2
Hin.: Die Erlaubnis und die Bewilligung stehen unter dem Vorbehalt, daß nachträglich u. a. Maßnahmen für die Beobachtung der Wasserbenutzung und ihrer Folgen angeordnet werden können.

§ 19i Pflichten des Betreibers Abs. 2 u. 3
Hin.: Abs. 2 regelt die Eigenüberwachungspflichten des Anlagenbetreibers. Der Betreiber einer Anlage nach § 19g Abs. 1 u. 2 hat deren Dichtheit und die Funktionsfä-

higkeit der Sicherheitseinrichtungen ständig zu überwachen. Daneben kann die zuständige Behörde weitere in Abs. 2 genannte Maßnahmen im Einzelfall anordnen. Ferner besteht die Pflicht des Betreibers, nach Maßgabe des Landesrechts die Anlage durch zugelassene Sachverständige überprüfen zu lassen.

Nach Abs. 3 kann die zuständige Behörde dem Betreiber Maßnahmen zur Beobachtung der Gewässer und des Bodens auferlegen, soweit dies zur frühzeitigen Erkennung von Verunreinigungen, die von Anlagen nach § 19i Abs. 1 u. 2 ausgehen können, erforderlich ist. Die Bestellung eines Gewässerschutzbeauftragten kann angeordnet werden.

<§ 19k Besonderer Pflichten beim Befüllen und Entleeren>
Hin.: (Siehe Hin. zu C.5.8 „Transport und Lagerung")

§ 21 Überwachung (Behörde)
§ 21b Aufgaben Abs. 1 Nr. 1
Hin.: Zu den Aufgaben des Gewässerschutzbeauftragten zählen u. a. die Überwachung der Einhaltung von Vorschriften, Bedingungen und Auflagen im Interesse des Gewässerschutzes.

Rahmen-AbwasserVwV und Allgemeine AbwasserVwV:
Hin.: Der in einer wasserrechtlichen Erlaubnis festgelegte Benutzungsumfang beim Einleiten von Abwasser beruht auf den Mindestanforderungen des entsprechenden Anhanges der Rahmen-AbwasserVwV bzw. einschlägiger AbwasserVwV. Seine Einhaltung wird durch die amtliche Gewässeraufsicht überwacht. Vom Betreiber zu leistende Überwachungsmaßnahmen sind durch Länderrecht geregelt (Eigenüberwachungsverordnungen).

C.1.3 AUFZEICHNUNGSPFLICHTEN

Wasserhaushaltsgesetz (WHG):
Erster Teil. Gemeinsame Bestimmungen für die Gewässer
§ 4 Benutzungsbedingungen und Auflagen
Hin.: Die Erlaubnis kann mit Auflagen versehen werden, die Aufzeichnungspflichten begründen.

§ 21b Aufgaben Abs. 1 Nr. 1
Hin.: Der Gewässerschutzbeauftragte hat die im Rahmen seiner Überwachungstätigkeit erzielten Kontroll- und Meßergebnisse aufzuzeichnen.

C.1.4 BEWERTUNGSPFLICHTEN

C.1.5 SONSTIGE PFLICHTEN

Wasserhaushaltsgesetz (WHG):
Erster Teil. Gemeinsame Bestimmungen für die Gewässer
§ 19i Pflichten des Betreibers
§ 21 Überwachung
§ 21b Aufgaben
§ 21c Pflichten des Benutzers
§ 21d Stellungnahme zu Investitionsentscheidungen

C.1.6 ORGANISATORISCHE UND PERSONELLE RAHMENBEDINGUNGEN

Wasserhaushaltsgesetz (WHG):
Erster Teil. Gemeinsame Bestimmungen für die Gewässer
§ 4 Benutzungsbedingungen und Auflagen Abs. 2 Nr. 2
§ 19g Anlagen zum Umgang mit wassergefährdenden Stoffen Abs. 3
§ 19l Fachbetriebe
§ 21a Bestellung von Betriebsbeauftragten für Gewässerschutz
§ 21b Aufgaben
§ 21c Pflichten des Benutzers
§ 21d Stellungnahme zu Investitionsentscheidungen
§ 21e Vortragsrecht
§ 21f Benachteiligungsverbot
Hin.: Die §§ 21a bis 21f enthalten nähere Regelungen über Bestellung, Aufgaben, Pflichten und Rechte des Betriebsbeauftragten für Gewässerschutz. Gemäß § 21a Abs. 1 haben Benutzer von Gewässern, die mehr als 750 m^3 Abwasser an einem Tag einleiten dürfen, einen oder mehrere Betriebsbeauftragte für Gewässerschutz (Gewässerschutzbeauftragte) zu bestellen. Nach Abs. 2 kann die Behörde auch für

andere Einleiter von Abwasser in Gewässer, die den in Abs. 1 genannten Grenzwert nicht überschreiten, sowie für die Einleiter von Abwasser in Abwasseranlagen anordnen, daß sie einen oder mehrere Gewässerschutzbeauftragte zu bestellen haben. Die Voraussetzungen, unter denen nach Abs. 2 eine Bestellung verlangt werden kann, läßt das Gesetz offen. § 21g sieht vor, daß die Länder in bestimmten Fällen von §§ 21a bis 21f abweichende Regelungen treffen können.

§ 21g Sonderregelung

C.2 VORGELAGERTE BEREICHE

C.2.1 FORSCHUNGSPLANUNG, ARBEITSPLANUNG, ARBEITSVORBEREITUNG

Wasserhaushaltsgesetz (WHG):
Erster Teil. Gemeinsame Bestimmungen für die Gewässer
§ 21b Aufgaben Abs. 1 Nr. 2 u. 3
Hin.: Der Gewässerschutzbeauftragte ist berechtigt und verpflichtet, auf die Anwendung geeigneter Abwasserbehandlungsverfahren einschließlich der Verfahren zur ordnungsgemäßen Verwertung oder Beseitigung der bei der Abwasserbehandlung entstehenden Reststoffe hinzuwirken und auf die Entwicklung und Einführung von innerbetrieblichen Verfahren zur Vermeidung oder Verminderung des Abwasseranfalls nach Art und Menge sowie von umweltfreundlichen Produktionen hinzuwirken.

C.2.2 TRANSPORT UND LAGERUNG DER EINSATZSTOFFE

Hin.: (Siehe C.5.8 „Transport und Lagerung")

C.2.3 QUALITÄTSKONTROLLE DER EINSATZSTOFFE

C.2.4 ÜBERWACHUNG UND DOKUMENTATION

| **C.3** | **HAUPTBEREICH LABOR** |

| **C.3.1** | **LABORKERNBEREICH** |

| **C.3.2** | **TRANSPORT UND LAGERUNG** |

Hin.: (Siehe C.5.8 „Transport und Lagerung")

| **C.3.3** | **ÜBERWACHUNG UND DOKUMENTATION** |

| **C.4** | **HAUPTBEREICH PRODUKTION** |

| **C.4.1** | **PRODUKTIONSKERNBEREICHE (FERMENTATION UND AUFAR-BEITUNG)** |

Wasserhaushaltsgesetz (WHG):
Erster Teil. Gemeinsame Bestimmungen für die Gewässer
Hin.: Die Vorschriften §§ 19g bis 19l regeln den Anwendungsbereich „Anlagen zum Umgang mit wassergefährdenden Stoffen".

§ 19g Abs. 1 legt u. a. fest, daß „Anlagen zum Umgang mit wassergefährdenden Stoffen" so unterhalten und betrieben werden müssen, daß eine Verunreinigung der Gewässer oder sonstige nachteilige Veränderungen ihrer Eigenschaften nicht zu besorgen sind. Die Vorschriften der §§ 19g bis 19l sind grundsätzlich für sämtliche Anlagen, und damit auch gentechnische Anlagen und Anlagenkomponenten, sofern in diesen ein Umgang mit wassergefährdenden Stoffen im Sinne des WHG erfolgt, zu berücksichtigen. Eine Ausnahme besteht für Anlagen im Sinne des § 19g Abs. 6. Danach gelten die Vorschriften der §§ 19g bis 19l nicht für Anlagen zum Lagern, Abfüllen und Umschlagen von Abwasser sowie von Stoffen, die hinsichtlich der Radioaktivität die Freigrenzen des Strahlenschutzrechts überschreiten.

(Weitere Hin. siehe auch B.2.1 „Technische Erfordernisse (Gebäude, Räume, Anlagen, Apparaturen, Einrichtungen)")

§ 19g Anlagen zum Umgang mit wassergefährdenden Stoffen
§ 19h Eignungsfeststellung und Bauartzulassung
§ 19i Pflichten des Betreibers
§ 19k Besondere Pflichten beim Befüllen und Entleeren
§ 19l Fachbetriebe

C.4.2	TRANSPORT UND LAGERUNG DER ZWISCHENPRODUKTE

Hin.: (Siehe C.5.8 „Transport und Lagerung")

C.4.3	PROZESS- UND QUALITÄTSKONTROLLE

Hin.: (Relevante Regelungen und Hin. siehe C.4.1 „Produktionskernbereiche (Fermentation und Aufarbeitung)".)

C.4.4	PRODUKTKONFEKTIONIERUNG, -FORMULIERUNG UND -VERPACKUNG

Hin.: (Relevante Regelungen und Hin. siehe C.4.1 „Produktionskernbereiche (Fermentation und Aufarbeitung)".)

C.4.5	ÜBERWACHUNG UND DOKUMENTATION

C.5	NEBENGELAGERTE BEREICHE

C.5.1	EINRICHTUNGEN UND MASSNAHMEN ZUR REINIGUNG UND DEKONTAMINIERUNG

Wasserhaushaltsgesetz (WHG):
Erster Teil. Gemeinsame Bestimmungen für die Gewässer
§ 19i Pflichten des Betreibers Abs. 1
Hin.: (Siehe B.2.2 „Organisatorische und personelle Erfordernisse")

C.5.2 EMISSIONSSCHUTZ

Wasserhaushaltsgesetz (WHG):
Erster Teil. Gemeinsame Bestimmungen für die Gewässer
§ 7a Anforderungen an das Einleiten von Abwasser (i. V. mit der AbwHerkV, der Rahmen-AbwasserVwV bzw. den Allgemeinen AbwasserVwV)

Rahmen-AbwasserVwV und Allgemeine AbwasserVwV

C.5.3 INSTANDHALTUNG

Wasserhaushaltsgesetz (WHG):
Erster Teil. Gemeinsame Bestimmungen für die Gewässer

§ 19g Anlagen zum Umgang mit wassergefährdenden Stoffen Abs. 1,
Hin.: Die Anlagen zum Umgang mit wassergefährdenden Stoffen müssen gemäß § 19g Abs. 3 mindestens entsprechend den allgemein anerkannten Regeln der Technik beschaffen sein sowie eingebaut, aufgestellt, unterhalten und betrieben werden. Der Einbau sowie die Aufstellung, Instandhaltung, Instandsetzung und Reinigung von diesen Anlagen dürfen grundsätzlich nur durch Fachbetriebe i. S. d. § 19l durchgeführt werden. Unter bestimmten Voraussetzungen können die vorgenannten Tätigkeiten auch vom Betreiber vorgenommen werden.

§ 19i Pflichten des Betreibers
§ 19l Fachbetriebe

C.5.4 ARBEITSSCHUTZ, ARBEITSSICHERHEITSMASSNAHMEN

C.5.5 UMWELTANALYTIK, UMWELTMONITORING

Wasserhaushaltsgesetz (WHG):
Erster Teil. Gemeinsame Bestimmungen für die Gewässer
§ 4 Benutzungsbedingungen und Auflagen Abs. 1 u. 2 Nr. 1
Hin.: Durch Auflagen können nach Abs. 2 Nr. 1 insbesondere «... *Maßnahmen zur Beobachtung oder Feststellung des Zustandes vor der Benutzung und von Beein-*

trächtigungen und nachteiligen Wirkungen durch die Benutzung angeordnet ...» werden.

§ 19i Pflichten des Betreibers Abs. 2 u. 3

Rahmen-AbwasserVwV und Allgemeine AbwasserVwV:
Nr. 2 Anforderungen
Anlage: Analysen- und Meßverfahren
Anhänge
Hin.: Einhaltung der Anforderungen, die in den Anhängen zur Rahmen-AbwasserVwV bzw. in den einzelnen allgemeinen AbwasserVwV gestellt werden. Die Bestimmung dieser Parameter erfolgt gemäß den in der Anlage zur Rahmen-AbwasserVwV genannten Analysen- und Meßverfahren. Im Rahmen des wasserrechtlichen Vollzugs können jedoch auch strengere Anforderungen festgelegt werden.

C.5.6	QUALITÄTSSICHERUNG

C.5.7	EINRICHTUNGEN UND MASSNAHMEN FÜR DIE HALTUNG UND AUFBEWAHRUNG VON GENTECHNISCH VERÄNDERTEN UND GENTECHNISCH NICHT VERÄNDERTEN ORGANISMEN

C.5.7.1	EINRICHTUNGEN UND MASSNAHMEN FÜR DIE HALTUNG UND AUFBEWAHRUNG VON MIKROORGANISMEN UND ZELLKULTUREN

C.5.7.2	EINRICHTUNGEN UND MASSNAHMEN FÜR DIE HALTUNG UND AUFBEWAHRUNG VON TIEREN

C.5.7.3	EINRICHTUNGEN UND MASSNAHMEN FÜR DIE HALTUNG UND AUFBEWAHRUNG VON PFLANZEN

C.5.8 TRANSPORT UND LAGERUNG

Hin.: Aus der Sicht des Gewässerschutzes bestehen keine regelwerksspezifischen Unterschiede hinsichtlich des Transports und der Lagerung von Vor-, Zwischen- oder Fertigprodukten bzw. Abfällen oder Reststoffen.

Wasserhaushaltsgesetz (WHG):
Erster Teil. Gemeinsame Bestimmungen für die Gewässer
§ 19g Anlagen zum Umgang mit wassergefährdenden Stoffen
Hin.: Die Vorschriften §§ 19g bis 19l regeln den Anwendungsbereich „Anlagen zum Umgang mit wassergefährdenden Stoffen".

Zusätzlich sind nach § 19g Abs. 4 landesrechtliche Vorschriften für das Lagern wassergefährdender Stoffe zu beachten. Das sind in erster Linie die Wassergesetze sowie die Lagerverordnungen der Bundesländer und, sofern bereits erlassen, die sog. Anlagenverordnungen, die in der Folge die Lagerverordnungen ersetzen.

Ausgeschlossen von der Anwendung der Vorschriften §§ 19g bis 19l sind Anlagen zum Lagern, Abfüllen und Umschlagen von Abwasser sowie von Stoffen, die hinsichtlich der Radioaktivität die Freigrenzen des Strahlenschutzrechts überschreiten.

§ 19h Eignungsfeststellung und Bauartzulassung
§ 19i Pflichten des Betreibers
<§ 19k Besondere Pflichten beim Befüllen und Entleeren>
Hin.: § 19k schreibt vor, daß jeder, der eine Anlage zum Lagern wassergefährdender Stoffe befüllt oder entleert, diesen Vorgang zu überwachen und sich vor Beginn vom ordnungsgemäßen Zustand der dafür erforderlichen Sicherheitseinrichtungen zu überzeugen hat. Zulässige Belastungsgrenzen sind einzuhalten.

§ 19l Fachbetriebe

Zweiter Teil. Bestimmungen für oberirdische Gewässer,
2. Abschnitt. Reinhaltung
§ 26 Einbringen, Lagern und Befördern von Stoffen Abs. 2

Hin.: Abs. 2 regelt die Lagerung und Ablagerung von Stoffen sowie die Beförderung von Flüssigkeiten und Gasen durch Rohrleitungen an einem Gewässer. Stoffe dürfen an einem Gewässer nur so gelagert oder abgelagert und Flüssigkeiten und Gase durch Rohrleitungen nur so befördert werden, daß eine Verunreinigung des Wassers oder eine sonstige nachteilige Veränderung seiner Eigenschaften nicht zu besorgen ist. Während § 19g Regelungen in bezug auf Anlagen zum Umgang mit wassergefährdenden Stoffen trifft, bezieht sich § 26 Abs. 2 auf alle Stoffe, bei denen durch eine Lagerung oder Ablagerung an Gewässern eine Gewässerbeeinträchtigung zu besorgen ist.

<Dritter Teil. Bestimmungen für Küstengewässer>
<§ 32b Reinhaltung>

Hin.: § 32b betrifft den im Zusammenhang bei der Errichtung oder dem Betrieb gentechnischer Anlagen sicherlich sehr selten eintretenden Fall der Lagerung und Ablagerung von Stoffen sowie die Beförderung von Flüssigkeiten und Gasen durch Rohrleitungen an Küstengewässern.

Vierter Teil. Bestimmungen für das Grundwasser
§ 34 Reinhaltung Abs. 2
Hin.: Nach Abs. 2 dürfen Stoffe nur so gelagert oder abgelagert werden, daß eine schädliche Verunreinigung des Grundwassers oder eine sonstige nachteilige Veränderung seiner Eigenschaften nicht zu besorgen ist. Das gleiche gilt für die Beförderung von Flüssigkeiten und Gasen durch Rohrleitungen.

C.6	NACHGELAGERTE BEREICHE

C.6.1	LAGERUNG, TRANSPORT UND ABGABE VON PRODUKTEN

Hin.: (Siehe C.5.8 „Transport und Lagerung")

C.6.2	VERMEIDUNG, VERWERTUNG UND ENTSORGUNG VON ABFÄLLEN UND RESTSTOFFEN

Wasserhaushaltsgesetz (WHG):
Erster Teil. Gemeinsame Bestimmungen für die Gewässer

§ 21b   Aufgaben Abs. 1 Nr. 2 u. 3
Hin.:   Zu den Aufgaben des Gewässerschutzbeauftragten gehört es u. a., auf die Anwendung geeigneter Abwasserbehandlungsverfahren einschließlich der Verfahren zur ordnungsgemäßen Verwertung und Beseitigung der bei der Abwasserbehandlung entstehenden Reststoffe sowie auf die Entwicklung und die Einführung von innerbetrieblichen Verfahren zur Vermeidung oder Verminderung des Abwasseranfalles nach Art und Menge und von umweltfreundlichen Produktionen hinzuwirken.

C.6.2.1   LAGERUNG VON ABFÄLLEN UND RESTSTOFFEN

Hin.:   (Siehe C.5.8 „Transport und Lagerung")

C.6.2.2   TRANSPORT VON ABFÄLLEN UND RESTSTOFFEN

Hin.:   (Siehe C.5.8 „Transport und Lagerung")

C.6.2.3   VERWERTUNG VON ABFÄLLEN UND RESTSTOFFEN

Wasserhaushaltsgesetz (WHG):
Erster Teil. Gemeinsame Bestimmungen für die Gewässer
§ 21b   Aufgaben Abs. 1 Nr. 2 u. 3
Hin.:   (Siehe Hin. zu C.6.2 „Vermeidung, Verwertung und Entsorgung von Abfällen und Reststoffen")

C.6.2.4   BEHANDLUNG UND ENTSORGUNG VON ABFÄLLEN

Wasserhaushaltsgesetz (WHG):
Erster Teil. Gemeinsame Bestimmungen für die Gewässer
§ 21b   Aufgaben Abs. 1 Nr. 2 u. 3
Hin.:   (Siehe Hin. zu C.6.2 „Vermeidung, Verwertung und Entsorgung von Abfällen und Reststoffen")

Zweiter Teil. Bestimmungen für oberirdische Gewässer
2. Abschnitt Reinhaltung
§ 26   Einbringen, Lagern und Befördern von Stoffen Abs. 1 u. 2

Hin.: Abs. 1 verbietet das Einbringen fester Stoffe in ein Gewässer zu dem Zweck, sich ihrer zu entledigen. Eine Erlaubnis dafür darf nicht erteilt werden. Schlammige Stoffe rechnen allerdings nicht zu den festen Stoffen; dies wird in der Vorschrift ausdrücklich erwähnt.

Abs. 2 regelt die Lagerung und Ablagerung von Stoffen sowie die Beförderung von Flüssigkeiten und Gasen durch Rohrleitungen an oberirdischen Gewässern. Stoffe dürfen an einem Gewässer nur so gelagert oder abgelagert und Flüssigkeiten und Gase durch Rohrleitungen nur so befördert werden, daß eine Verunreinigung des Wassers oder eine sonstige nachteilige Veränderung seiner Eigenschaften nicht zu besorgen ist. Während § 19g Regelungen in bezug auf Anlagen zum Umgang mit wassergefährdenden Stoffen trifft, bezieht sich § 26 Abs. 2 auf alle Stoffe, bei denen durch eine Lagerung oder Ablagerung an Gewässern eine Gewässerbeeinträchtigung zu besorgen ist.

<§ 27 Reinhalteordnung>
Hin.: (Siehe Hin. zu C.6.3 „Behandlung von Abwasser, Gewässerschutz")

Vierter Teil. Bestimmungen für das Grundwasser
§ 34 Reinhaltung Abs. 2
Hin.: (Siehe Hin. zu C.5.8 „Transport und Lagerung")

C.6.3 BEHANDLUNG VON ABWASSER, GEWÄSSERSCHUTZ

Wasserhaushaltsgesetz (WHG):
Erster Teil. Gemeinsame Bestimmungen für die Gewässer
§ 3 Benutzungen Abs. 1 u. 2
§ 7a Anforderungen an das Einleiten von Abwasser (i. V. mit der Abwasserherkunftsverordnung, der Rahmen-Abwasserverwaltungsvorschrift, den allgemeinen AbwasserVwV sowie den länderspezifischen Vorschriften zum Wasserrecht)
Hin.: § 7a stellt i. V. mit den oben genannten Vorschriften ein wichtiges Instrument zum Schutz der Gewässer vor der Einleitung gefährlicher Stoffe dar. In Abs. 1 werden gefährliche Stoffe im Sinne des WHG definiert. Nach Abs. 3 haben die Länder sicherzustellen, daß Indirekteinleiter und Direkteinleiter des gleichen Anwendungs-

bereiches bei der Einleitung von Abwasser mit gefährlichen Stoffen grundsätzlich die gleichen Anforderungen einzuhalten haben.

Verschiedene Länder haben dies in Form von Verordnungen über die Genehmigungspflicht für das Einleiten gefährlicher Stoffe in öffentliche Abwasseranlagen umgesetzt. Neben den bundes- und landesrechtlichen Vorschriften sind für Indirekteinleiter noch kommunale Regelungen oder Satzungen, die Einschränkungen beim Zuleiten bestimmter Stoffe in die öffentlichen Abwasseranlagen enthalten, zu beachten.

§ 18b Bau und Betrieb von Abwasseranlagen
Hin.: Beim Bau und dem Betrieb von Abwasseranlagen müssen die jeweils in Betracht kommenden Regeln der Technik, also je nach Anforderung „Stand der Technik" oder „allgemein anerkannte Regeln der Technik", unter Berücksichtigung der Benutzungsbedingungen und Auflagen für das Einleiten von Abwasser gemäß §§ 4, 5, 7a beachtet werden. Wenn bestehende Anlagen nicht diesen Anforderungen entsprechen, haben die Länder sicherzustellen, daß erforderliche Maßnahmen durchgeführt werden.

<§ 18c Zulassung von Abwasserbehandlungsanlagen>
Hin.: (Siehe Hin. zu B.1 „Beratung mit der Behörde")

§ 21b Aufgaben
Hin.: (Siehe Hin. zu C.6.2 „Vermeidung, Verwertung und Entsorgung von Abfällen und Reststoffen")

Zweiter Teil. Bestimmungen für oberirdische Gewässer
2. Abschnitt. Reinhaltung
§ 26 Einbringen, Lagern und Befördern von Stoffen Abs. 1 u. 2
Hin.: (Siehe Hin. zu C.6.2.4 „Behandlung und Entsorgung von Abfällen")

<§ 27 Reinhalteordnung>
Hin.: Die Landesregierungen oder die von ihnen bestimmten Stellen können durch Rechtsverordnung für oberirdische Gewässer oder Gewässerteile aus Gründen des Wohls der Allgemeinheit Reinhalteordnungen erlassen. Der Freistaat Bayern hat eine Reinhalteordnung erlassen.

Vierter Teil. Bestimmungen für das Grundwasser
§ 34   Reinhaltung Abs. 2
Hin.:   (Siehe Hin. zu C.5.8 „Transport und Lagerung")

Abwasserherkunftsverordnung (AbwHerkV):
§ 1 [Herkunftsbereiche]

Rahmen-AbwasserVwV und Allgemeine AbwasserVwV:
Nr. 1 Anwendungsbereich
Nr. 2 Anforderungen
Anlage: Analysen- und Meßverfahren
Anhänge
Hin.:   Einhaltung der Anforderungen, die in den Anhängen zur Rahmen-AbwasserVwV bzw. in den einzelnen allgemeinen AbwasserVwV gestellt werden. Im Rahmen des wasserrechtlichen Vollzugs können jedoch auch strengere Anforderungen festgelegt werden.

C.6.4	BEHANDLUNG VON GASFÖRMIGEN UND PARTIKULÄREN EMISSIONEN, LUFTREINHALTUNG

C.6.5	ÜBERWACHUNG UND DOKUMENTATION

D.	HAFTUNGSVORSCHRIFTEN

Wasserhaushaltsgesetz (WHG):
Erster Teil. Gemeinsame Bestimmungen für die Gewässer
§ 22   Haftung für Änderung der Beschaffenheit des Wassers

E.	STRAF- UND BUSSGELDVORSCHRIFTEN

Wasserhaushaltsgesetz (WHG):
Sechster Teil. Bußgeld- und Schlußbestimmungen
§ 41   Ordnungswidrigkeiten

Strafgesetzbuch (StGB):
- § 324 Verunreinigung eines Gewässers
- § 329 Gefährdung schutzbedürftiger Gebiete
- § 330 Schwere Umweltgefährdung
- § 330a Schwere Gefährdung durch Freisetzen von Giften

F. KOSTEN UND GEBÜHREN

Hin.: Die Kosten und Gebühren im Rahmen wasserrechtlicher Vollzugsmaßnahmen bestimmen sich nach Landesrecht.

6.3 Regelwerke Luftreinhaltung

6.3.1 Regelwerke Luftreinhaltung - Vorbemerkung

Das Gesetz zum Schutz vor schädlichen Umwelteinwirkungen durch Luftverunreinigungen, Geräusche, Erschütterungen und ähnliche Vorgänge, kurz Bundes-Immissionsschutzgesetz (BImSchG) genannt, bildet die rechtliche Grundlage der Luftreinhaltung. Daneben treten über 20 mittlerweile erlassene Rechtsverordnungen zum Bundes-Immissionsschutzgesetz, mehrere umfassende Verwaltungsvorschriften, darunter die TA Luft, sowie landesrechtliche Vorschriften zum Immissionsschutz. Nicht alle Bundesländer haben jedoch ein eigenes Landes-Immissionsschutzgesetz erlassen. Die Vorschriften des Immissionsschutzrechts können in verschiedener Hinsicht für die Planung, die Errichtung und den Betrieb gentechnischer Anlagen Bedeutung erlangen. Ein Genehmigungsverfahren nach den Bestimmungen des Bundes-Immissionsschutzgesetzes kann z. B. erforderlich werden für gentechnische S1-Anlagen, für die die Konzentrationswirkung des § 22 GenTG nicht eintritt.

Auf jeden Fall finden aber die materiellrechtlichen Bestimmungen des Bundesimmissionsschutzrechts Anwendung, wenn den Vorschriften zufolge für die gentechnische Anlage oder Teile davon eine Genehmigung nach Bundes-Immissionsschutzgesetz erforderlich wäre. Zu beachten ist aber, daß auch Betreiber nicht genehmigungsbedürftiger Anlagen gewissen Pflichten unterliegen (vergl. §§ 22 ff. BImSchG).

Außerdem erfolgt der Vollzug der immissionsschutzrechtlichen Bestimmungen beim Betrieb einer genehmigten Anlage durch die dafür zuständige Behörde.

Die Zweckbestimmung des Bundes-Immissionsschutzgesetzes ergibt sich aus § 1 BImSchG (siehe Zitat § 1 in Kapitel 6.3.2 Gliederungspunkt A.1). Schutzgüter sind Menschen, Tiere und Pflanzen, der Boden, das Wasser, die Atmosphäre sowie Kulturgüter und sonstige Sachgüter.

Unter schädlichen Umwelteinwirkungen versteht das Gesetz «... *Immissionen, die nach Art, Ausmaß oder Dauer geeignet sind, Gefahren, erhebliche Nachteile oder erhebliche Belästigungen für die Allgemeinheit oder die Nachbarschaft herbeizuführen.*» (vergl. § 3 Abs. 1 BImSchG). Zusätzlich definiert § 3 BImSchG die Begriffe Immissionen, Emissionen, Luftverunreinigungen, Anlagen, Stand der Technik und Herstellen, wie sie im immissionsschutzrechtlichen Sinne zugrunde gelegt werden.

Der Geltungsbereich des Gesetzes umfaßt u. a. die Errichtung und den Betrieb von Anlagen, wobei das Gesetz unter „Anlagen" Betriebsstätten und sonstige ortsfeste Einrichtungen, Maschinen, Geräte und sonstige ortsveränderliche technische Einrichtungen sowie bestimmte Fahrzeuge und auch bestimmte Grundstücke versteht (vergl. § 3 Abs. 5 BImSchG). Die §§ 4 bis 31a BImSchG enthalten hierzu spezielle Vorschriften. Das Bundes-Immissionsschutzgesetz unterscheidet dabei zwischen genehmigungsbedürftigen Anlagen und nicht genehmigungsbedürftigen Anlagen.

Sind die Errichtung und der Betrieb von Anlagen aufgrund ihrer Beschaffenheit oder ihres Betriebs in besonderem Maße geeignet, schädliche Umwelteinwirkungen hervorzurufen oder in anderer Weise die Allgemeinheit oder die Nachbarschaft zu gefährden, erheblich zu benachteiligen oder zu belästigen, so bedürfen sie nach § 4 Abs. 1 BImSchG einer Genehmigung. Ebenfalls genehmigungspflichtig sind wesentliche Änderungen der Lage, der Beschaffenheit oder des Betriebs genehmigungsbedürftiger Anlagen (§ 15 BImSchG).

Für die Errichtung und den Betrieb von Anlagen zu nicht gewerblichen Zwecken bzw. für Anlagen zu Erprobungszwecken sehen die immissionsschutzrechtlichen Bestimmungen Sonderregelungen vor (§ 4 Abs. 1, § 12 Abs. 2 BImSchG, § 2 Abs. 3 4. BImSchV).

Die Genehmigung nach Bundes-Immissionsschutzgesetz kann auf der Grundlage eines Genehmigungsverfahrens nach § 10 BImSchG mit Öffentlichkeitsbeteiligung oder in bestimmten, in der 4. BImSchV festgelegten Fällen in einem vereinfachten Verfahren nach § 19 BImSchG ohne Öffentlichkeitsbeteiligung erteilt werden.

Der Betreiber genehmigungsbedürftiger Anlagen hat bestimmte in § 5 BImSchG genannte Pflichten, die sowohl die Errichtung als auch den Betrieb der Anlage betreffen, zu erfüllen. Außerdem hat er die sich aus den Rechtsverordnungen nach § 7 BImSchG ergebenden Pflichten zu erfüllen, also beispielsweise die sich aus der Störfall-Verordnung ergebenden Pflichten, sofern die Voraussetzungen für deren Anwendung vorliegen sollten[9].

---

[9] Die Zwölfte Verordnung zur Durchführung des Bundes-Immissionsschutzgesetzes, kurz Störfall-Verordnung genannt, gilt für die nach dem Bundes-Immissionsschutzgesetz genehmigungsbedürftigen Anlagen, in denen bestimmte Stoffe, die in den Anhängen der Verordnung aufgelistet sind, in festgelegter Menge beim bestimmungsgemäßen Betrieb vorhanden sind oder bei einer Störung des bestim-

Die §§ 26, 28 und 29 BImSchG ermöglichen es der Behörde, beim bzw. vom Betreiber genehmigungsbedürftiger und in bestimmten Fällen auch beim bzw. vom Betreibern nicht genehmigungsbedürftiger Anlagen nach Bundes-Immissionsschutzgesetz bestimmte Emissions- und Immissionsmessungen vorzunehmen bzw. vornehmen zu lassen. Der Betreiber einer genehmigungsbedürftigen Anlage hat über die von ihr ausgehenden Luftverunreinigungen eine Emissionserklärung nach § 27 BImSchG gegenüber der zuständigen Behörde abzugeben und alle 2 Jahre zu ergänzen. Einzelheiten hierzu regelt die Emissionserklärungsverordnung (11. BImSchV).

Das Bundes-Immissionsschutzgesetz kennt 2 Betriebsbeauftragtenfunktionen, die des Immissionsschutzbeauftragten und die des Störfallbeauftragten.

Abhängig von der Art und Größe der genehmigungsbedürftigen Anlage sowie weiteren, in § 53 BImSchG einschränkend genannten Bedingungen, hat der Anlagenbetreiber einen oder mehrere Betriebsbeauftragte für Immissionsschutz (Immissionsschutzbeauftragte) zu bestellen (siehe auch Kapitel 6.3.2 Gliederungspunkt C.1.6). Die Verordnung über Immissionsschutz- und Störfallbeauftragte (5. BImSchV) vom 30.07.1993 enthält in Anhang I zu § 1 Abs. 1 die genehmigungsbedürftigen Anlagen, für die ein Immissionsschutzbeauftragter zu bestellen ist. Unter der Nr. 23 des vorgenannten Anhangs I („Anlagen zur fabrikmäßigen Herstellung von Stoffen durch chemische Umwandlung") werden verschiedene Anlagenkategorien aufgezählt. In einigen der dort genannten Kategorien erscheint der Einsatz gentechnischer Verfahren bzw. gentechnisch veränderter Organismen möglich, so z. B. bei der Herstellung von organischen Chemikalien oder Lösungsmitteln. Ferner kann die zuständige Behörde unter bestimmten Voraussetzungen anordnen, daß Betreiber genehmigungsbedürftiger Anlagen, für die die Bestellung eines Immissionsschutzbeauftragten gesetzlich nicht vorgeschrieben ist, sowie Betreiber nicht genehmigungsbedürftiger Anlagen einen oder mehrere Immissionsschutzbeauftragte zu bestellen haben (§ 53 Abs. 2 BImSchG).

Die §§ 54 bis 58 BImSchG regeln die Aufgaben und Rechte des Immissionsschutzbeauftragten sowie die Pflichten des Anlagenbetreibers ihm gegenüber. Wesentliche Aufgaben

---

mungsgemäßen Betriebs entstehen können. Für die Errichtung und den Betrieb gentechnischer Anlagen dürften die Voraussetzungen für die Anwendung der Störfall-Verordnung nur in seltenen Fällen vorliegen.

sind u. a. die Beratung des Betreibers und der Betriebsangehörigen in Immissionsschutzangelegenheiten, Mitwirkung bei der Entwicklung und Einführung umweltfreundlicher Verfahren, Überwachungs- und Kontrollaufgaben und Aufklärung der Betriebsangehörigen über die von der Anlage verursachten schädlichen Umwelteinwirkungen. Vor der Entscheidung über die Einführung von Verfahren und Erzeugnissen sowie vor Investitionsentscheidungen hat der Betreiber eine Stellungnahme des Immissionsschutzbeauftragten einzuholen, wenn diese Entscheidungen für den Immissionsschutz bedeutsam sein können. Der Immissionsschutzbeauftragte hat dem Betreiber jährlich Bericht zu erstatten.

Außerdem haben Betreiber genehmigungsbedürftiger Anlagen einen oder mehrere Störfallbeauftragte zu bestellen, «*... sofern dies im Hinblick auf die Art und Größe der Anlage wegen der bei einer Störung des bestimmungsgemäßen Betriebs auftretenden Gefahren für die Allgemeinheit und die Nachbarschaft erforderlich ist*»[10] (vergl. § 58a Abs. 1 Satz 1 BImSchG). Abgesehen von dem Aufgabenbereich des Störfallbeauftragten sind seine Rechte sowie die Pflichten des Betreibers ihm gegenüber weitestgehend vergleichbar geregelt wie beim Immissionsschutzbeauftragten.

Verstöße gegen bestimmte Vorschriften des Bundes-Immissionsschutzgesetzes werden als Ordnungswidrigkeit und in bestimmten Fällen strafrechtlich nach §§ 325, 327, 329, 330, 330a StGB verfolgt.

---

[10] Die Bundesregierung hat nunmehr im Rahmen der Novellierung der 5. BImSchV die genehmigungsbedürftigen Anlagen bestimmt, deren Betreiber Störfallbeauftragte zu bestellen haben. Nach § 1 Abs. 2 der 5. BImSchV besteht die Verpflichtung zur Bestellung eines Störfallbeauftragten für die Betreiber von Anlagen nach § 1 Abs. 2 der Störfall-Verordnung. Das sind die Anlagen, für die die sog. erweiterten Sicherheitspflichten der Störfall-Verordnung zu erfüllen sind.

6.3.2 Regelwerke Luftreinhaltung - Detailfassung mit Hinweisen

A.	ALLGEMEINES

A.1	ZIELSETZUNG UND ZWECK DER REGELWERKE

Bundes-Immissionsschutzgesetz (BImSchG):
Erster Teil. Allgemeine Vorschriften
§ 1   Zweck des Gesetzes
Hin.: *«Zweck dieses Gesetzes ist es, Menschen, Tiere und Pflanzen, den Boden, das Wasser, die Atmosphäre sowie Kultur- und sonstige Sachgüter vor schädlichen Umwelteinwirkungen und, soweit es sich um genehmigungsbedürftige Anlagen handelt, auch vor Gefahren, erheblichen Nachteilen und erheblichen Belästigungen, die auf andere Weise herbeigeführt werden, zu schützen und dem Entstehen schädlicher Umwelteinwirkungen vorzubeugen.»* (§ 1)

Die Zweckbestimmung des BImSchG ist teilweise vergleichbar mit der des GenTG, das u. a. Mensch und Umwelt vor möglichen Gefahren der Gentechnik schützen soll, ist aber insofern umfassender formuliert, als das BImSchG allgemein vor schädlichen Umwelteinwirkungen schützen soll. Schädliche Umwelteinwirkungen werden in § 3 Abs. 1 BImSchG legal definiert.

A.2	GELTUNGSBEREICH UND ANWENDBARKEIT

Hin.:   Die Vorschriften des Immissionsschutzrechts können sowohl in materiellrechtlicher als auch in verfahrensrechtlicher Hinsicht im Rahmen der Planung, der Errichtung und des Betriebs gentechnischer Anlagen in verschiedener Weise von Bedeutung sein.

   1. Anwendbarkeit der materiellrechtlichen Vorschriften des Immissionsschutzrechts
   Die materiellrechtlichen Bestimmungen des BImSchG und der auf seiner Grundlage erlassenen Rechtsverordnungen sind im Zusammenhang mit der Planung, der Errichtung und dem Betrieb einer gentechnischen Anlage insbesondere dann zu beachten, wenn es sich bei der Anlage um eine genehmigungsbe-

dürftige Anlage im Sinne der §§ 3 Abs. 5, 4 BImSchG i. V. mit § 1 der 4. BImSchV handelt. Handelt es sich hingegen um eine nicht genehmigungsbedürftige Anlage im Sinne des BImSchG, sind insbesondere die Regelungen der §§ 22 bis 25 BImSchG zu berücksichtigen.

Die Überwachung der Einhaltung der immissionsschutzrechtlichen Vorschriften beim Betrieb der Anlage erfolgt durch die nach BImSchG zuständige Behörde.

2. Anwendbarkeit der immissionsschutzrechtlichen Verfahrensvorschriften
Eine gentechnikrechtliche Anlagengenehmigung (vergl. §§ 8 Abs. 1 Satz 2, Abs. 4, 9 Abs. 2, 10 Abs. 3 GenTG) schließt aufgrund ihrer Konzentrationswirkung nach §22 Abs. 1 GenTG auch eine nach §§ 4 Abs. 1, 15 BImSchG erforderliche immissionsschutzrechtliche Genehmigung mit ein. Die Vorschrift des § 13 Abs. 1 Nr. 6 GenTG trägt dieser Konstellation Rechnung, indem sie als Genehmigungsvoraussetzung vorschreibt, daß andere öffentlich-rechtliche Vorschriften der Errichtung und dem Betrieb der gentechnischen Anlage nicht entgegenstehen dürfen. Zuständig für die Erteilung der gentechnikrechtlichen Anlagengenehmigung und damit auch für die eingeschlossene immissionsschutzrechtliche Genehmigung ist die nach Gentechnikrecht zuständige Landesbehörde. Die Verfahrensvorschriften des Immissionsschutzrechts finden somit keine Anwendung.

Da sich die Konzentrationswirkung des § 22 Abs. 1 GenTG nur auf das Genehmigungsverfahren selbst bezieht, werden die für den Vollzug des Immissionsschutzrechts zuständigen Behörden nach Erteilung der Anlagengenehmigung für spätere immissionsschutzrechtliche Entscheidungen wieder zuständig, soweit es sich nicht um rein gentechnikspezifische Sachverhalte handelt (vergl. § 22 Abs. 2 GenTG).

Die Konzentrationswirkung des § 22 Abs. 1 GenTG greift nicht bei der Anmeldung der Errichtung und des Betriebs einer gentechnischen Anlage nach § 8 Abs. 2 GenTG, der tätigkeitsbezogenen Genehmigung nach § 10 Abs. 2 GenTG, der tätigkeitsbezogenen Anmeldung nach §§ 9 Abs. 1, 10 Abs. 1 GenTG sowie bei der Genehmigung von Freisetzungen oder Inverkehrbringen nach § 14 GenTG.

Soweit also in den vorgenannten Fällen neben der gentechnikrechtlichen Anmeldung oder Genehmigung eine immissionsschutzrechtliche Genehmigung erforderlich ist, weil die Voraussetzungen der §§ 4 Abs. 1, 15 BImSchG vorliegen, wird die erforderliche immissionsschutzrechtliche Genehmigung in einem gesonderten Verwaltungsverfahren von der für den Vollzug des BImSchG zuständigen Behörde erteilt. Das gentechnikrechtliche und das immissionsschutzrechtliche Verwaltungsverfahren laufen also gesondert nebeneinander.

Handelt es sich z. B. um die Anmeldung der Errichtung und des Betriebs einer gentechnischen Anlage, in der gentechnische Arbeiten der Sicherheitsstufe 1 zu Forschungszwecken durchgeführt werden sollen, und ist diese Anlage gleichzeitig nach § 4 Abs. 1 BImSchG i. V. mit § 1 der 4. BImSchV genehmigungsbedürftig, so erfolgt die gentechnikrechtliche Anmeldung gegenüber der für den Vollzug des GenTG zuständigen Behörde, während der Antrag auf Erteilung der immissionsschutzrechtlichen Genehmigung bei der für den Vollzug des BImSchG zuständigen Behörde gestellt werden muß. In dem soeben dargestellten Beispielsfall würde die immissionsschutzrechtliche Genehmigung, sofern das Versuchsverfahren auf höchstens 2 bzw. 3 Jahre begrenzt ist, in dem vereinfachten Verfahren nach § 19 BImSchG erteilt werden und zwar auch dann, wenn es sich bei der betreffenden Anlage um eine Anlage im Sinne von § 2 Abs. 1 der 4. BImSchV handelt, für die normalerweise ein Genehmigungsverfahren mit Öffentlichkeitsbeteiligung durchzuführen wäre. Dies ergibt sich aus der Ausnahmevorschrift des § 2 Abs. 3 der 4. BImSchV für Versuchsanlagen.

Weiterhin ist in diesem Zusammenhang noch auf die Übergangsvorschrift des § 41 Abs. 3 GenTG hinzuweisen. Die Vorschrift regelt den Fall, daß bei Inkrafttreten des GenTG ein Genehmigungsverfahren zur Errichtung und zum Betrieb gentechnischer Produktionsanlagen nach den bis dahin maßgeblichen Vorschriften des BImSchG bereits lief. Hat sich der Antragsteller aufgrund seines Wahlrechts gemäß § 41 Abs. 3 Satz 2 GenTG für die Fortführung des Verfahrens nach BImSchG und den hierzu erlassenen Rechtsverordnungen entschieden, so wird die Genehmigung durch die für den Vollzug des BImSchG zuständigen Behörde erteilt. Die Zuständigkeit der für den Vollzug des BImSchG zuständigen Behörde endet jedoch mit Abschluß des Genehmigungsverfahrens. Im Hinblick darauf, daß das GenTG bereits seit dem 01.07.1990 in Kraft ist, ist davon auszugehen, daß § 41 Abs. 3 GenTG in der Praxis keine Rolle mehr spielt, sondern derartige Genehmigungsverfahren inzwischen abgeschlossen sind.

Abschließend ist anzumerken, daß auch die Durchführung von öffentlichen Anhörungen nach den Verfahrensvorschriften des BImSchG in Betracht zu ziehen ist. Es ist beispielsweise möglich, daß eine Genehmigung nach den Verfahrensvorschriften des § 10 BImSchG, also mit Anhörungsverfahren, notwendig werden könnte, ohne daß dabei nach Gentechnikrecht eine Anhörung vorgeschrieben wäre.

So ist beispielsweise für die Errichtung und den Betrieb gentechnischer Anlagen, in denen gentechnische Arbeiten der Sicherheitsstufe 1 zu gewerblichen Zwecken durchgeführt werden sollen, gemäß § 8 Abs. 2 und § 18 GenTG weder ein Genehmigungs- noch ein Anhörungsverfahren erforderlich. Gleichzeitig könnten in diesem Zusammenhang aber die Genehmigungsvoraussetzungen der §§ 4 Abs. 1 oder 15 BImSchG vorliegen und ein Genehmigungsverfahren nach § 10 BImSchG mit Öffentlichkeitsbeteiligung erforderlich werden.

Eine Öffentlichkeitsbeteiligung ist allerdings nicht erforderlich bei dem vereinfachten Verfahren nach § 19 BImSchG.

Bundes-Immissionsschutzgesetz (BImSchG):
Erster Teil. Allgemeine Vorschriften
§ 2 Geltungsbereich Abs. 1 Nr. 1 u. 2
Hin.: Nach § 2 Abs. 1 gelten die Vorschriften des BImSchG u. a. für
« ...
1. die Errichtung und den Betrieb von Anlagen,
2. das Herstellen, Inverkehrbringen und Einführen von Anlagen, Brennstoffen und Treibstoffen, Stoffen und Erzeugnissen aus Stoffen nach Maßgabe der §§ 32 bis 37, ...».

Abs. 2 bestimmt, daß die Vorschriften dieses Gesetzes u. a. nicht gelten, soweit sich aus den Vorschriften des AtomG oder der hierzu erlassenen Rechtsverordnungen oder aus wasserrechtlichen Vorschriften des Bundes und der Länder zum Schutz der Gewässer etwas anderes ergibt.

§ 3   Begriffsbestimmungen

Hin.:   In § 3 werden die für das BImSchG zentralen Begriffe „schädliche Umwelteinwirkungen, Immissionen, Emissionen, Luftverunreinigungen, Anlagen, Stand der Technik und Herstellen" definiert.

Verordnung über genehmigungsbedürftige Anlagen (4. BImSchV):
§ 1   Genehmigungsbedürftige Anlagen (i. V. mit dem Anhang zur 4. BImSchV)
§ 2   Zuordnung zu den Verfahrensarten (i. V. mit dem Anhang zur 4. BImSchV)
Anhang (zur 4. BImSchV)

Verordnung über das Genehmigungsverfahren (9. BImSchV):
Erster Teil. Allgemeine Vorschriften
Erster Abschnitt. Anwendungsbereich, Antrag und Unterlagen
§ 1   Anwendungsbereich
Hin.:   § 1 nennt die Voraussetzungen, unter denen das Verfahren nach den Vorschriften der 9. BImSchV durchzuführen ist.

A.3   REGELWERKE ENTHALTEN EXPLIZITE AUSSAGEN ÜBER GVO

Bundes-Immissionsschutzgesetz (BImSchG):
§ 67   Übergangsvorschrift Abs. 6
Hin.:   «*Eine nach diesem Gesetz erteilte Genehmigung für eine Anlage zum Umgang mit*

1. gentechnisch veränderten Mikroorganismen,

2. gentechnisch veränderten Zellkulturen, soweit sie nicht dazu bestimmt sind, zu Pflanzen regeneriert zu werden,

3. Bestandteilen oder Stoffwechselprodukten von Mikroorganismen nach Nummer 1 oder Zellkulturen nach Nummer 2, soweit sie biologisch aktive, rekombinante Nukleinsäure enthalten,

ausgenommen Anlagen, die ausschließlich Forschungszwecken dienen, gilt auch nach dem Inkrafttreten eines Gesetzes zur Regelung von Fragen der Gentechnik fort. Abs. 4 gilt entsprechend.» (§ 67 Abs. 6)

Abgesehen von dieser Ausnahmeregelung enthalten die Regelwerke zur Luftreinhaltung keine speziellen Aussagen zu GVO.

A.4 RELEVANZ DER REGELWERKE FÜR PLANUNG, ERRICHTUNG, ÄNDERUNG ODER BETRIEB GENTECHNISCHER ANLAGEN BZW. FÜR DIE FREISETZUNG VON GVO

A.4.1 RELEVANZ DER REGELWERKE FÜR PLANUNG, ERRICHTUNG ODER ÄNDERUNG GENTECHNISCHER ANLAGEN

BImSchG, 4. BImSchV, 5. BImSchV, 9. BImSchV

A.4.2 RELEVANZ DER REGELWERKE FÜR DEN BETRIEB GENTECHNISCHER ANLAGEN

BImSchG

A.4.3 RELEVANZ DER REGELWERKE FÜR DIE FREISETZUNG ODER DAS INVERKEHRBRINGEN VON GVO

A.5 DIE REGELWERKE BESTIMMEN UNTERSCHIEDLICHE SICHERHEITSSTUFEN ODER RISIKOKATEGORIEN

Bundes-Immissionsschutzgesetz (BImSchG):
Zweiter Teil. Errichtung und Betrieb von Anlagen
Erster Abschnitt. Genehmigungsbedürftige Anlagen
§ 4   Genehmigung (i. V. mit 4. BImSchV)

Zweiter Abschnitt. Nicht genehmigungsbedürftige Anlagen
§ 22   Pflichten der Betreiber nicht genehmigungsbedürftiger Anlagen
Hin.: Unterteilung erfolgt in:
- genehmigungsbedürftige Anlagen (§§ 4 ff)
- nicht genehmigungsbedürftige Anlagen (§§ 22 ff)

A.6 DIE REGELWERKE UNTERSCHEIDEN IN IHREN ANFORDERUNGEN ZWISCHEN FORSCHUNG UND GEWERBE

Bundes-Immissionsschutzgesetz (BImSchG):
Zweiter Teil. Errichtung und Betrieb von Anlagen
Erster Abschnitt. Genehmigungsbedürftige Anlagen
§ 4   Genehmigung Abs. 1
§ 12   Nebenbestimmungen zur Genehmigung Abs. 2

Verordnung über genehmigungsbedürftige Anlagen (4. BImSchV):
§ 2   Zuordnung zu den Verfahrensarten Abs. 3 (i. V. mit dem Anhang zur 4. BImSchV)
Anhang Nr. 4 Chemische Erzeugnisse, Arzneimittel, Mineralölraffination und Weiterverarbeitung

B. GENEHMIGUNG UND ANMELDUNG GENTECHNISCHER ANLAGEN UND ARBEITEN

Bundes-Immissionsschutzgesetz (BImSchG):
Zweiter Teil. Errichtung und Betrieb von Anlagen
Erster Abschnitt. Genehmigungsbedürftige Anlagen
§ 4   Genehmigung Abs. 1
Hin.: *«Die Errichtung und der Betrieb von Anlagen, die auf Grund ihrer Beschaffenheit oder ihres Betriebes in besonderem Maße geeignet sind, schädliche Umwelteinwirkungen hervorzurufen oder in anderer Weise die Allgemeinheit oder die Nachbarschaft zu gefährden, erheblich zu benachteiligen oder erheblich zu belästigen, sowie von ortsfesten Abfallentsorgungsanlagen zur Lagerung oder Behandlung von Abfällen bedürfen einer Genehmigung. Mit Ausnahme von Abfallentsorgungsanlagen bedürfen Anlagen, die nicht gewerblichen Zwecken dienen und nicht im Rahmen wirtschaftlicher Unternehmungen Verwendung finden, der Genehmigung nur, wenn sie in besonderem Maße geeignet sind, schädliche Umwelteinwirkungen durch Luftverunreinigungen oder Geräusche hervorzurufen. Die Bundesregierung bestimmt nach Anhörung der beteiligten Kreise (§ 51) durch Rechtsverordnung mit Zustimmung des Bundesrates die Anlagen, die einer Genehmigung bedürfen (genehmigungsbedürftige Anlagen); in der Rechtsverord-*

nung kann auch vorgesehen werden, daß eine Genehmigung nicht erforderlich ist, wenn eine Anlage insgesamt oder in ihren in der Rechtsverordnung bezeichneten wesentlichen Teilen der Bauart nach zugelassen ist und in Übereinstimmung mit der Bauartzulassung errichtet und betrieben wird.» (§ 4 Abs. 1)

(Siehe auch Hin. zu A.2 „Geltungsbereich und Anwendbarkeit")

Verordnung über genehmigungsbedürftige Anlagen (4. BImSchV):
§ 1   Genehmigungsbedürftige Anlagen (i. V. mit dem Anhang zur 4. BImSchV)
Hin.: § 1 legt fest, daß die Errichtung und der Betrieb der im Anhang zur 4. BImSchV genannten Anlagen einer Genehmigung bedürfen, sofern nicht die in § 1 aufgeführten Einschränkungen vorliegen.

§ 2   Zuordnung zu den Verfahrensarten (i. V. mit dem Anhang zur 4. BImSchV)
Hin.: § 2 nennt und erläutert die Kriterien, nach denen die im Anhang genannten Anlagen den unterschiedlichen Genehmigungsverfahren im BImschG zugeordnet werden. Abs. 1 nennt die Basis-Zuordnungskriterien.
«Das Genehmigungsverfahren wird durchgeführt nach
1. § 10 des Bundes-Immissionsschutzgesetzes für
   a) Anlagen, die in Spalte 1 des Anhangs genannt sind,
   b) Anlagen, die sich aus in Spalte 1 und in Spalte 2 des Anhangs genannten Anlagen zusammensetzen,
2. § 19 des Bundes-Immissionsschutzgesetzes im vereinfachten Verfahren für in Spalte 2 des Anhangs genannte Anlagen.
Soweit die Zuordnung zu den Spalten von der Leistungsgrenze oder Anlagengröße abhängt, gilt § 1 Abs. 1 Satz 3 entsprechend.» (§ 2 Abs. 1) Abs. 3 u. 4 regeln Detail-Zuordnungsfragen.

Anhang Nr. 4   Chemische Erzeugnisse, Arzneimittel, Mineralölraffination und Weiterverarbeitung
Anhang Nr. 8   Verwertung und Beseitigung von Reststoffen und Abfällen
Hin. zu Anhang Nr. 4 u. Nr. 8:
   Der Anhang zur 4. BImSchV führt Anlagen auf, für die ein Genehmigungsverfahren nach § 10 BImSchG oder ein vereinfachtes Genehmigungsverfahren nach § 19 BImSchG erforderlich ist. Die Anlagen sind 10 Kategorien zugeordnet. Nur bei einem geringeren Teil dieser Anlagen ist nach derzeitiger Einschätzung ein

Einsatz von gentechnischen Verfahren im Sinne des GenTG und im geschlossenen System wahrscheinlich. Im wesentlichen dürfte es sich auf Anlagen der Nummer 4. („Chemische Erzeugnisse, Arzneimittel, Mineralölraffination und Weiterverarbeitung") beschränken (insbesondere 4.1 „Anlagen zur fabrikmäßigen Herstellung von Stoffen durch chemische Umwandlung ..." und 4.3 „Anlagen zur fabrikmäßigen Herstellung von Arzneimitteln oder Arzneimittelzwischenprodukten ..."). Daneben sind auch Konstellationen möglich, daß in Zusammenhang mit der Errichtung oder dem Betrieb einer gentechnischen Anlage die Errichtung bzw. der Betrieb einer nach BImSchG genehmigungspflichtigen Anlage zur Verwertung oder Beseitigung von Reststoffen und Abfällen (Anhang Nr. 8) notwendig wird. Auch ein Einsatz von GVO, z. B. in Anlagen zur Behandlung von verunreinigtem Boden (Nr. 8.7) ist in Zukunft nicht auszuschließen.

Verordnung über das Genehmigungsverfahren (9. BImSchV):
Hin.: Soweit die Konzentrationswirkung des § 22 Abs. 1 GenTG nicht greift, die Genehmigung also nach den immissionsschutzrechtlichen Verfahrensvorschriften zu erteilen ist, bestimmt sich das Verfahren nach den Vorschriften der 9. BImSchV.

B.1 BERATUNG MIT DER BEHÖRDE

Bundes-Immissionsschutzgesetz (BImSchG):
Zweiter Teil. Errichtung und Betrieb von Anlagen
Erster Abschnitt. Genehmigungsbedürftige Anlagen
§ 4 Genehmigung Abs. 1
Hin.: (Siehe Hin. zu A.2 „Geltungsbereich und Anwendbarkeit")

§ 10 Genehmigungsverfahren
Hin.: Als formelles Genehmigungsverfahren z. B. relevant für zum Zeitpunkt des Inkrafttretens des GenTG bereits begonnene Verfahren zur Erteilung von Genehmigungen zur Errichtung und zum Betrieb von gentechnischen Anlagen, sofern der Antragsteller sich zur Fortführung des Verfahrens nach den Vorschriften des BImSchG entschieden hat (vergl. § 41 Abs. 3 GenTG) und ggf. bei Vorliegen sehr spezifischer Anlagenkonstellationen (vergl. Hin. zu A.2 „Geltungsbereich und Anwendbarkeit").

§ 15 Wesentliche Änderung genehmigungsbedürftiger Anlagen Abs. 1
Hin.: Die wesentliche Änderung der Lage, der Beschaffenheit oder des Betriebs einer (nach BImSchG) genehmigungsbedürftigen Anlage bedarf der Genehmigung.

§ 19 Vereinfachtes Verfahren
Hin.: Als formelles Genehmigungsverfahren z. B. für zum Zeitpunkt des Inkrafttretens bereits begonnene Verfahren (vergl. oben Hin. zu § 10) und ferner für die Errichtung und den Betrieb von gentechnischen Anlagen, in denen gentechnische Arbeiten der Sicherheitsstufe 1 zu Forschungszwecken durchgeführt werden, relevant, sofern die Anlage in die Gruppe der in der 4. BImSchV genannten genehmigungspflichtigen Anlagen fällt. (Siehe auch Hin. zu A.2 „Geltungsbereich und Anwendbarkeit")

Zweiter Abschnitt. Nicht genehmigungsbedürftige Anlagen
§ 22 Pflichten der Betreiber nicht genehmigungsbedürftiger Anlagen
Hin.: Die Vorschriften des 2. Teil, 2. Abschnitt „Nicht genehmigungsbedürftige Anlagen" sind als materiellrechtliche Vorschriften indirekt im Rahmen von gentechnikrechtlichen Genehmigungs- oder Anmeldeverfahren zu berücksichtigen. Dies betrifft insbesondere die Verordnung über Kleinfeuerungsanlagen - 1. BImSchV - und die in ihr genannten Anforderungen an Kleinfeuerungsanlagen, die in gentechnischen Anlagen z. B. bei der Energie- oder Dampferzeugung Einsatz finden können.

Verordnung über genehmigungsbedürftige Anlagen (4. BImSchV):
Hin.: (Siehe B. „Genehmigung und Anmeldung gentechnischer Anlagen")

B.2	ART UND UMFANG DER ANTRAGS- UND ANMELDEUNTERLAGEN

Bundes-Immissionsschutzgesetz (BImSchG):
Zweiter Teil. Errichtung und Betrieb von Anlagen
Erster Abschnitt. Genehmigungsbedürftige Anlagen
§ 10 Genehmigungsverfahren Abs. 1, 5, 7, 10 (i. V. mit 9. BImSchV)
§ 19 Vereinfachtes Verfahren (i. V. mit der 9. BImSchV)

Verordnung über das Genehmigungsverfahren (9. BImSchV):
Erster Teil. Allgemeine Vorschriften
Erster Abschnitt. Anwendungsbereich, Antrag und Unterlagen

§ 2	Antragstellung Abs. 1
§ 3	Antragsinhalt
§ 4	Antragsunterlagen
§ 4a	Angaben zur Anlage und zum Anlagenbetrieb
§ 4b	Angaben zu den Schutzmaßnahmen
§ 4c	Plan zur Behandlung der Reststoffe
§ 4d	Angabe zur Wärmenutzung
<§ 4e	Zusätzliche Angaben zur Prüfung der Umweltverträglichkeit>
§ 5	Vordrucke
§ 7	Prüfung der Vollständigkeit, Verfahrensablauf

Zweiter Teil. Besondere Vorschriften

§ 22	Teilgenehmigung Abs. 1
§ 23	Vorbescheid Abs. 1
§ 24	Vereinfachtes Verfahren
§ 24a	Zulassung vorzeitigen Beginns

B.2.1　TECHNISCHE ERFORDERNISSE (GEBÄUDE, RÄUME, ANLAGEN, APPARATUREN, EINRICHTUNGEN)

Bundes-Immissionsschutzgesetz (BImSchG):
Zweiter Teil. Errichtung und Betrieb von Anlagen
Erster Abschnitt. Genehmigungsbedürftige Anlagen

§ 5　　Pflichten der Betreiber genehmigungsbedürftiger Anlagen Abs. 1, insbesondere
　　　　Nr. 1, 2, 3, Abs. 3

Hin.:　Sowohl die Errichtung als auch der Betrieb genehmigungsbedürftiger Anlagen hat
　　　　gemäß § 5 Abs. 1 u. a. so zu erfolgen, daß
　　　　　1. schädliche Umwelteinwirkungen und sonstige Gefahren, erhebliche Nachteile
　　　　　　und erhebliche Belästigungen für die Allgemeinheit und die Nachbarschaft nicht
　　　　　　hervorgerufen werden können,

2. Vorsorge gegen schädliche Umwelteinwirkungen getroffen wird, insbesondere durch die dem Stand der Technik entsprechenden Maßnahmen zur Emissionsbegrenzung,

3. Reststoffe vermieden werden, es sei denn, sie werden ordnungsgemäß und schadlos verwertet oder, soweit Vermeidung und Verwertung technisch nicht möglich oder unzumutbar sind, als Abfälle ohne Beeinträchtigung des Wohls der Allgemeinheit beseitigt.

Auch die Forderungen in Abs. 3 sind für den Bereich gentechnischer Anlagen zu berücksichtigen:
«Der Betreiber hat sicherzustellen, daß auch nach einer Betriebseinstellung

1. von der Anlage oder dem Anlagengrundstück keine schädlichen Umwelteinwirkungen und sonstige Gefahren, erhebliche Nachteile und erhebliche Belästigungen für die Allgemeinheit und die Nachbarschaft hervorgerufen werden können und

2. vorhandene Reststoffe ordnungsgemäß und schadlos verwertet oder als Abfälle ohne Beeinträchtigung des Wohls der Allgemeinheit beseitigt werden.» (§ 5 Abs. 3)

Das bedeutet, daß bereits im Rahmen des Genehmigungsverfahrens Anforderungen für den Zeitraum nach der Betriebseinstellung gestellt werden können, die verhindern sollen, daß von der Anlage oder dem Anlagenumfeld Gefährdungen durch dort lagernde bzw. vorhandene Produkte, Einsatzstoffe, Reststoffe, Bodenverunreinigungen ausgehen können.

§ 7   Rechtsverordnungen über Anforderungen an genehmigungsbedürftige Anlagen Abs. 1, 2, 3, 4 (auch i. V. mit der 12. BImSchV)
Hin.: § 7 enthält die Ermächtigungsgrundlage für die Bundesregierung, nach Anhörung der beteiligten Kreise (§ 51) durch Rechtsverordnung mit Zustimmung des Bundesrates vorzuschreiben, daß die Errichtung, die Beschaffenheit, der Betrieb, der Zustand nach Betriebseinstellung und die betreibereigene Überwachung genehmigungsbedürftiger Anlagen zur Erfüllung der sich aus § 5 ergebenden Pflichten bestimmten Anforderungen genügen müssen.

Nachfolgend wird in § 7 Inhalt und Ausmaß der Ermächtigung bestimmt. Inhaltlich ist ein Teil der in der Ermächtigung genannten Anforderungen in der 12. BImSchV, der sogenannten Störfall-Verordnung, konkretisiert.

Die Störfall-Verordnung beinhaltet eine Reihe von Anforderungen, die bereits bei der Planung und Errichtung einer Anlage, aber auch beim späteren Betrieb der Anlage berücksichtigt werden müssen.

Die materiellrechtlichen Aussagen und Anforderungen der Störfall-Verordnung sind bei der Genehmigung gentechnischer Anlagen nach GenTG, sofern gleichzeitig eine Genehmigung nach Bundesimmissionsschutzrecht erforderlich wäre und die Voraussetzungen für die Anwendung der Störfall-Verordnung vorliegen, zu berücksichtigen.

B.2.2 ORGANISATORISCHE UND PERSONELLE ERFORDERNISSE

Bundes-Immissionsschutzgesetz (BImSchG):
Sechster Teil. Gemeinsame Vorschriften
§ 52a Mitteilungspflichten zur Betriebsorganisation
§ 53 Bestellung eines Betriebsbeauftragten für Immissionsschutz
§ 58a Bestellung eines Störfallbeauftragten
Hin.: Die beiden Vorschriften i. V. mit der 5. BImSchV nennen die Voraussetzungen, nach denen die Bestellung eines (oder mehrerer) Immissionsschutz- bzw. Störfallbeauftragten(r) durch den Anlagenbetreiber - ggf. auch nach entsprechender Anordnung der zuständigen Behörde - zu erfolgen hat. (Siehe auch C.1.6 „Organisatorische und personelle Rahmenbedingungen".) So haben z. B. Betreiber von Anlagen zur fabrikmäßigen Herstellung von Stoffen durch chemische Umwandlung einen Immissionsschutzbeauftragten zu bestellen (vergl. Nr. 23 des Anhang I zur 5. BImSchV).

B.2.3 SONSTIGE ERFORDERNISSE

Bundes-Immissionsschutzgesetz (BImSchG):
Zweiter Teil. Errichtung und Betrieb von Anlagen

Dritter Abschnitt. Ermittlung von Emissionen und Immissionen, sicherheitstechnische Prüfungen, Technischer Ausschuß für Anlagensicherheit
§ 28 Erstmalige und wiederkehrende Messungen bei genehmigungsbedürftigen Anlagen
Hin.: (Siehe C.1.2 „Überwachungspflichten")

B.3	EINREICHEN DER ANTRAGS- UND ANMELDEUNTERLAGEN

Bundes-Immissionsschutzgesetz (BImSchG):
Zweiter Teil. Errichtung und Betrieb von Anlagen
Erster Abschnitt. Genehmigungsbedürftige Anlagen
§ 10 Genehmigungsverfahren Abs. 1

Verordnung über das Genehmigungsverfahren (9. BImSchV):
Erster Teil. Allgemeine Vorschriften
Erster Abschnitt. Anwendungsbereich, Antrag und Unterlagen
§ 2 Antragstellung Abs. 1

B.4	DAUER DES GENEHMIGUNGS- BZW. ANMELDEVERFAHRENS (FRISTEN)

Bundes-Immissionsschutzgesetz (BImSchG):
Zweiter Teil. Errichtung und Betrieb von Anlagen
Erster Abschnitt. Genehmigungsbedürftige Anlagen
§ 10 Genehmigungsverfahren Abs. 6a

B.5	ÖFFENTLICHKEITSBETEILIGUNG

Hin.: (Siehe Hin. zu A.2 „Geltungsbereich und Anwendbarkeit" zur Frage der Öffentlichkeitsbeteiligung nach den Verfahrensvorschriften des Bundes-Immissionsschutzrechts.)

Bundes-Immissionsschutzgesetz (BImSchG):
<Zweiter Teil. Errichtung und Betrieb von Anlagen>
<Erster Abschnitt. Genehmigungsbedürftige Anlagen>

<§ 10   Genehmigungsverfahren>
<§ 19   Vereinfachtes Verfahren>

Verordnung über genehmigungsbedürftige Anlagen (4. BImSchV):
<§ 2   Zuordnung zu den Verfahrensarten>

Verordnung über das Genehmigungsverfahren (9. BImSchV):
<Erster Teil. Allgemeine Vorschriften>
<Zweiter Abschnitt. Beteiligung Dritter>
<Dritter Abschnitt. Erörterungstermin>

B.6	BETRIEBSGEHEIMNISSE

Bundes-Immissionsschutzgesetz (BImSchG):
<Zweiter Teil. Errichtung und Betrieb von Anlagen>
<Erster Abschnitt. Genehmigungsbedürftige Anlagen>
<§ 10   Genehmigungsverfahren Abs. 2>
<§ 19   Vereinfachtes Verfahren>
Hin.:   Da das vereinfachte Genehmigungsverfahren nach § 19 BImSchG keine Öffentlichkeitsbeteiligung vorsieht (vergl. § 19 Abs. 2), finden die Vorschriften im BImSchG und der 9. BImSchV, die den Umgang mit betriebsgeheimen Daten im Rahmen der Offenlegung bestimmter Unterlagen näher regeln, in diesem Fall keine Berücksichtigung.

<§ 27   Emissionserklärung Abs. 3>

Verordnung über das Genehmigungsverfahren (9. BImSchV):
<Erster Teil. Allgemeine Vorschriften>
<Erster Abschnitt. Anwendungsbereich, Antrag und Unterlagen>
<§ 4   Antragsunterlagen Abs. 3>

| B.7 | PFLICHTEN IM RAHMEN DES GENEHMIGUNGS- BZW. ANMELDEVERFAHRENS SEITENS DES ANTRAGSTELLERS ODER DER BEHÖRDE |

| B.7.1 | MELDE- UND AUSKUNFTSPFLICHTEN |

| B.7.2 | BEWERTUNGSPFLICHTEN (SICHERHEITSEINSTUFUNG) |

| B.7.3 | SONSTIGE PFLICHTEN |

| B.8 | ENTSCHEIDUNG DER BEHÖRDE |

| B.8.1 | VORZEITIGER BEGINN GENTECHNISCHER ARBEITEN |

Bundes-Immissionsschutzgesetz (BImSchG):
Zweiter Teil. Errichtung und Betrieb von Anlagen
Erster Abschnitt. Genehmigungsbedürftige Anlagen
§ 15a   Zulassung vorzeitigen Beginns

Verordnung über das Genehmigungsverfahren (9. BImSchV):
Zweiter Teil. Besondere Vorschriften
§ 24a   Zulassung vorzeitigen Beginns

| B.8.2 | TEILGENEHMIGUNG |

Bundes-Immissionsschutzgesetz (BImSchG):
Zweiter Teil. Errichtung und Betrieb von Anlagen
Erster Abschnitt. Genehmigungsbedürftige Anlagen
§ 8   Teilgenehmigung
§ 9   Vorbescheid
Hin.:   Der Vorbescheid hat zwar einen anderen rechtlichen Charakter als eine Teilgenehmigung, wird jedoch unter diesem Gliederungspunkt mit erwähnt.

§ 11   Einwendungen Dritter bei Teilgenehmigung und Vorbescheid

§ 12   Nebenbestimmungen zur Genehmigung Abs. 3

Verordnung über das Genehmigungsverfahren (9. BImSchV):
Zweiter Teil. Besondere Vorschriften
§ 22   Teilgenehmigung
§ 23   Vorbescheid

B.8.3 GENEHMIGUNG

Bundes-Immissionsschutzgesetz (BImSchG):
Zweiter Teil. Errichtung und Betrieb von Anlagen
Erster Abschnitt. Genehmigungsbedürftige Anlagen
§ 4   Genehmigung Abs. 1
Hin.:   (Siehe Hin. zu B. „Genehmigung und Anmeldung gentechnischer Anlagen und Arbeiten")

§ 6   Genehmigungsvoraussetzungen
§ 12   Nebenbestimmungen zur Genehmigung
§ 13   Genehmigung und andere behördliche Entscheidungen

Verordnung über das Genehmigungsverfahren (9. BImSchV):
Erster Teil. Allgemeine Vorschriften
Vierter Abschnitt. Genehmigung
§ 20   Entscheidung
§ 21   Inhalt des Genehmigungsbescheides

B.9 ANTRAG AUF SOFORTVOLLZUG DER GENEHMIGUNG

Bundes-Immissionsschutzgesetz (BImSchG):
Hin.:   (Siehe allgemeiner Hin. unter Kapitel 5.2 Gliederungspunkt B.9 „Antrag auf Sofortvollzug der Genehmigung")

B.10 ERLÖSCHEN DER GENEHMIGUNG

Bundes-Immissionsschutzgesetz (BImSchG):
Zweiter Teil. Errichtung und Betrieb von Anlagen
Erster Abschnitt. Genehmigungsbedürftige Anlagen
§ 18   Erlöschen der Genehmigung
§ 21   Widerruf der Genehmigung Abs. 1
Hin.:   Unter bestimmten Bedingungen, die in Abs. 1 genannt werden, ist ein Widerruf der erteilten Genehmigung zulässig.

C. BETRIEB GENTECHNISCHER ANLAGEN

Bundes-Immissionsschutzgesetz (BImSchG):
Zweiter Teil. Errichtung und Betrieb von Anlagen
Erster Abschnitt. Genehmigungsbedürftige Anlagen
§ 5   Pflichten der Betreiber genehmigungsbedürftiger Anlagen Abs. 1 Nr. 1, 2, 3, Abs. 3
§ 7   Rechtsverordnungen über Anforderungen an genehmigungsbedürftige Anlagen Abs. 1, 2, 3, 4 (auch i. V. mit der 12. BImSchV)
Hin.:   (Hin. u §§ 5 u. 7 siehe B.2.1 „Technische Erfordernisse (Gebäude, Räume, Anlagen, Apparaturen, Einrichtungen)"

C.1 GRUNDPFLICHTEN

C.1.1 MELDE-, AUSKUNFTS- UND UNTERRICHTUNGSPFLICHTEN

Bundes-Immissionsschutzgesetz (BImSchG):
Zweiter Teil. Errichtung und Betrieb von Anlagen
Erster Abschnitt. Genehmigungsbedürftige Anlagen
§ 16   Mitteilungs- und Anzeigepflicht
Hin.:   1. Mitteilung der Abweichungen vom Genehmigungsbescheid nach Ablauf von jeweils 2 Jahren
        2. Unverzügliche Anzeige der beabsichtigten Betriebseinstellung einer genehmigungsbedürftigen Anlage

Dritter Abschnitt. Ermittlung von Emissionen und Immissionen, sicherheitstechnische Prüfungen, Technischer Ausschuß für Anlagensicherheit

§ 27   Emissionserklärung (i. V. mit der 11. BImSchV)
Hin.: Die Betreiber bestimmter genehmigungsbedürftiger Anlagen sind verpflichtet, in regelmäßigen Zeiträumen der zuständigen Behörde eine Emissionserklärung (Angaben über Art, Menge, räumliche und zeitliche Verteilung der von der Anlage innerhalb eines bestimmten Zeitraums ausgegangenen Luftverunreinigungen sowie über Austrittsbedingungen) abzugeben. Einzelheiten über Inhalt, Umfang, Form und Zeitpunkt der Emissionserklärung regelt die 11. BImSchV. In dieser Rechtsverordnung wird auch bestimmt, welche Betreiber genehmigungsbedürftiger Anlagen von der Pflicht zur Abgabe einer Emissionserklärung befreit sind. In Abs. 3 wird die Datensicherheit der Emissionserklärung näher geregelt.

§ 31   Auskunft über ermittelte Emissionen und Immissionen
Hin.: § 31 verpflichtet den Betreiber einer Anlage der zuständigen Behörde auf Verlangen Auskunft zu geben über Emissionen und Immissionen, die aufgrund entsprechender behördlicher Anordnungen ermittelt wurden.

Sechster Teil. Gemeinsame Vorschriften
§ 52   Überwachung Abs. 2, 5
Hin.: Nach Abs. 2 sind u. a. Eigentümer und Betreiber von Anlagen verpflichtet, Angehörigen und Beauftragten der zuständigen Behörde im Rahmen der Überwachung der Durchführung der immissionsschutzrechtlichen Vorschriften Zutritt zu den Anlagengrundstücken zu verschaffen, die Vornahme von Prüfungen einschließlich Emissions- bzw. Immissionsmessungen zu gestatten, sowie Auskünfte zu erteilen und Unterlagen vorzulegen, die zur Erfüllung der Aufgaben erforderlich sind. Nach Abs. 5 besteht in bestimmten Fällen ein Auskunftsverweigerungsrecht.

C.1.2   ÜBERWACHUNGSPFLICHTEN

Bundes-Immissionsschutzgesetz (BImSchG):
Zweiter Teil. Errichtung und Betrieb von Anlagen
Dritter Abschnitt. Ermittlung von Emissionen und Immissionen, sicherheitstechnische Prüfungen, Technischer Ausschuß für Anlagensicherheit

§ 28 Erstmalige und wiederkehrende Messungen bei genehmigungsbedürftigen Anlagen

Hin.: Nach der Inbetriebnahme oder einer wesentlichen Änderung und dann jeweils nach 3 Jahren bzw. unter besonderen Voraussetzungen auch in kürzeren Zeiträumen kann bei genehmigungsbedürftigen Anlagen die zuständige Behörde, auch ohne daß ein „besonderer Anlaß" im Sinne des § 26 vorliegen muß, Messungen veranlassen.

§ 29 Kontinuierliche Messungen Abs. 1 u. 2

Hin.: Unter bestimmten Voraussetzungen können bzw. sollen die zuständigen Behörden bei genehmigungsbedürftigen Anlagen kontinuierliche Messungen (und deren Aufzeichnung) über bestimmte Emissionen oder Immissionen anordnen. Es ist im Einzelfall zu beurteilen, ob für gentechnische Anlagen Konstellationen wahrscheinlich sind, die eine kontinuierliche Überwachung in diesem Sinne notwendig erscheinen lassen.

§ 29a Anordnung sicherheitstechnischer Prüfungen

Hin.: Bestimmte sicherheitstechnische Prüfungen durch Sachverständige können von der zuständigen Behörde gegenüber Betreibern von genehmigungsbedürftigen Anlagen angeordnet werden. § 29a legt ferner fest, wer diese Prüfungen durchführen kann und unter welchen Voraussetzungen diese Prüfungen angeordnet werden können. Die Anordnung kann vor der Inbetriebnahme, während des Betriebs und nach Einstellung des Betriebs der Anlagen sowie bei wesentlichen Änderungen im Sinne des § 15 erfolgen oder aber wenn Anhaltspunkte bestehen, daß bestimmte sicherheitstechnische Anforderungen nicht erfüllt werden.

Sechster Teil. Gemeinsame Vorschriften

§ 52 Überwachung Abs. 1 (Behörde)

Hin.: Die zuständigen Behörden haben gemäß Abs. 1 die Durchführung des BImSchG und der auf dieses Gesetz gestützten Rechtsverordnungen zu überwachen.

§ 54 Aufgaben Abs. 1 Nr. 3

Hin.: Dem Immissionsschutzbeauftragten obliegen im Rahmen der in § 54 genannten Aufgabenfelder auch die in Abs. 1 Nr. 3 näher bezeichneten Überwachungsfunktionen. Der Immissionsschutzbeauftragte ist berechtigt und verpflichtet

«... soweit dies nicht die Aufgabe des Störfallbeauftragten nach § 58b Abs. 1 Satz 2 Nr. 3 ist, die Einhaltung der Vorschriften dieses Gesetzes und der auf Grund dieses Gesetzes erlassenen Rechtsverordnungen und die Erfüllung erteilter Bedingungen und Auflagen zu überwachen, insbesondere durch Kontrolle der Betriebsstätte in regelmäßigen Abständen, Messungen von Emissionen und Immissionen, Mitteilung festgestellter Mängel und Vorschläge über Maßnahmen zur Beseitigung dieser Mängel, ...» (vergl. § 54)

C.1.3 AUFZEICHNUNGSPFLICHTEN

Bundes-Immissionsschutzgesetz (BImSchG):
Zweiter Teil. Errichtung und Betrieb von Anlagen
Dritter Abschnitt. Ermittlung von Emissionen und Immissionen, sicherheitstechnische Prüfungen, Technischer Ausschuß für Anlagensicherheit
§ 29 Kontinuierliche Messungen Abs. 1 u. 2
Hin.: Aufzeichnung der kontinuierlichen Messungen.

§ 31 Auskunft über ermittelte Emissionen und Immissionen
Hin.: 5-jährige Aufbewahrung der Aufzeichnungen der Meßgeräte nach § 29.

C.1.4 BEWERTUNGSPFLICHTEN

C.1.5 SONSTIGE PFLICHTEN

Bundes-Immissionsschutzgesetz (BImSchG):
Zweiter Teil. Errichtung und Betrieb von Anlagen
Erster Abschnitt. Genehmigungsbedürftige Anlagen
§ 5 Pflichten der Betreiber genehmigungsbedürftiger Anlagen Abs. 1 Nr. 1, 2, 3, Abs. 3
§ 7 Rechtsverordnungen über Anforderungen an genehmigungsbedürftige Anlagen (auch i. V. mit der 12. BImSchV)
Hin.: (Zu §§ 5 und 7 siehe B.2.1 „Technische Erfordernisse (Gebäude, Räume, Anlagen, Apparaturen, Einrichtungen)")

Zweiter Abschnitt. Nicht genehmigungsbedürftige Anlagen
§ 22   Pflichten der Betreiber nicht genehmigungsbedürftiger Anlagen
§ 23   Anforderungen an die Errichtung, die Beschaffenheit und den Betrieb nicht genehmigungsbedürftiger Anlagen
Hin. zu den §§ 22 und 23:
> Es ist im Einzelfall zu prüfen, ob die Anwendung der §§ 22 und 23 als materiellrechtliche Vorschriften im Rahmen von gentechnikrechtlichen Genehmigungs- und Anmeldeverfahren zu berücksichtigen sind. Dies betrifft insbesondere die Verordnung über Kleinfeuerungsanlagen - 1. BImSchV - und die in ihr genannten Anforderungen an Kleinfeuerungsanlagen, die in gentechnischen Anlagen, z. B. bei der Dampferzeugung Einsatz finden können.

C.1.6   ORGANISATORISCHE UND PERSONELLE RAHMENBEDINGUNGEN

Bundes-Immissionsschutzgesetz (BImSchG):
Sechster Teil. Gemeinsame Vorschriften
§ 52a   Mitteilungspflichten zur Betriebsorganisation
§ 53   Bestellung eines Betriebsbeauftragten für Immissionsschutz
Hin.:   Gemäß § 53 Abs. 1 haben Betreiber genehmigungsbedürftiger Anlagen «... *einen oder mehrere Betriebsbeauftragte für Immissionsschutz (Immissionsschutzbeauftragte) zu bestellen, sofern dies im Hinblick auf die Art oder die Größe der Anlagen wegen der*
  1. von den Anlagen ausgehenden Emissionen,
  2. technischen Probleme der Emissionsbegrenzung oder
  3. Eignung der Erzeugnisse, bei bestimmungsgemäßer Verwendung schädliche Umwelteinwirkungen durch Luftverunreinigungen, Geräusche oder Erschütterungen hervorzurufen,
  erforderlich ist ...»

In der 5. BImSchV werden in Nr. 23 des Anhangs I „Betreiber von Anlagen zur fabrikmäßigen Herstellung von Stoffen durch chemische Umwandlung" aufgeführt, die einen Immissionsschutzbeauftragten zu bestellen haben. Der Einsatz gentechnischer Verfahren erscheint insbesondere in der Nr. 23g („Herstellung von organischen Chemikalien oder Lösungsmitteln, wie Alkohole, Aldehyde, Ketone, Säuren, Ester, Acetate, Äther") möglich.

§ 53 Abs. 2 nennt die Voraussetzungen, unter denen die zuständige Behörde die Bestellung eines (oder mehrerer) Immissionsschutzbeauftragten(r) sowohl in bezug auf genehmigungsbedürftige als auch nicht genehmigungsbedürftige Anlagen anordnen kann.

§ 54 Aufgaben
Hin.: § 54 legt die Aufgaben des Immissionsschutzbeauftragten fest. Er berät Betreiber und Betriebsangehörige in immissionsschutzbedeutsamen Angelegenheiten. Er ist berechtigt und verpflichtet,
- auf die Entwicklung und Einführung umweltfreundlicher Verfahren und umweltfreundlicher Erzeugnisse hinzuwirken,
- bei deren Entwicklung und Einführung insbesondere in gutachterlicher Funktion mitzuwirken,
- die Einhaltung der immissionsschutzrechtlichen Bestimmungen und die Erfüllung erteilter Auflagen und Bedingungen zu überwachen (sofern nicht Aufgabe des Störfallbeauftragten)
- die Betriebsangehörigen über von der Anlage verursachten schädlichen Umwelteinwirkungen sowie über Einrichtungen, Maßnahmen und Pflichten zu deren Verhinderung aufzuklären.

Außerdem hat er jährlich dem Betreiber einen Bericht zu erstatten.

§ 55 Pflichten des Betreibers
Hin.: In § 55 werden die Pflichten des Betreibers in bezug auf den Immissionsschutzbeauftragten festgelegt.

§ 56 Stellungnahme zu Entscheidungen des Betreibers
Hin.: Der Betreiber hat vor bestimmten Entscheidungen, die für den Immissionsschutz bedeutsam sein können, rechtzeitig die Stellungnahme des Immissionsschutzbeauftragten einzuholen.

§ 57 Vortragsrecht
Hin.: § 57 verpflichtet den Betreiber, das Vortragsrecht des Immissionsschutzbeauftragten innerbetrieblich sicherzustellen.

§ 58a Bestellung eines Störfallbeauftragten

Hin.: «*Betreiber genehmigungsbedürftiger Anlagen haben einen oder mehrere Störfallbeauftragte zu bestellen, sofern dies im Hinblick auf die Art und Größe der Anlage wegen der bei einer Störung des bestimmungsgemäßen Betriebs auftretenden Gefahren für die Allgemeinheit und die Nachbarschaft erforderlich ist.*» (§ 58a Abs. 1 Satz 1).

Der Kreis der Betreiber, die einen Störfallbeauftragten zu bestellen haben, ist in § 1 Abs. 2 der 5. BImSchV i. V. mit § 1 Abs. 2 der Störfall-Verordnung festgelegt. Die zuständige Behörde kann die Bestellung eines Störfallbeauftragten unter bestimmten Voraussetzungen auch für solche Anlagen anordnen, für die die Bestellung eines Störfallbeauftragten nicht durch die 5. BImSchV vorgeschrieben ist.

§ 58b Aufgaben des Störfallbeauftragten

Hin.: Der Störfallbeauftragte berät den Betreiber in anlagensicherheitstechnisch bedeutsamen Angelegenheiten. Seine Aufgaben lassen sich zusammenfassen unter den Stichworten:

- Unverzügliche Meldung solcher Störungen des bestimmungsgemäßen Betriebs, die zu Gefahren für die Allgemeinheit und Nachbarschaft führen können
- Überwachung der Einhaltung der immissionsschutzrechtlichen Vorschriften und der Erfüllung erteilter Bedingungen und Auflagen
- Hinwirkung auf die Verbesserung der Anlagensicherheit
- Jährliche Berichterstattung gegenüber dem Betreiber
- Aufzeichnung der von ihm ergriffenen Maßnahmen zur Erfüllung seiner Aufgaben nach Abs. 1 Satz 2 Nr. 2

§ 58c Pflichten und Rechte des Betreibers gegenüber dem Störfallbeauftragten

Hin.: Die in den §§ 55 und 57 genannten Pflichten des Betreibers genehmigungspflichtiger Anlagen gegenüber dem Immissionsschutzbeauftragten gelten gegenüber dem Störfallbeauftragten entsprechend.

C.2 VORGELAGERTE BEREICHE

Bundes-Immissionsschutzgesetz (BImSchG):
Zweiter Teil. Errichtung und Betrieb von Anlagen
Erster Abschnitt. Genehmigungsbedürftige Anlagen
§ 5   Pflichten der Betreiber genehmigungsbedürftiger Anlagen Abs. 1 Nr. 1, 2, 3, Abs. 3
§ 7   Rechtsverordnungen über Anforderungen an genehmigungsbedürftige Anlagen (auch i. V. mit der 12. BImSchV)
Hin.:   (Zu §§ 5 und 7 siehe B.2.1 „Technische Erfordernisse (Gebäude, Räume, Anlagen, Apparaturen, Einrichtungen)")

§ 17   Nachträgliche Anordnungen
Hin.:   § 17 ermöglicht der zuständigen Behörde, zur Erfüllung der sich aus dem BImSchG und der auf seiner Grundlage erlassenen Rechtsverordnungen ergebenden Pflichten, nachträgliche Anordnungen zu erlassen, und regelt insbesondere unter welchen Voraussetzungen diese erfolgen bzw. unterbleiben sollen bzw. müssen.

Wird nach der Erteilung der Genehmigung festgestellt, daß die Allgemeinheit oder die Nachbarschaft nicht ausreichend vor schädlichen Umwelteinwirkungen oder sonstigen Gefahren sowie erheblichen Nachteilen oder Belästigungen geschützt ist, soll die zuständige Behörde nachträgliche Anordnungen treffen.

Dies kann auch den Betrieb einer gentechnischen Anlage im Rahmen des Vollzugs immissionsschutzrechtlicher Vorschriften durch die dafür zuständigen Behörden betreffen, sofern es nicht rein gentechnikspezifische Sachverhalte betrifft.

C.2.1 FORSCHUNGSPLANUNG, ARBEITSPLANUNG, ARBEITSVORBEREITUNG

Bundes-Immissionsschutzgesetz (BImSchG):
Hin.:   (Siehe C.2 „Vorgelagerte Bereiche")

C.2.2 TRANSPORT UND LAGERUNG DER EINSATZSTOFFE

Bundes-Immissionsschutzgesetz (BImSchG):
Hin.: (Siehe C.2 „Vorgelagerte Bereiche")

C.2.3 QUALITÄTSKONTROLLE DER EINSATZSTOFFE

C.2.4 ÜBERWACHUNG UND DOKUMENTATION

Bundes-Immissionsschutzgesetz (BImSchG):
Zweiter Teil. Errichtung und Betrieb von Anlagen
Erster Abschnitt. Genehmigungsbedürftige Anlagen
§ 7   Rechtsverordnungen über Anforderungen an genehmigungsbedürftige Anlagen (auch i. V. mit der 12. BImSchV)

Dritter Abschnitt. Ermittlung von Emissionen und Immissionen, sicherheitstechnische Prüfungen, Technischer Ausschuß für Anlagensicherheit
§ 27   Emissionserklärung
Hin.: (Hin. zu § 27 siehe C.1.1 „Melde-, Auskunfts- und Unterrichtungspflichten")

§ 29   Kontinuierliche Messungen
Hin.: (Hin. zu § 27 siehe C.1.2 „Überwachungspflichten")

§ 31   Auskunft über ermittelte Emissionen und Immissionen

Sechster Teil. Gemeinsame Bestimmungen
§ 53   Bestellung eines Betriebsbeauftragten für Immissionsschutz
§ 58a   Bestellung eines Störfallbeauftragten
Hin.: (Hin. zu §§ 53 und 58a siehe C.1.6 „Organisatorische und personelle Rahmenbedingungen")

C.3 HAUPTBEREICH LABOR

Bundes-Immissionsschutzgesetz (BImSchG):
Zweiter Teil. Errichtung und Betrieb von Anlagen

Erster Abschnitt. Genehmigungsbedürftige Anlagen
§ 5 Pflichten der Betreiber genehmigungsbedürftiger Anlagen Abs. 1 u. 3
§ 7 Rechtsverordnungen über Anforderungen an genehmigungsbedürftige Anlagen (auch i. V. mit der 12. BImSchV)
Hin.: (Zu §§ 5 und 7 siehe B.2.1 „Technische Erfordernisse (Gebäude, Räume, Anlagen, Apparaturen, Einrichtungen)")

§ 17 Nachträgliche Anordnungen
Hin.: (Hin. zu § 17 siehe C.2 „Vorgelagerte Bereiche")

C.3.1 LABORKERNBEREICH

Bundes-Immissionsschutzgesetz (BImSchG):
Hin.: (Siehe C.3 „Hauptbereich Labor")

C.3.2 TRANSPORT UND LAGERUNG

Bundes-Immissionsschutzgesetz (BImSchG):
Hin.: (Siehe C.3 „Hauptbereich Labor")

C.3.3 ÜBERWACHUNG UND DOKUMENTATION

Bundes-Immissionsschutzgesetz (BImSchG):
Hin.:(Siehe C.2.4 „Überwachung und Dokumentation")

C.4 HAUPTBEREICH PRODUKTION

Bundes-Immissionsschutzgesetz (BImSchG):
Zweiter Teil. Errichtung und Betrieb von Anlagen
Erster Abschnitt. Genehmigungsbedürftige Anlagen
§ 5 Pflichten der Betreiber genehmigungsbedürftiger Anlagen Abs. 1 u. 3
§ 7 Rechtsverordnungen über Anforderungen an genehmigungsbedürftige Anlagen (auch i. V. mit der 12. BImSchV)
Hin.: (Zu §§ 5 und 7 siehe B.2.1 „Technische Erfordernisse (Gebäude, Räume, Anlagen, Apparaturen, Einrichtungen)")

§ 17 Nachträgliche Anordnungen
Hin.: (Hin. zu § 17 siehe C.2 „Vorgelagerte Bereiche")

C.4.1 PRODUKTIONSKERNBEREICHE (FERMENTATION UND AUFARBEITUNG)

Bundes-Immissionsschutzgesetz (BImSchG):
Hin.: (Siehe C.4 „Hauptbereich Produktion")

C.4.2 TRANSPORT UND LAGERUNG DER ZWISCHENPRODUKTE

Bundes-Immissionsschutzgesetz (BImSchG):
Hin.: (Siehe C.4 „Hauptbereich Produktion")

C.4.3 PROZESS- UND QUALITÄTSKONTROLLE

Bundes-Immissionsschutzgesetz (BImSchG):
Hin.: (Siehe C.4 „Hauptbereich Produktion")

C.4.4 PRODUKTKONFEKTIONIERUNG, -FORMULIERUNG UND -VERPACKUNG

Bundes-Immissionsschutzgesetz (BImSchG):
Hin.: (Siehe C.4 „Hauptbereich Produktion")

C.4.5 ÜBERWACHUNG UND DOKUMENTATION

Bundes-Immissionsschutzgesetz (BImSchG):
Hin.:(Siehe C.2.4 „Überwachung und Dokumentation")

C.5 NEBENGELAGERTE BEREICHE

Bundes-Immissionsschutzgesetz (BImSchG):
Zweiter Teil. Errichtung und Betrieb von Anlagen
Erster Abschnitt. Genehmigungsbedürftige Anlagen
§ 5   Pflichten der Betreiber genehmigungsbedürftiger Anlagen Abs. 1 u. 3
§ 7   Rechtsverordnungen über Anforderungen an genehmigungsbedürftige Anlagen (auch i. V. mit der 12. BImSchV)
Hin.: (Zu §§ 5 und 7 siehe B.2.1 „Technische Erfordernisse (Gebäude, Räume, Anlagen, Apparaturen, Einrichtungen)")

§ 17   Nachträgliche Anordnungen
Hin.: (Hin. zu § 17 siehe C.2 „Vorgelagerte Bereiche")

C.5.1 EINRICHTUNGEN UND MASSNAHMEN ZUR REINIGUNG UND DEKONTAMINIERUNG

Bundes-Immissionsschutzgesetz (BImSchG):
Hin.: (Siehe C.5 „Nebengelagerte Bereiche")

C.5.2 EMISSIONSSCHUTZ

Bundes-Immissionsschutzgesetz (BImSchG):
Hin.: (Siehe C.5 „Nebengelagerte Bereiche")

C.5.3 INSTANDHALTUNG

Bundes-Immissionsschutzgesetz (BImSchG):
Hin.: (Siehe C.5 „Nebengelagerte Bereiche")

C.5.4 ARBEITSSCHUTZ, ARBEITSSICHERHEITSMASSNAHMEN

Bundes-Immissionsschutzgesetz (BImSchG):
Hin.: (Siehe C.5 „Nebengelagerte Bereiche")

C.5.5 UMWELTANALYTIK, UMWELTMONITORING

Bundes-Immissionsschutzgesetz (BImSchG):
Zweiter Teil. Errichtung und Betrieb von Anlagen
§ 7   Rechtsverordnungen über Anforderungen an genehmigungsbedürftige Anlagen Abs. 1 Nr. 3 (auch i. V. mit der 12. BImSchV)
Hin.: § 7 ermächtigt die Bundesregierung, daß die Errichtung, die Beschaffenheit, der Betrieb, der Zustand nach Betriebseinstellung und die betreibereigene Überwachung genehmigungsbedürftiger Anlagen bestimmten Anforderungen genügen müssen, u. a. insbesondere, daß die Betreiber Messungen von Emissionen und Immissionen nach in der Rechtsverordnung näher zu bestimmenden Verfahren vorzunehmen haben oder vornehmen lassen müssen.

Dritter Abschnitt. Ermittlung von Emissionen und Immissionen, sicherheitstechnische Prüfungen, Technischer Ausschuß für Anlagensicherheit
§ 26   Messungen aus besonderem Anlaß
Hin.: Die zuständige Behörde kann anordnen, daß der Betreiber einer genehmigungsbedürftigen Anlage bestimmte Messungen durchführen läßt, wenn zu befürchten ist, daß durch die Anlage schädliche Umwelteinwirkungen hervorgerufen werden.

§ 28   Erstmalige und wiederkehrende Messungen bei genehmigungsbedürftigen Anlagen
Hin.: Nach der Inbetriebnahme oder einer wesentlichen Änderung und dann jeweils nach 3 Jahren bzw. unter besonderen Voraussetzungen auch in kürzeren Zeiträumen kann bei genehmigungsbedürftigen Anlagen die zuständige Behörde auch ohne, daß ein „besonderer Anlaß" im Sinne des § 26 vorliegt, Messungen veranlassen.

§ 29   Kontinuierliche Messungen Abs. 1 u. 2
Hin.: Unter bestimmten Voraussetzungen kann bzw. soll die zuständige Behörde bei genehmigungsbedürftigen und bei nicht genehmigungsbedürftigen Anlagen kontinuierliche Messungen (und deren Aufzeichnung) über bestimmte Emissionen oder Immissionen anordnen.

Es ist im Einzelfall zu beurteilen, ob für gentechnische Anlagen Konstellationen wahrscheinlich sind, die eine kontinuierliche Überwachung in diesem Sinne notwendig erscheinen lassen.

C.5.6	QUALITÄTSSICHERUNG

C.5.7	EINRICHTUNGEN UND MASSNAHMEN FÜR DIE HALTUNG UND AUFBEWAHRUNG VON GENTECHNISCH VERÄNDERTEN UND GENTECHNISCH NICHT VERÄNDERTEN ORGANISMEN

C.5.7.1	EINRICHTUNGEN UND MASSNAHMEN FÜR DIE HALTUNG UND AUFBEWAHRUNG VON MIKROORGANISMEN UND ZELLKULTUREN

C.5.7.2	EINRICHTUNGEN UND MASSNAHMEN FÜR DIE HALTUNG UND AUFBEWAHRUNG VON TIEREN

C.5.7.3	EINRICHTUNGEN UND MASSNAHMEN FÜR DIE HALTUNG UND AUFBEWAHRUNG VON PFLANZEN

C.5.8	TRANSPORT UND LAGERUNG

Bundes-Immissionsschutzgesetz (BImSchG):
Hin.:   (Siehe C.5 „Nebengelagerte Bereiche")

C.6	NACHGELAGERTE BEREICHE

Bundes-Immissionsschutzgesetz (BImSchG):
Zweiter Teil. Errichtung und Betrieb von Anlagen
Erster Abschnitt. Genehmigungsbedürftige Anlagen
§ 5   Pflichten der Betreiber genehmigungsbedürftiger Anlagen Abs. 1 u. 3
§ 7   Rechtsverordnungen über Anforderungen an genehmigungsbedürftige Anlagen (auch i. V. mit der 12. BImSchV)

Hin.: (Zu §§ 5 und 7 siehe B.2.1 „Technische Erfordernisse (Gebäude, Räume, Anlagen, Apparaturen, Einrichtungen)")

§ 17 Nachträgliche Anordnungen
Hin.: (Hin. zu § 17 siehe C.2 „Vorgelagerte Bereiche")

C.6.1 LAGERUNG, TRANSPORT UND ABGABE VON PRODUKTEN

Bundes-Immissionsschutzgesetz (BImSchG):
Hin.: (Siehe C.6 „Nachgelagerte Bereiche")

C.6.2 VERMEIDUNG, VERWERTUNG UND ENTSORGUNG VON ABFÄLLEN UND RESTSTOFFEN

Bundes-Immissionsschutzgesetz (BImSchG):
Zweiter Teil. Errichtung und Betrieb von Anlagen
Erster Abschnitt. Genehmigungsbedürftige Anlagen
§ 4 Genehmigung Abs. 1
Hin.: Nach § 4 Abs. 1 bedürfen u. a. die Errichtung und der Betrieb von ortsfesten Abfallentsorgungsanlagen zur Lagerung oder Behandlung von Abfällen einer Genehmigung. Anhang Nr. 8 der 4. BImSchV bestimmt diejenigen Anlagen zur Verwertung oder Beseitigung von Reststoffen oder Abfällen, die nach dem BImSchG genehmigungspflichtig sind.

§ 5 Pflichten der Betreiber genehmigungsbedürftiger Anlagen Abs. 1 u. 3
§ 7 Rechtsverordnungen über Anforderungen an genehmigungsbedürftige Anlagen (auch i. V. mit der 12. BImSchV)
Hin.: (Zu §§ 5 und 7 siehe B.2.1 „Technische Erfordernisse (Gebäude, Räume, Anlagen, Apparaturen, Einrichtungen)")

§ 17 Nachträgliche Anordnungen
Hin.: (Hin. zu § 17 siehe C.2 „Vorgelagerte Bereiche")

Verordnung über genehmigungsbedürftige Anlagen (4. BImSchV):
§ 1 Genehmigungsbedürftige Anlagen (i. V. mit Anhang Nr. 8)

Anhang Nr. 8 Verwertung und Beseitigung von Reststoffen und Abfällen

C.6.2.1   LAGERUNG VON ABFÄLLEN UND RESTSTOFFEN

Bundes-Immissionsschutzgesetz (BImSchG):
Hin.:   (Siehe C.6.2 „Vermeidung, Verwertung und Entsorgung von Abfällen und Reststoffen")

C.6.2.2   TRANSPORT VON ABFÄLLEN UND RESTSTOFFEN

Bundes-Immissionsschutzgesetz (BImSchG):
Hin.:   (Siehe C.6 „Nachgelagerte Bereiche")

C.6.2.3   VERWERTUNG VON ABFÄLLEN UND RESTSTOFFEN

Bundes-Immissionsschutzgesetz (BImSchG):
Hin.:   (Siehe C.6.2 „Vermeidung, Verwertung und Entsorgung von Abfällen und Reststoffen")

C.6.2.4   BEHANDLUNG UND ENTSORGUNG VON ABFÄLLEN

Bundes-Immissionsschutzgesetz (BImSchG):
Hin.:   (Siehe C.6.2 „Vermeidung, Verwertung und Entsorgung von Abfällen und Reststoffen")

C.6.3   BEHANDLUNG VON ABWASSER, GEWÄSSERSCHUTZ

<Bundes-Immissionsschutzgesetz (BImSchG):>
Hin.:   (Siehe C.6 „Nachgelagerte Bereiche")

C.6.4 BEHANDLUNG VON GASFÖRMIGEN UND PARTIKULÄREN EMISSIONEN, LUFTREINHALTUNG

Bundes-Immissionsschutzgesetz (BImSchG):
Hin.:   (Siehe C.6 „Nachgelagerte Bereiche")

C.6.5 ÜBERWACHUNG UND DOKUMENTATION

Bundes-Immissionsschutzgesetz (BImSchG):
Hin.:   (Siehe C.6.2.4 „Überwachung und Dokumentation")

D. HAFTUNGSVORSCHRIFTEN

E. STRAF- UND BUSSGELDVORSCHRIFTEN

Bundes-Immissionsschutzgesetz (BImSchG):
Sechster Teil. Gemeinsame Bestimmungen
§ 62   Ordnungswidrigkeiten

Strafgesetzbuch (StGB):
§ 325   Luftverunreinigung und Lärm
§ 327   Unerlaubtes Betreiben von Anlagen
§ 329   Gefährdung schutzbedürftiger Gebiete
§ 330   Schwere Umweltgefährdung
§ 330a Schwere Gefährdung durch Freisetzen von Giften

F. KOSTEN UND GEBÜHREN

Bundes-Immissionsschutzgesetz (BImSchG):
Zweiter Teil. Errichtung und Betrieb von Anlagen
Dritter Abschnitt. Ermittlung von Emissionen und Immissionen, sicherheitstechnische Prüfungen, Technischer Ausschuß für Anlagensicherheit
§ 30   Kosten der Messungen und sicherheitstechnischen Prüfungen

Hin.: Wenn es sich um eine genehmigungsbedürftige Anlage handelt, trägt der Betreiber die Kosten der Messungen zur Ermittlung der Emissionen und Immissionen sowie die Kosten der sicherheitstechnischen Prüfungen. Sofern es sich um eine nicht genehmigungsbedürftige Anlage handelt, besteht eine Kostenübernahmepflicht des Betreibers nur bei Vorliegen bestimmter Voraussetzungen.

6.4 Spezialregelungen mit umweltschutzrelevanten Bestimmungen für gentechnische Anlagen und gentechnische Arbeiten im Einzelfall

6.4.1 Regelwerke Arbeitssicherheit, Unfallverhütung

Durch das Gentechnikgesetz selbst, aber insbesondere durch die Gentechnik-Sicherheitsverordnung werden Aspekte der Arbeitssicherheit und der Unfallverhütung bei der Errichtung und beim Betrieb gentechnischer Anlagen im Hinblick auf die spezifisch von der Gentechnik ausgehenden Gefahren geregelt.

Durch den Einsatz unterschiedlicher gentechnischer Einrichtungen im Rahmen gentechnischer Arbeiten können aber zusätzliche, nicht gentechnikspezifische Gefahrenmomente für das Leben und die Gesundheit der Beschäftigten resultieren. Hier kommen vor allem die Unfallverhütungsvorschriften und Merkblätter der Berufsgenossenschaften mit ihren Bestimmungen zum Schutz der Beschäftigten zum Tragen. Die UVV „Allgemeine Vorschriften" (VBG 1) und eine Reihe weiterer Unfallverhütungsvorschriften und DIN-Normen enthalten technische, organisatorische und personelle Vorgaben zur Gewährleistung der Arbeitssicherheit. Hinzu kommen Unfallverhütungsvorschriften, die spezielle Bestimmungen zum Umgang mit biologischen Agenzien aufgrund der damit verbundenen potentiellen Gefahren für die Beschäftigten enthalten. Die UVV „Biotechnologie"[11] (VBG 102)

---

[11] Die UVV Biotechnologie wird derzeit umfassend überarbeitet. Der Arbeitskreis "Biotechnologie" im Fachausschuß Chemie der Berufsgenossenschaft hat einen Neufassungsentwurf vorgelegt, der u. a. die Inhalte der Richtlinie 90/679/EWG des Rates vom 26.11.1990 über den Schutz der Arbeitnehmer gegen Gefährdung durch biologische Arbeitsstoffe bei der Arbeit (ABL Nr. L 374, S. 1), zuletzt geändert durch die Richtlinie 93/88/EWG des Rates vom 12.10.1993 (ABL Nr. L 268, S. 71), berücksichtigt. Der Entwurf unterscheidet im Sinne der Arbeitnehmerschutzrichtlinie zwischen "beabsichtigtem Umgang" und "unbeabsichtigtem Umgang mit biologischen Agenzien". Die Neufassung soll deshalb den Titel "Biologische Agenzien" tragen. In seiner Begründung zur UVV "Biologische Agenzien" schreibt der Arbeitskreis "Biotechnologie": *«Beim beabsichtigten Umgang im Sinne eines gezielten Einsatzes von biologischen Agenzien bei biotechnologischen Verfahren sind für die Risikoermittlung die Risikogruppen der biologischen Agenzien, die Art der durchzuführenden Arbeiten und ggf. biologische Sicherheitsmaßnahmen und besondere Eigenschaften des Organismus zu berücksichtigen.*

Beim unbeabsichtigten Umgang mit biologischen Agenzien können die Risiken einer Exposition gegenüber biologischen Agenzien nach Art, Ausmaß, Dauer und deren Wirkung oft nur abgeschätzt werden. Die mindestens einzuhaltenden Sicherheitsmaßnahmen im Sinne von Durchführungsanweisungen werden branchenspezifisch in konkretisierenden Merkblättern der fachlich zuständigen Berufsgenossenschaften festgelegt.»

gilt für den Umgang mit biologischen Agenzien, einschließlich der Tätigkeiten in deren Gefahrensbereich. Der Geltungsbereich der UVV „Gesundheitsdienst" (VBG 103) erstreckt sich auf verschiedene Einrichtungen des Gesundheitsdienstes und des veterinärmedizinischen Bereiches. In einigen davon ist der Einsatz gentechnischer Verfahren möglich. Beide Unfallverhütungsvorschriften enthalten generelle Schutzbestimmungen für ihre Geltungsbereiche.

Zusätzlich bieten die Merkblätter „Sichere Biotechnologie" der Berufsgenossenschaft einen anschaulichen Überblick, wie die allgemeinen Forderungen, die sich aus der UVV „Biotechnologie" ergeben, beim Umgang mit biologischen Agenzien erfüllt werden können. Darüber hinaus existieren weitere berufsgenossenschaftliche Schriften, die im Umgang mit biologischen Agenzien von Fall zu Fall von Bedeutung sein können[12].

Neben den berufsgenossenschaftlichen Bestimmungen enthalten auch DIN-Normen wichtige Festlegungen - speziell auch im medizinisch-mikrobiologischen Laborbereich - die in bezug auf die dort getroffenen sicherheitstechnischen Maßnahmen die anerkannten Regeln der Technik wiedergeben[13] [7].

---

[12] Beispielhaft wären zu nennen:
Merkblatt M006: "Besondere Schutzmaßnahmen in Laboratorien"
Merkblatt M007: "Tierlaboratorien"
Richtlinien für die Verhütung von Infektionen des Menschen durch Affen (überarbeitete Fassung in Zukunft als Merkblatt B010 innerhalb der Reihe "Sichere Biotechnologie"
Die Unfallverhütungsvorschriften und Merkblätter verweisen ihrerseits auf weitere spezielle Regelungen.

[13] 12 950 T 10/10.91: Laboreinrichtungen; Sicherheitswerkbänke für mikrobiologische und biotechnologische Arbeiten; Anforderungen, Prüfung

55 515 T 1/05.89: Versandverpackungen für medizinisches und biologisches Untersuchungsgut; Begriffe, Anforderungen, Prüfung

58 956 T 1/06.90: Medizinische Mikrobiologie; Medizinisch-mikrobiologische Laboratorien; Klassifizierung, Abgrenzung der Arbeitsstätten, Räumlichkeiten; Sicherheitstechnische Anforderungen und Prüfung

58 956 T 1 Bbl 1/12.88: Medizinische Mikrobiologie; Medizinisch-mikrobiologische Laboratorien; Zuordnung von Mikroorganismen zu Risikogruppen I bis IV

58 956 T 2/01.86: Medizinische Mikrobiologie; Medizinisch-mikrobiologische Laboratorien; Anforderungen an die Ausstattung

Gemeinsam mit den gentechnikrechtlichen Sicherheitsbestimmungen und den in Kapitel 6.4.2 behandelten Regelwerken zur Gewährleistung technischer Sicherheit bieten die aufgeführten Regelwerke ein hohes Maß an Sicherheit dafür, daß Leben und Gesundheit von Beschäftigten und der Bevölkerung wirksam geschützt werden. Eine Kombination biologischer, technischer, organisatorischer und personeller Sicherheitsmaßnahmen bilden hierfür die Ausgangsbasis.

58 956 T 3/12.86: Medizinische Mikrobiologie; Medizinisch-mikrobiologische Laboratorien; Anforderungen an den Organisationsplan

58 956 T 4/01.86: Medizinische Mikrobiologie; Medizinisch-mikrobiologische Laboratorien; Anforderungen an die Entsorgung

58 956 T 5/10.90: Medizinische Mikrobiologie; Medizinisch-mikrobiologische Laboratorien; Anforderungen an den Hygieneplan

58 956 T 10/01.86: Medizinische Mikrobiologie; Medizinisch-mikrobiologische Laboratorien; Sicherheitskennzeichnung

6.4.2 Regelwerke Technische Sicherheit

Das Gesetz über technische Arbeitsmittel (Gerätesicherheitsgesetz - hier mit GSG abgekürzt -) bildet die rechtliche Grundlage für den Erlaß einer Reihe wichtiger Verordnungen zur Gewährleistung technischer Sicherheit und zum Schutz der Beschäftigten und Dritter durch Anlagen, die einer besonderen Überwachung bedürfen (vergl. § 11 GSG).

Wie die Regelwerke im vorangehenden Kapitel, dienen die hier zugeordneten Regelungen in erster Linie dem Schutz der Beschäftigten und Dritter vor Gefahren, die von bestimmten überwachungsbedürftigen Anlagen ausgehen können. Das Gerätesicherheitsgesetz ist Grundlage für den Erlaß zahlreicher Verordnungen, von denen einige, deren sicherheitstechnische Anforderungen in gentechnischen Produktionsanlagen häufiger zum Tragen kommen können, in Kapitel 2.3.2 aufgelistet sind. In den genannten Vorschriften sind Bestimmungen enthalten, die u. a. die Errichtung, die Inbetriebnahme, den Betrieb oder die Änderung bestimmter Anlagen anzeigepflichtig bzw. abhängig von einer behördlichen Erlaubnis machen. Ferner ist darin festgelegt, daß die Verwendung bestimmter Anlagen oder Teile solcher Anlagen nach einer Bauartprüfung allgemein zugelassen sein können und daß bei der Errichtung, der Herstellung, der Bauart, den Werkstoffen, der Ausrüstung und der Unterhaltung solcher Anlagen dem Stand der Technik entsprechende Anforderungen einzuhalten sind. Ferner ist geregelt, welchen Prüfungen bestimmte Anlagen zu unterwerfen sind.

Diese technischen Anforderungen sind in staatlichen technischen Regelwerken[14] zusammengefaßt. Sie repräsentieren den verbindlichen Stand der Technik auf diesem Gebiet. Die darin aufgeführten Sicherheitsbestimmungen für technische Anlagen und Anlagenteile tragen entscheidend zur Sicherheit des Gesamtsystems, z. B. einer gentechnischen Produktionsanlage bei und leisten damit auch einen wesentlichen Beitrag zum Schutz der Umwelt, indem sie beispielsweise das Risiko eines Entweichens von GVO höherer Risikogruppen durch technisch verursachte Störungen (Explosionen, Brände, etc.) mindern.

---

[14] Eine Auswahl technischer Regeln sind nachfolgend aufgeführt:
Technische Regeln für Aufzüge (TRA), Technische Regeln für brennbare Flüssigkeiten (TRbF), Technische Regeln für Gashochdruckleitungen (TRGL), Technische Regeln für Dampfkessel (TRD), Technische Regeln für Druckgase (TRG), Technische Regeln für Druckbehälter (TRB).

6.4.3 Regelwerke „Gefährliche Stoffe und Zubereitungen"

Zweck des Gesetzes zum Schutz vor gefährlichen Stoffen (Chemikaliengesetz - ChemG) ist es, «... *den Menschen und die Umwelt vor schädlichen Einwirkungen gefährlicher Stoffe und Zubereitungen zu schützen, insbesondere sie erkennbar zu machen, sie abzuwenden und ihrem Entstehen vorzubeugen»* (vergl. § 1 ChemG).

§ 2 ChemG schränkt den Anwendungsbereich des Chemikaliengesetzes für die dort bezeichneten Stoffe, Zubereitungen und Erzeugnisse welche den Regelungsbereichen anderer Rechtsvorschriften unterworfen sind, in sehr differenzierter Weise ein, wobei diese Einschränkungen für die Planung, die Errichtung und den Betrieb einer gentechnischen Anlage durchaus Bedeutung erlangen können.

Davon betroffen sind u. a. Tabakerzeugnisse und kosmetische Mittel i. S. des Lebensmittel- und Bedarfsgegenständegesetzes (hier als LMBG abgekürzt), Arzneimittel, welche einem Zulassungs- oder Registrierungsverfahren nach Arzneimittelgesetz oder Tierseuchengesetz unterliegen sowie noch bestimmte andere Arzneimittel. Die Einschränkungen betreffen weiterhin Abfälle und sonstige Stoffe, Zubereitungen und Erzeugnisse soweit die Bestimmungen des Abfallgesetzes anwendbar sind, radioaktive Abfälle i. S. des Atomgesetzes und Abwasser i. S. des Abwasserabgabengesetzes, soweit es in Gewässer oder Abwasseranlagen eingeleitet wird. Hinzu kommen Einschränkungen in Hinblick auf bestimmte Lebensmittel i. S. des LMBG, bestimmte Futtermittel und Zusatzstoffe i. S. des Futtermittelgesetzes sowie bestimmte Stoffe und Zubereitungen, die besonderen Zulassungs- oder Registrierungsverfahren nach Arzneimittel-, Tierseuchen- oder Pflanzenschutzgesetz unterliegen.

Außerdem ist die Beförderung gefährlicher Güter über die verschiedenen Verkehrsträger mit Ausnahme der innerbetrieblichen Beförderung und mit Ausnahme des 6. Abschnitts („Gute Laborpraxis") von den Vorschriften des Chemikaliengesetzes ausgenommen. Deren Beförderung wird durch nationale und internationale Gefahrguttransportvorschriften geregelt (siehe auch Kapitel 6.4.6).

Das Chemikaliengesetz bildet die gesetzliche Grundlage für das Inverkehrbringen und Verwenden von Stoffen, Zubereitungen und Erzeugnissen im Sinne dieses Gesetzes[15].

---

[15] Die §§ 3, 3a und 19 ChemG definieren einige für die Anwendung des Gesetzes wesentliche Begriffe.

Besondere Beachtung erfahren dabei, dem Schutzzweck des Gesetzes entsprechend, die gefährlichen Stoffe und gefährlichen Zubereitungen sowie die Gefahrstoffe, die in den §§ 3a bzw. 19 Abs. 2 ChemG i. V. mit § 4 GefStoffV definiert werden[15]. Der Begriff Gefahrstoffe ist weiter gefaßt; er schließt gefährliche Stoffe und Zubereitungen ein. Während das Gesetz den Begriff „gefährliche Stoffe und Zubereitungen" für die Anmeldung, Einstufung, Verpackung, Kennzeichnung und das Inverkehrbringen eben dieser Stoffe und Zubereitungen verwendet, ist der Begriff Gefahrstoffe mit dem Herstellen oder Verwenden solcher Stoffe oder dem Durchführen von Tätigkeiten in deren Gefahrenbereich, so-

«Im Sinne des Gesetzes sind
1. Stoffe: chemische Elemente oder chemische Verbindungen, wie sie natürlich vorkommen oder hergestellt werden, einschließlich der Verunreinigungen und der für die Vermarktung erforderlichen Hilfsstoffe; ...
9. Inverkehrbringen: die Abgabe an Dritte oder die Bereitstellung für Dritte; das Verbringen in den Geltungsbereich dieses Gesetzes gilt als Inverkehrbringen, soweit es sich nicht lediglich um einen Transitverkehr nach Nummer 8 zweiter Halbsatz handelt; ...» (vergl. § 3 ChemG)

«Gefährliche Stoffe oder gefährliche Zubereitungen sind Stoffe oder Zubereitungen, die
1. explosionsgefährlich,
2. brandfördernd,
3. hochentzündlich,
4. leichtentzündlich,
5. entzündlich,
6. sehr giftig,
7. giftig,
8. mindergiftig,
9. ätzend,
10. reizend,
11. sensibilisierend,
12. krebserzeugend,
13. fruchtschädigend oder
14. erbgutverändernd sind oder
15. sonstige chronisch schädigende Eigenschaften besitzen oder
16. umweltgefährlich sind;
ausgenommen sind gefährliche Eigenschaften ionisierender Strahlen.» (vergl. § 3a Abs. 1 ChemG)

«Gefahrstoffe im Sinne dieser Vorschrift sind
1. gefährliche Stoffe und Zubereitungen nach § 3a,
2. Stoffe, Zubereitungen und Erzeugnisse, die explosionsfähig sind,
3. Stoffe, Zubereitungen und Erzeugnisse, aus denen bei der Herstellung oder Verwendung gefährliche oder explosionsfähige Stoffe oder Zubereitungen entstehen oder freigesetzt werden können,
4. Stoffe, Zubereitungen und Erzeugnisse, die erfahrungsgemäß Krankheitserreger übertragen können.» (§ 19 Abs. 2 ChemG)

weit sie den innerbetrieblichen Bereich betreffen, verknüpft. Als **ein** Einstufungskriterium wird dabei die u. a. Umweltgefährlichkeit genannt. Umweltgefährlich sind gemäß § 3a Abs. 2 ChemG Stoffe oder Zubereitungen, «... *die selbst oder deren Umwandlungsprodukte geeignet sind, die Beschaffenheit des Naturhaushalts, von Wasser, Boden oder Luft, Klima, Tieren, Pflanzen oder Mikroorganismen derart zu verändern, daß dadurch sofort oder später Gefahren für die Umwelt herbeigeführt werden können».* Bei der Anmeldung neuer Stoffe sowie der Einstufung, Verpackung und Kennzeichnung von gefährlichen Stoffen, Zubereitungen und bestimmten Erzeugnissen spielen Umweltgesichtspunkte eine wichtige Rolle. So sind bei der Anmeldung neuer Stoffe gemäß § 6 ChemG u. a. Verfahren zur geordneten Entsorgung, zur möglichen Wiederverwendung und Neutralisierung anzugeben sowie Prüfnachweise nach § 7 ChemG u. a. über abiotische und leichte biologische Abbaubarkeit und über Toxizität gegenüber Wasserorganismen nach kurzzeitiger Einwirkung vorzulegen. Weitere Prüfungen und Prüfnachweise in bezug auf umweltspezifische Kenngrößen sind durchzuführen bzw. vorzulegen, wenn Stoffe in sehr großer Menge in den Verkehr gebracht werden. Das Chemikaliengesetz sieht Mitteilungspflichten für eine Reihe von Stoffkategorien vor bzw. enthält die Ermächtigungsgrundlage zum Erlaß entsprechender Rechtsverordnungen. Diese Mitteilungspflichten umfassen ebenfalls umweltschutzrelevante Kenngrößen.

Abschnitt 5 des Chemikaliengesetzes enthält zahlreiche Ermächtigungen für die Bundesregierung, durch Rechtsverordnung bestimmte Verbote und Beschränkungen zu erlassen sowie bestimmte Maßnahmen zum Schutz der Beschäftigten vorzuschreiben. Von dieser Ermächtigung hat die Bundesregierung Gebrauch gemacht und u. a. 2 sehr bedeutende Rechtsverordnungen erlassen.

Es handelt sich dabei zum einen um die Verordnung zum Schutz vor gefährlichen Stoffen (Gefahrstoffverordnung - GefStoffV), deren Zweck in § 1 wie folgt niedergelegt ist: *«Zweck dieser Verordnung ist es, durch Regelungen über die Einstufung, über die Kennzeichnung und Verpackung von gefährlichen Stoffen, Zubereitungen und bestimmten Erzeugnissen sowie über den Umgang mit Gefahrstoffen den Menschen vor arbeitsbedingten und sonstigen Gesundheitsgefahren und die Umwelt vor stoffbedingten Schädigungen zu schützen, insbesondere sie erkennbar zu machen, sie abzuwenden und ihrer Entstehung vorzubeugen, soweit nicht in anderen Rechtsvorschriften besondere Regelungen getroffen sind.»*

Sofern bei gentechnischen Arbeiten Gefahrstoffe im Sinne des § 19 Abs. 2 ChemG Verwendung finden, sind insbesondere die Vorschriften des 5. Abschnitts der Gefahrstoffverordnung („Allgemeine Umgangsvorschriften für Gefahrstoffe") und sofern es sich um bestimmte krebserzeugende und erbgutverändernde Gefahrstoffe (vergl. § 35 GefStoffV) handelt, auch die Vorschriften des 6. Abschnitts („Zusätzliche Vorschriften für den Umgang mit krebserzeugenden und erbgutverändernden Gefahrstoffen") zu beachten. Darüber hinaus haben u. a. Hersteller bestimmter gefährlicher Stoffe und Zubereitungen (vergl. § 2 Abs. 1 und 2 GefStoffV) die in den Verkehr gebracht werden sollen den 3. Abschnitt der Gefahrstoffverordnung („Kennzeichnung und Verpackung beim Inverkehrbringen") zu beachten.

Zum anderen handelt es sich um die Verordnung über Verbote und Beschränkungen des Inverkehrbringens gefährlicher Stoffe, Zubereitungen und Erzeugnisse nach dem Chemikaliengesetz (Chemikalien-Verbotsverordnung - ChemVerbotsV) vom 14.10.1993 (BGBl. I S. 1720). Diese Verordnung regelt das Verbot des Inverkehrbringens bestimmter Stoffe, Zubereitungen und Erzeugnisse sowie Erlaubnis-, Anzeige-, Informations- und Aufzeichnungspflichten beim Inverkehrbringen verschiedener gefährlicher Stoffe und Zubereitungen. Ein Einsatz der im Anhang zu dieser Verordnung genannten Stoffe im Rahmen gentechnischer Anlagen und Arbeiten dürfte allerdings unter den mit Verbot belegten Maßgaben die Ausnahme darstellen. Daher wurde von einer Darstellung der Chemikalien-Verbotsverordnung in Band 4.1 abgesehen.

§ 19a Abs. 1 ChemG enthält die Verpflichtung, daß nichtklinische experimentelle Prüfungen von Stoffen oder Zubereitungen unter Einhaltung der sog. Grundsätze der Guten Laborpraxis (GLP) durchzuführen sind. Dies gilt allerdings nur dann, wenn die Ergebnisse der vorgenannten Prüfungen für eine Bewertung möglicher Gefahren der betreffenden Stoffe oder Zubereitungen für Mensch und Umwelt in einem Zulassungs-, Erlaubnis-, Registrierungs-, Anmelde- oder Mitteilungsverfahren dienen sollen. Die Grundsätze der Guten Laborpraxis sind im Anhang 1 des Chemikaliengesetzes niedergelegt.

Der außerbetriebliche Transport von gefährlichen Stoffen fällt nicht in den Regelungsbereich des Chemikaliengesetzes sondern unterliegt dem Regelungsbereich der Gefahrguttransportvorschriften (siehe Kapitel 6.4.6).

6.4.4 Regelwerke Strahlenschutz

Der Zweck des Gesetzes über die friedliche Verwendung der Kernenergie und den Schutz gegen ihre Gefahren (Atomgesetz) besteht u. a. darin, «... *Leben, Gesundheit und Sachgüter vor den Gefahren der Kernenergie und der schädlichen Wirkung ionisierender Strahlen zu schützen ...*» (vergl. § 1 Nr. 2 AtomG).

Die aufgrund des Atomgesetzes erlassene Verordnung über den Schutz vor Schäden durch ionisierende Strahlen (Strahlenschutzverordnung - StrlSchV) regelt u. a. den Umgang mit radioaktiven Stoffen sowie die Beförderung dieser Stoffe. Da radioaktive Substanzen bei einigen gentechnischen Arbeiten im Labor ein wichtiges Arbeitsmittel darstellen, sind die Bestimmungen des Atomrechts, speziell aber die der Strahlenschutzverordnung, zu berücksichtigen, wenn der Einsatz radioaktiver Stoffe vorgesehen ist. Die Strahlenschutzverordnung unterscheidet den genehmigungsbedürftigen und den genehmigungsfreien Umgang mit radioaktiven Stoffen. Die §§ 3, 4 StrlSchV regeln, welcher Umgang mit radioaktiven Stoffen genehmigungsbedürftig, genehmigungsfrei oder zumindest anzeigepflichtig ist. Die Strahlenschutzverordnung kennt die Funktionen des Strahlenschutzverantwortlichen und des Strahlenschutzbeauftragten und legt deren Verantwortlichkeiten und Aufgaben fest. Die außerbetriebliche Beförderung radioaktiver Stoffe bedarf, von Ausnahmen abgesehen, der Genehmigung. Im allgemeinen werden damit Unternehmen beauftragt, die Inhaber einer Genehmigung sind. Die Beförderung betrifft zum einen die für gentechnische Arbeiten eingesetzten radioaktiven Isotope, zum anderen die radioaktiven Abfälle aus gentechnischen Labors, die die zulässigen Freigrenzen überschreiten.

6.4.5 Regelwerke Seuchen, Tierseuchen, Pflanzenkrankheiten

Das Bundes-Seuchengesetz (hier als BSeuchG abgekürzt) verfolgt den Zweck, übertragbare Krankheiten beim Menschen, das sind nach § 1 BSeuchG «*... durch Krankheitserreger verursachte Krankheiten, die unmittelbar oder mittelbar auf den Menschen übertragen werden können*» zu verhüten und zu bekämpfen. Dazu sieht das Gesetz u. a. Meldepflichten bei Krankheitsverdacht, Erkrankung oder Tod an bestimmten Krankheiten vor. Im 4. Abschnitt enthält das Gesetz Vorschriften zur Verhütung übertragbarer Krankheiten.

Dies sind zum einen allgemeine Vorschriften, wie beispielsweise Entseuchungs- und Entwesungsmaßnahmen bei mit Erregern von meldepflichtigen übertragbaren Krankheiten behafteten oder behaftungsverdächtigen Gegenständen, zum anderen Vorschriften über Schutzimpfungen, bestimmte Vorschriften beim Verkehr mit Lebensmitteln und Vorschriften beim Arbeiten und Verkehr mit Krankheitserregern. Der 5. Abschnitt enthält Vorschriften zur Bekämpfung übertragbarer Krankheiten. Daneben enthält das Bundes-Seuchengesetz im 9. Abschnitt Straf- und Bußgeldvorschriften.

Sofern gentechnische Arbeiten den Umgang mit Krankheitserregern im Sinne des § 19 Abs. 1 BSeuchG erforderlich machen, sind vor allem die §§ 19 bis 29 BSeuchG zu beachten. Der Umgang mit Krankheitserregern ist in der Regel erlaubnispflichtig. Die Erteilung der Erlaubnis ist an bestimmte personelle Voraussetzungen und das Vorhandensein bestimmter technischer Einrichtungen gekoppelt. Ärztlich oder tierärztlich geleitete staatliche Hygieneinstitute, Gesundheitsämter und vergleichbare Einrichtungen sowie solche öffentliche Forschungsinstitute, deren Aufgabe das Arbeiten mit Krankheitserregern erfordert, sind nach § 20 BSeuchG von der Erlaubnispflicht für Arbeiten mit bestimmten Krankheitserregern ausgenommen (nähere Angaben zur Erteilung der Erlaubnis nach Bundes-Seuchengesetz siehe auch Kapitel 6.1.2.1).

Das Bundes-Seuchengesetz enthält in § 29 die Ermächtigung für den Bundesminister für Gesundheit, die Rahmenbedingungen des Arbeitens und des Verkehrs mit Krankheitserregern sowie die Anforderungen an die Beschaffenheit von Räumen und Einrichtungen durch Rechtsverordnung näher zu regeln. Umfassende sicherheitstechnische, organisatorische und personelle Standards sind überdies in DIN-Normen[13] festgelegt. Jahrzehntelange Erfahrungen im Umgang mit hochpathogenen Erregern vor allem zur Entwicklung und

Produktion von Impfstoffen gegen eben jene Erreger dokumentieren das hohe Sicherheitsniveau dieser aus der Praxis erwachsenen Vorschriften und Standards.

Das Tierseuchengesetz (TierSG) ist die rechtliche Grundlage für die Tierseuchenbekämpfung in Deutschland. Tierseuchen sind gemäß § 1 TierSG Seuchen, die bei Haustieren oder Süßwasserfischen auftreten oder bei anderen Tieren auftreten und auf Haustiere oder Süßwasserfische übertragen werden können. In Verbindung mit der auf seiner Grundlage erlassenen Tierseuchenerreger-Verordnung regelt es den Umgang mit Tierseuchenerregern. Wie der Umgang mit Krankheitserregern ist auch das Arbeiten mit sowie der Erwerb und die Abgabe von Tierseuchenerregern - von Ausnahmen abgesehen (vergl. § 3 TierSErrV) - erlaubnispflichtig.

Die Tierseuchenerregerverordnung bildet zudem die rechtliche Grundlage für den Erwerb und die Abgabe von Tierseuchenerregern. Sie enthält technische, organisatorische und personenbezogene Festlegungen, die für den Umgang mit Tierseuchenerregern erforderlich sind. Der Vollzug des Tierseuchengesetzes liegt in den Händen der zuständigen Landesbehörden. Auf nähere Ausführungen zur Tierseuchenerregerverordnung wird auf das Kapitel 6.1.2.3, Band 6, verwiesen.

Das Gesetz zum Schutz der Kulturpflanzen (Pflanzenschutzgesetz - PflSchG) nennt in § 1 als Gesetzeszweck u. a. den Schutz von Pflanzen, insbesondere Kulturpflanzen, vor Schadorganismen und nichtparasitären Beeinträchtigungen. In dieser Hinsicht besteht eine sachliche Nähe zu den beiden oben genannten Regelwerken. In allen 3 Fällen sind Mikroorganismen die krankheitsverursachenden Agenzien.

Die Bestimmungen des Pflanzenschutzgesetzes verfolgen teilweise gegensätzliche Ziele, die dem Umweltschutz nur bedingt Rechnung tragen können. Die primäre Zweckbestimmung, dem Schutz von Pflanzen, insbesondere der Kulturpflanzen, vor Schadorganismen und nicht parasitären Beeinträchtigungen gemäß § 1 Nr. 1 Rechnung zu tragen, beispielsweise durch den Einsatz von Pflanzenschutzmitteln, geht im allgemeinen mit einer Beeinträchtigung der Umwelt einher. Daneben verfolgt das Gesetz aber auch den Zweck, Gefahren abzuwenden, die durch die Anwendung von Pflanzenschutzmitteln oder durch andere Maßnahmen des Pflanzenschutzes, insbesondere für die Gesundheit von Mensch und Tier und für den Naturhaushalt entstehen können. Die Beziehungen zwischen gentechnischen Arbeiten und Pflanzenschutz sind mehrschichtig. Zum einen kann die Forschung bei der Entwicklung moderner Pflanzenschutzmittel schwerlich auf den Einsatz gentechnischer Analysemethoden verzichten, zum anderen wird die Entwicklung hochspezifischer umweltverträglicherer Schädlingsbekämpfungsmittel oder integrierter Pflanzenschutzmethoden mit sehr hoher Wahrscheinlichkeit und zu einem hohen Grad vom Einsatz gentechnischer Methoden abhängen. Die Züchtung von krankheitsresistenten Nutzpflanzen und der daraus resultierende verminderte Pflanzenschutzmitteleinsatz sowie die Produktion biogener, ökologisch besser verträglicher Pflanzenschutzmitteln mit Hilfe von GVO eröffnen umweltverträglichere Zukunftsperspektiven auf dem Gebiet des Pflanzenschutzes.

Das Pflanzenschutzgesetz enthält in § 3 eine Reihe von Ermächtigungen zum Erlaß von Rechtsverordnungen über bestimmte Pflanzenschutzmaßnahmen, die vor allem auch die Pflanzenschutzmittelforschung betreffen können. So können durch Rechtsverordnung z. B. Anordnungen über die Pflicht zur Anzeige des Auftretens oder des Verdachts des Auftretens bestimmter Schadorganismen sowie über das Vernichten, Entseuchen oder Entwesen von Befallsgegenständen und das Entseuchen oder Entwesen von Boden, Kultursubstraten, Gebäuden oder Räumen getroffen werden. Die Möglichkeit, auf dem Verordnungswege Vorschriften über die Verwendung von Tieren, Pflanzen oder Mikroorganismen zur Bekämpfung bestimmter Schadorganismen zu erlassen, ist ebenfalls vorgesehen. Ferner können durch Rechtsverordnung das Befördern und das Inverkehrbringen bestimmter Schadorganismen und Befallsgegenstände sowie das Züchten, Halten und Arbeiten von bzw. mit bestimmten Schadorganismen verboten, beschränkt oder von einer Genehmigung oder Anzeige abhängig gemacht werden (vergl. § 3 Abs. 1 Nr. 1, 6, 13, 14, 17 PflSchG). Bei Arbeiten mit Schadorganismen im Rahmen gentechnischer Arbeiten können die Bestimmungen des dritten Abschnitts („Anwendung von Pflanzenschutzmitteln") zum Tragen kommen. § 6 Abs. 1 Satz 1 PflSchG enthält den allgemeinen Grundsatz, daß Pflanzenschutzmittel nur nach guter fachlicher Praxis angewandt werden dürfen. Der vierte Abschnitt („Verkehr mit Pflanzenschutzmitteln") steckt den rechtlichen Rahmen für die Zulassung von Pflanzenschutzmitteln ab. Ebenso schreibt er bestimmte Melde- und Kennzeichnungspflichten vor und enthält Bestimmungen, die die Ausfuhr von Pflanzenschutzmitteln betreffen.

Die Zulassung eines Pflanzenschutzmittels wird nach entsprechender Prüfung durch die Biologische Bundesanstalt erteilt und ggf. mit bestimmten Auflagen, Vorbehalten oder Anwendungsbestimmungen verbunden. Die Zulassung erfolgt, wenn die Prüfung u. a. ergibt, daß Erfordernisse des Schutzes der Gesundheit von Mensch und Tier beim Verkehr mit gefährlichen Stoffen nicht entgegenstehen und das Pflanzenschutzmittel bei bestimmungsgemäßer und sachgerechter Anwendung oder als Folge einer solchen Anwendung keine schädlichen Auswirkungen auf die Gesundheit von Mensch und Tier sowie auf das Grundwasser und ferner keine sonstigen nach dem Stand der wissenschaftlichen Erkenntnisse nicht vertretbaren Auswirkungen, insbesondere auf den Naturhaushalt hat.

Da die unbeabsichtigte Verbreitung von bestimmten Pflanzenschadorganismen z. T. erhebliche negative Auswirkungen auf den Naturhaushalt nach sich ziehen kann, sind in der auf der Grundlage des § 4 PflSchG erlassenen Pflanzenbeschauverordnung Vorschriften enthalten, die die Einfuhr, Durchfuhr oder Ausfuhr von Schadorganismen und Befallsgegenständen regeln. Die Anlagen zur Pflanzenbeschauverordnung enthalten umfangreiche und detaillierte Angaben darüber, welche Pflanzen, Pflanzenerzeugnisse und Schadorganismen welchen Beschränkungen unterliegen. Die Listen in den Anhängen unterliegen häufigeren Änderungen, die die Bestimmungen der aktuellen EG-Richtlinien und -Änderungsrichtlinien umsetzen. Daneben ist mit der nächsten Fassung der Pflanzenbeschauverordnung eine Geltungsbereichserweiterung auf den innerstaatlichen Transport hin zu erwarten.

Für wissenschaftliche Zwecke, Versuchszwecke und Pflanzenzüchtungsvorhaben kann die zuständige Behörde gemäß § 14 Abs. 1 der Pflanzenbeschauverordnung, soweit keine Gefahr der Ausbreitung von Schadorganismen entsteht, Ausnahmen von bestimmten Einfuhrverboten und von bestimmten bei der Einfuhr einzuhaltenden Anforderungen zulassen.

6.4.6 Regelwerke Transport

Die Gefahrguttransportvorschriften haben das Ziel, den mit dem Transport von Gefahrgütern verbundenen Risiken mit besonderen Schutzmaßnahmen für Mensch und Umwelt zu begegnen. Die Regelwerke, die den Postverkehr betreffen, orientieren sich an den Vorschriften zum Gefahrguttransport. Die für den Transport von GVO wichtigen Regelwerke betreffen ausnahmslos den außerbetrieblichen Transport, der nicht durch die Vorschriften des Gentechnikrechts geregelt wird.

Das Gesetz über die Beförderung gefährlicher Güter (hier mit GBGG abgekürzt) bildet die gesetzliche Grundlage für die Beförderung gefährlicher Güter mit Eisenbahn-, Straßen-, Wasser- und Luftfahrzeugen. Der Bereich der Deutschen Bundespost ist vom Geltungsbereich des Gesetzes ausgenommen. Die Regelwerke, die den Postverkehr betreffen, orientieren sich aber an den gesetzlichen Vorschriften zum Gefahrguttransport.

Rechtsvorschriften über gefährliche Güter, die aus anderen Gründen als aus solchen der Sicherheit im Zusammenhang mit der Beförderung erlassen sind, bleiben von dem Gesetz über die Beförderung gefährlicher Güter unberührt. Der Zweck des Gesetzes, obwohl nicht ausdrücklich im Gesetz formuliert, wird aus der Begriffsbestimmung in § 2 Abs. 1 GBGG und der Tatsache, daß die Beförderung gefährlicher Güter einer gesetzlichen Regelung unterworfen wird, erkennbar. In § 2 Abs. 1 GBGG heißt es, *«Gefährliche Güter im Sinne dieses Gesetzes sind Stoffe und Gegenstände, von denen auf Grund ihrer Natur, ihrer Eigenschaften oder ihres Zustandes im Zusammenhang mit der Beförderung Gefahren für die öffentliche Sicherheit oder Ordnung, insbesondere für die Allgemeinheit, für wichtige Gemeingüter, für Leben und Gesundheit von Menschen sowie für Tiere und andere Sachen ausgehen können.»*

Der Begriff der Beförderung hat dabei gemäß § 2 Abs. 2 GBGG eine weitreichende Bedeutung, die die Bestimmungen des Gesetzes auch für den Versender und Empfänger der Güter wichtig werden lassen. *«Die Beförderung im Sinne dieses Gesetzes umfaßt nicht nur den Vorgang der Ortsveränderung, sondern auch die Übernahme und die Ablieferung des Gutes sowie zeitweilige Aufenthalte im Verlauf der Beförderung, Vorbereitungs- und Abschlußhandlungen (Verpacken und Auspacken der Güter, Be- und Entladen), auch wenn diese Handlungen nicht vom Beförderer ausgeführt werden.»*

Das Gesetz enthält in § 3 die Ermächtigung für die Bundesregierung, durch Rechtsverordnungen und durch Verwaltungsvorschriften die Beförderung gefährlicher Güter und damit zusammenhängende Bereiche umfassend näher zu regeln, soweit dies zum Schutz gegen die von der Beförderung gefährlicher Güter ausgehenden Gefahren und erheblichen Belästigungen erforderlich ist. Die Bundesregierung hat im übrigen die vorgenannte Ermächtigung auf den Bundesminister für Verkehr übertragen (vergl. § 3 Abs. 3 GBGG). § 3 Abs. 4 GBGG bestimmt, daß soweit Sicherheitsgründe und die Eigenart des Verkehrsmittels es zulassen, die Beförderung gefährlicher Güter mit allen Verkehrsmitteln einheitlich geregelt werden soll.

Um den sich schnell ändernden Anforderungen im Gefahrguttransportwesen, beispielsweise durch die Entwicklung neuer Stoffe und den damit verbundenen neuen Verpakkungsvorschriften, gerecht zu werden, kann der Bundesminister für Verkehr durch Rechtsverordnung allgemeine Ausnahmen von der auf dem Gesetz über die Beförderung gefährlicher Güter beruhenden Rechtsverordnungen erlassen. In mehreren Fällen wurde davon durch die sogenannten Gefahrgut-Ausnahmeverordnungen Gebrauch gemacht, die jetzt in die Verordnung über Ausnahmen von den Vorschriften über die Beförderung gefährlicher Güter (Gefahrgut-Ausnahmeverordnung - GGAV) für die Verkehrsträger Straße, Schiene und Wasser zusammengeführt wurden.

Die Beförderung gefährlicher Güter mit Eisenbahn- und Straßenfahrzeugen wird durch die in Kapitel 2.3.6 aufgeführte Gefahrgutverordnung-Straße (GGVS) und die Gefahrgutverordnung-Eisenbahn (GGVE) sowie durch die entsprechenden Gefahrgut-Ausnahmeverordnungen für diese Verkehrsträger geregelt. GGVS und GGVE sind in den Hauptgefahrgutklassen identisch, in der Detailuntergliederung bestehen teilweise Unterschiede. Die Klasse 6.2 „Ekelerregende oder ansteckungsgefährliche Stoffe" beinhaltet als Stoffaufzählung in Nr. 11 A „Organismen mit neukombinierten Nukleinsäuren" sowie „Tierkörper, Tierkörperteile sowie von Tieren stammende Erzeugnisse, die Organismen mit neukombinierten Nukleinsäuren enthalten" (vergl. Rdnr. 2651 der Anlage A zur GGVS).

Beide Verordnungen enthalten außerdem allgemein geltende Grundregeln, Begriffsbestimmungen, Zulassungsvoraussetzungen, Sicherheitspflichten, Ausnahmeregelungen und Baumusterzulassungen, sowie nach Klassen und Stoffaufzählungen differenziert, spezielle Verpackungs- und Kennzeichnungsvorschriften.

In den Anlagen zu beiden Verordnungen sind die für den grenzüberschreitenden Verkehr maßgeblichen internationalen Transportvorschriften[16] in amtlicher deutscher Übersetzung synoptisch den nationalen Vorschriften gegenübergestellt, d. h. sie sind Bestandteile der Verordnungen. Der über die ganze Breite gedruckte Text entspricht den nationalen und internationalen Regelungen, der in der linken Spalte stehende Text gilt nur für die nationale Beförderung und die in der rechten Spalte abgedruckten Texte enthalten die für den grenzüberschreitenden Transport maßgeblichen Bestimmungen.

Der Gefahrguttransport im Luftverkehr unterliegt den international geltenden Vorschriften für die Beförderung gefährlicher Güter im Luftverkehr (IATA DGR)[17], die der Internationale Verband der Luftgesellschaften (IATA) auf der Basis der ICAO-TI[18] erarbeitet hat und die heute weltweit angewandt werden. Die ICAO-TI ihrerseits stützen sich inhaltlich auf die UN-Empfehlungen über die Beförderung gefährlicher Güter[19]. Alle 3 Regelwerke teilen die gefährlichen Güter in Klassen, Gruppen und Untergruppen auf, denen sog. UN-

---

[16] Für die grenzüberschreitende Beförderung gefährlicher Güter auf der Straße bzw. auf der Schiene sind folgende Vorschriften verbindlich:
- Gesetz zu dem Europäischen Übereinkommen vom 30. September 1957 über die internationale Beförderung gefährlicher Güter auf der Straße (ADR) vom 18.08.1969 (BGBl. II S. 1489) [Anmerkung: Die Anlagen A und B zum ADR-Übereinkommen wurden letztmalig durch Bekanntmachung vom 15.01.1992 neugefaßt (BGBl. II S. 95) und zuletzt durch die 11. ADR-Änderungsverordnung vom 04.03.1993 (BGBl. II S. 234) geändert.]
- Ordnung für die internationale Eisenbahnbeförderung gefährlicher Güter (RID) i. d. F. der Bekanntmachung vom 16.11.1993 (BGBl. II S. 2044)

[17] Internationale Air Transport Association (IATA) Gefahrgutvorschriften (Anlage A zur IATA-Resolution 618) in der 34. Auflage vom 01.01.1993.

[18] Die Internationale Zivil-Luftfahrt Organisation (ICAO), in Montreal, hat 1982 erstmals "Technische Anweisungen für die sichere Beförderung gefährlicher Güter im Luftverkehr (ICAO-TI)" herausgegeben.

[19] Die "Recommendations on the Transport of Dangerous Goods" der Vereinten Nationen, überlicherweise auch als "Orange Book" bezeichnet, enthalten Kriterien für die Eigenschaftsbestimmung gefährlicher Güter, ihre systematische Erfassung, ihre Einschließung, die Kennzeichnung und die Dokumentation. Sie enthalten u. a. auch besondere Empfehlungen für die Stoffe der Klasse 6 - Giftige (toxische) und infektiöse Stoffe -. Die infektiösen Stoffe werden dabei als eigenständige Klasse 6.2 geführt. Diese UN-Empfehlungen und die zugrunde liegende Klassifizierung bilden heute zunehmend die Regelungsgrundlage für nationale und internationale Gefahrgutvorschriften für alle Transportträger. Die Regelungen des Luftverkehrs entsprechen ihnen heute bereits weitestgehend.

Nummern zugeordnet sind[20]. Die Unterklasse 6.2 - Infektiöse Stoffe - enthält spezielle Bestimmungen für den Transport von GVO und Mikroorganismen, sowie Tiere, die genetisch modifizierte Mikroorganismen enthalten. Ihnen sind entsprechende UN-Nummern zugeordnet. Sie sind im Ordnungsschema in Kapitel 4 nicht berücksichtigt.

Die Beförderung gefährlicher Güter auf dem Postwege regeln 4 Allgemeine Geschäftsbedingungen der Deutschen Bundespost Postdienst. Dabei wird zwischen Brief- und Frachtdienst, jeweils für Inland und Ausland, unterschieden (siehe Kapitel 2.4.6).

Für den Briefdienst Inland enthält die Anlage 3 der AGB BfD Inl spezielle Bestimmungen für den Versand von medizinischem und biologischem Untersuchungsgut, insbesondere über die Art und Kennzeichnung der Versandverpackung. Diese Regelungen können für den Transport von GVO herangezogen werden. Sie verweisen im wesentlichen auf die Verpackungsanforderungen der DIN 55515 Teil 1 (Versandverpackungen für medizinisches und biologisches Untersuchungsgut) sowie der in Anlage 2 Abschnitt 4 der AGB FrD Inl genannten Verpackungsbedingungen.

Im Briefdienst Ausland dürfen leicht verderbliche, nicht infektiöse biologische Stoffe gemäß Abschnitt 2 (10) der AGB BfD Ausl nur von amtlich anerkannten Laboratorien eingeliefert werden und an ebensolche Laboratorien gerichtet sein. Sie sind in Briefen unter Einschreiben in Verpackungen nach den Bestimmungen der Anlage 12 zur AGB BfD Ausl zu versenden. Leicht verderbliche, infektiöse Stoffe dürfen nur in Luftpostpaketen versandt werden (Abschnitt 2 (11) der AGB BfD Ausl). Die AGB FrD Ausl verweisen in Abschnitt 12 („Ausschluß von der Postbeförderung, Verbote") - auf eine „Liste des objets interdits" („Liste der verbotenen Gegenstände")[21]. Alle gemäß den jeweils gültigen

---

[20] Die UN-Nummer kann für ein namentlich genanntes Gut, für eine Gruppe von namentlich genannten Gütern oder für eine nicht von vornherein eingeschränkte Zahl von Gütern gelten. Die Nummern entstammen einer Liste in den UN-Empfehlungen. Die Liste der gefährlichen Güter in den UN-Empfehlungen ist weder alphabetisch noch nach Klassen aufgebaut, sondern nach Nummern geordnet. Jeder UN-Nummer sind spaltenweise Beförderungsname und Beschreibung des Stoffes, Klasse mit Unterklasse, zusätzliche Gefahren, Spezialvorschriften, Verpackungsgruppe, Verpackungsmethoden, Kontroll- und Notfalltemperatur zugeordnet.

[21] *«Die "Liste des objets interdits" enthält Angaben darüber, welche Gegenstände im Bestimmungsland besonderen Vorschriften hinsichtlich der Einfuhr unterliegen. Sie kann bei den "Zentralauskunftsstellen für Einfuhrvorschriften fremder Länder" eingesehen werden. Die Einfuhr- und Durchfuhrbeschränkungen fremder Länder sind von den Absendern sorgfältig zu beachten. Erforderli-*

IATA- (International Air Transport Association) bzw. OACI- (Organisation de l'Aviation Civile Internationale) Gefahrgutvorschriften nicht uneingeschränkt zugelassenen Gegenstände (z. B. Mengenbegrenzungen oder besondere Verpackung) sind von der Beförderung in Postpaketen ausgeschlossen. Es ist noch Gegenstand der Diskussion, wie eine Konkretisierung und Umsetzung gentechnischer Sicherheitsvorschriften im Transportwesen erfolgen kann.

chenfalls ist bei den Zentralauskunftsstellen Rückfrage zu nehmen. Die Zentralauskunftsstellen sind auch über die Einfuhrverbote in den Bereich der Deutschen Bundespost POSTDIENST unterrichtet.» (Abschnitt 12 (3) der AGB FrD Ausl).

6.4.7 Regelwerke Tierschutz

Die Bestimmungen des Tierschutzgesetzes (TierSchG) haben zum Ziel, aus der Verantwortung des Menschen für das Tier als Mitgeschöpf heraus dessen Leben und Wohlbefinden zu schützen. Dem Gesetz zufolge darf niemand einem Tier ohne vernünftigen Grund Schmerzen, Leiden oder Schäden zufügen. Ein direkter Bezug zum Umweltschutz besteht nicht, doch wird das Gesetz aufgrund seiner Bedeutung für bestimmte gentechnische Arbeiten in die Darstellung einbezogen. Das Tierschutzgesetz ist zu beachten, sofern im Zusammenhang mit gentechnischen Arbeiten Tierversuche bzw. Eingriffe an Tieren durchgeführt werden oder eine Tierhaltung erforderlich ist.

Der sachliche Regelungsbereich des Tierschutzgesetzes umfaßt u. a. die Tierhaltung, das Töten von Tieren, Eingriffe an Tieren, Tierversuche sowie die Zucht von Tieren. Alle genannten Bereiche können bei der Durchführung bestimmter gentechnischer Arbeiten Bedeutung erlangen, insbesondere Eingriffe an Tieren und Tierversuche, die im Rahmen der Forschung einen breiten Einsatz finden.

Ist im Zusammenhang mit den gentechnischen Arbeiten eine Tierhaltung erforderlich, so sind die entsprechenden tierschutzrechtlichen Bestimmungen des § 2 TierSchG zu beachten, wonach das Tier seiner Art und seinen Bedürfnissen entsprechend angemessen zu ernähren, zu pflegen und verhaltensgerecht unterzubringen ist. Ferner darf die Möglichkeit zu artgemäßer Bewegung nicht so eingeschränkt werden, daß dem Tier Schmerzen oder vermeidbare Leiden oder Schäden zugefügt werden. Die Möglichkeit, nähere Anforderungen an die Haltung von Tieren durch Rechtsverordnung zu bestimmen, sieht das Gesetz vor.

Das Töten von Tieren kann im Zusammenhang mit gentechnischen Arbeiten, sei es für Forschungs- oder Produktionszwecke, erforderlich sein. Entsprechend § 4 Abs. 1 TierSchG darf ein Wirbeltier nur unter Betäubung oder sonst, soweit nach den gegebenen Umständen zumutbar, nur unter Vermeidung von Schmerzen getötet werden.

Ein Eingriff an Wirbeltieren, der mit Schmerzen verbunden ist, darf nicht ohne Betäubung vorgenommen werden. Sind Eingriffe an warmblütigen Wirbeltieren erforderlich, so muß, von Ausnahmen abgesehen, ein Tierarzt die Betäubung durchführen. Darüber hinaus sind eine Reihe in § 6 TierSchG genannter Eingriffe verboten[22].

Als Tierversuche definiert das Tierschutzgesetz «... *Eingriffe oder Behandlungen zu Versuchszwecken 1. an Tieren, wenn sie mit Schmerzen, Leiden oder Schäden für diese Tiere oder 2. am Erbgut von Tieren, wenn sie mit Schmerzen, Leiden oder Schäden für die erbgutveränderten Tiere oder deren Trägertiere verbunden sein können.»* (vergl. § 7 Abs. 1 TierSchG)

Tierversuche dürfen nur unter sehr eingeschränkten Bedingungen durchgeführt werden.

Besonderen Anforderungen und Voraussetzungen unterliegen insbesondere Versuche an Wirbeltieren. Die Durchführung von Versuchen an Wirbeltieren bedarf grundsätzlich der Genehmigung durch die zuständige Behörde. In dem schriftlichen Genehmigungsantrag sind u. a. Ausführungen über die Unerläßlichkeit und ethische Vertretbarkeit des Versuchs zu machen (vergl. § 8 Abs. 1 bis 3 TierSchG). Von großer praktischer Bedeutung ist § 8 Abs. 7 TierSchG, der bestimmte Versuchsvorhaben von dem Grundsatz der Genehmigungsbedürftigkeit ausnimmt.

So bestimmt z. B. § 8 Abs. 7 Nr. 1b TierSchG, daß Versuchsvorhaben, deren Durchführung ausdrücklich in einer im Einklang mit § 7 Abs. 2 und 4 TierSchG erlassenen allgemeinen Verwaltungsvorschrift vorgesehen ist, keiner Genehmigung bedürfen. Die allgemeine Verwaltungsvorschrift zur Anwendung der Arzneimittelprüfrichtlinien vom 14.12.1989 (Bundesanzeiger Nr. 243a vom 29.12.1989, Beilage) ist eine derartige allgemeine Verwaltungsvorschrift. Im ersten Abschnitt unter A ist u. a. folgendes bestimmt: *«... Soweit die Arzneimittelprüfrichtlinien die Durchführung von Tierversuchen vorsehen, sind diese genehmigungsfrei im Sinne des § 8 Abs. 7 Nr. 1 Buchst. b des Tierschutzgesetzes ...».*

Träger von Einrichtungen, in denen Tierversuche an Wirbeltieren durchgeführt werden, haben einen oder mehrere Tierschutzbeauftragten zu bestellen und die Bestellung der zu-

---

[22] Die Vorschriften des vierten Abschnitts "Eingriffe an Tieren" (§§ 5 bis 6a TierSchG) gelten nach § 6a TierSchG nicht für Tierversuche und für Eingriffe zur Aus-, Fort- und Weiterbildung. Sie können aber bei gentechnischen Produktionsvorhaben zum Tragen kommen.

ständigen Behörde anzuzeigen. Die Bestellung zum Tierschutzbeauftragten setzt ein abgeschlossenes Hochschulstudium der Veterinärmedizin, Medizin oder Biologie - Fachrichtung Zoologie - sowie die für die Durchführung der Aufgaben erforderlichen Fachkenntnisse sowie die hierfür erforderliche Zuverlässigkeit voraus (vergl. § 8b Abs. 1, 2 TierSchG).

Tierversuche dürfen nur von Personen durchgeführt werden, die die dafür erforderlichen Fachkenntnisse haben. Sie sind auf ein unerläßliches Maß zu beschränken. Bei der Durchführung ist der Stand der wissenschaftlichen Erkenntnisse sowie die in § 9 Abs. 2 TierSchG genannten Grundsätze zu berücksichtigen.

Über Tierversuche sind Aufzeichnungen nach den Vorgaben von § 9a Abs. 1 TierSchG zu führen. Entsprechend den Bestimmungen der Versuchstiermeldeverordnung haben Personen oder Einrichtungen, die Tierversuche an Wirbeltieren durchführen, den zuständigen Behörden in regelmäßigen Abständen Art und Zahl der für die Versuche verwendeten Wirbeltiere sowie die Art der Versuche zu melden.

In den Abschnitten 7 und 8 enthält das Tierschutzgesetz Bestimmungen zur Zucht von Tieren, zum Handel mit Tieren sowie Verbringungs-, Verkehrs- und Haltungsverbote. So bedarf z. B. derjenige, der Wirbeltiere zu Versuchszwecken züchten oder halten will, der Erlaubnis der zuständigen Behörde.

Aufgrund der entsprechenden Ermächtigung des § 16c TierSchG wurde die Allgemeine Verwaltungsvorschrift zur Durchführung des Tierschutzgesetzes vom 01.07.1988 erlassen (Bundesanzeiger Nr. 139a vom 29.07.1988, Beilage). Sie enthält als zentralen Bestandteil u. a. sehr detaillierte Bestimmungen, die Genehmigung, Anzeige und Durchführung von Tierversuchen betreffen.

7 Zusammenfassende Darstellung der regulatorischen Situation im Umweltschutzbereich mit Blick auf die Gentechnik

Die Errichtung und der Betrieb gentechnischer Anlagen sowie die Durchführung gentechnischer Arbeiten sind umfassend in ein Netz sachlich ineinander greifender Regelwerke eingebunden, die einen wirksamen Schutz der Umwelt in hohem Maße sicherstellen. Das bezieht sich nicht nur auf mögliche Gefahren gentechnischer Verfahren und Produkte, sondern auch auf nicht gentechnikspezifische Gefährdungen, die von einer gentechnischen Anlage oder deren Umfeld ausgehen können. Das Risiko eines ungewünschten Entweichens und einer damit möglicherweise verbundenen Verbreitung gentechnisch veränderter oder auch nicht gentechnisch veränderter Organismen, und hier besonders von Krankheitserregern, Tierseuchenerregern und pflanzenschädigenden Organismen, wird durch die Bestimmungen des Gentechnik-, des Bundesseuchen-, des Tierseuchen- und des Pflanzenschutzrechts wirksam gemindert. Die Wirksamkeit der Bestimmungen zeigt sich besonders darin, daß diese Regelungen, abgesehen von den Bestimmungen des Gentechnikrechts, die neueren Datums sind, bereits seit vielen Jahren bestehen und stets einen sicheren Umgang mit z. T. hochpathogenen Erregern gewährleistet haben. Dies gilt auch für andere Länder, sofern im Umgang mit derartigen Erregern vergleichbare Standards angewandt werden.

Beim ordnungsgemäßen Entlassen oder der gezielten Freisetzung von GVO der Risikogruppe 1, wurden bisher keine Beispiele bekannt, daß Menschen oder die Umwelt durch das Spezifikum der gentechnischen Veränderung geschädigt oder in sonstiger Weise beeinträchtigt worden wären.

In den auf dem Gebiet der Gentechnik führenden Nationen sind aus diesem Grund seit einiger Zeit Aktivitäten zu beobachten, deren Ziel darin besteht, für gentechnische Arbeiten niedriger Sicherheitsstufen die sicherheitstechnischen Anforderungen sowie formelle Zulassungsanforderungen auf ein dem Schutzzweck angemessenes Maß anzupassen. Die in der Bundesrepublik Deutschland durchgeführte Novellierung des Gentechnikgesetzes ist ein Zeichen dieser Entwicklung.

Aber auch im Hinblick auf nicht gentechnikspezifische Gefährdungen oder Beeinträchtigungen der Umwelt durch gentechnische Anlagen oder das Anlagenumfeld tragen Bestimmungen verschiedener gesetzlicher Regelwerke zum Schutz der Umwelt bei. Die speziellen abfallrechtlichen Bestimmungen des Gentechnikrechts werden durch die Vorschriften des Abfallrechts, des Tierkörperbeseitigungsgesetzes und teilweise des Bundes-Immissionsschutzgesetzes ergänzt, wobei der Gedanke der Abfallvermeidung und -verwertung Priorität genießt. Dem Ziel des Gewässerschutzes dienen die Bestimmungen des Wasserhaushaltsgesetzes (vor allem mit seinen Regelungen über wassergefährdende Stoffe und über Anlagen zum Umgang mit wassergefährdenden Stoffen) sowie die zum Wasserhaushaltsgesetz erlassenen Verordnungen und Abwasserverwaltungsvorschriften. Eine wichtige Rolle spielen dabei ferner landesrechtliche Vorschriften, die insbesondere auch die Indirekteinleiter betreffen.

Schutz vor von einer Anlage ausgehenden Emissionen (insbesondere, aber nicht ausschließlich, in Form von Luftverunreinigungen) bieten die Vorschriften des Immissionsschutzrechts, dessen Basis das Bundes-Immissionsschutzgesetz bildet und dessen Vorschriften bei der Planung und dem Betrieb gentechnischer Anlagen zum Tragen kommen können.

Die außerbetriebliche Beförderung gefährlicher Stoffe unterliegt, von Ausnahmen abgesehen, den Regelungen des Gesetzes über die Beförderung gefährlicher Güter, welches mit seinen Bestimmungen diese Schnittstelle zur Umwelt abdeckt. Die auf seiner Grundlage erlassenen Verordnungen sowie internationale Transportbestimmungen regeln auch die Beförderung von GVO, selbst wenn von diesen kein besonderes Gefährdungspotential ausgeht.

Arbeitsschutzbestimmungen, Unfallverhütungsvorschriften und Regelwerke zur technischen Sicherheit tragen über ihren eigentlichen Bestimmungszweck, dem Schutz der menschlichen Gesundheit vor technischen Gefahren, grundlegend zum Schutz der Umwelt mit bei.

8 Literaturverzeichnis

Im Text ausgewiesene Literatur:

[1] Enquete-Kommission des Deutschen Bundestages, Wolf-Michael Catenhusen, Hanna Neumeister (Hg): Chancen und Risiken der Gentechnologie (2. Auflage 1990)

[2] OECD Group of National Experts on Safety Biotechnology, Working Group OIII, Safety Assessment Preamble to Reports on Scientific Considerations Pertaining to the Environmental Safety of the Scale-up of Organisms Developed by Biotechnolgy, OCDE/GD (93) 92, Seite 3

[3] OECD Safety Consideration for Biotechnology 1992, S. 13

[4] W. Eberbach, P. Lange (Hg): Gentechnikrecht (GenTR) Stand Mai 1993, § 13 GenTSV Rdnr. 25 ff., Teil C.I, § 7 Rdnr. 33

[5] H. Hasskarl (Hg): Gentechnikrecht. Textsammlung. Gentechnikgesetz und Rechtsverordnungen (2. überarbeitete Auflage 1991) S. 101 ff.

[6] P. Stadler, H. Wehlmann: Arbeitssicherheit und Umweltschutz in Bio- und Gentechnik. Praktische Umsetzung des Gentechnikgesetzes in Forschung und Produktion (1992), Seite 93

[7] DIN, Deutsches Institut für Normung e. V. (Hg): Medizinische Mikrobiologie und Immunologie: Normen und weitere Unterlagen (2. Auflage 1992)

Weitere verwendete Literatur:

D. Brocks, A. Pohlmann, M. Senft:
Das neue Gentechnikgesetz: Entstehungsgeschichte, internationale Entwicklung, naturwissenschaftliche Grundlagen, gentechnische Arbeiten in gentechnischen Anlagen, Freisetzung von Organismen, Inverkehrbringen von Produkten, Genehmigungsverfahren; eine praxisgerechte Einführung mit Gesetzestext und Verordnungen (1991)

Bundesministerium der Justiz (Hg): Bundesgesetzblatt

W. Burhenne (Hg): Umweltrecht. Systematische Sammlung der Rechtsvorschriften des Bundes und der Länder (Stand Februar 1994)

C. Creifelds (Begr.), L. Meyer-Gossner: Rechtswörterbuch (10. neubearbeitete Auflage 1990)

M. Form, G. Näher, H. Otte, B. Schmidbauer, G. Schuhmacher, B. Seydler, W. Tischer, W. Wässle: Umweltschutz durch Biotechnik (1990)

H. Hasskarl (Hg): Gentechnikrecht. Materialiensammlung. Amtliche Begründungen zum Gentechnikgesetz und zu den Gentechnikrechtsverordnungen. Texte der maßgeblichen EG-Richtlinien (deutsch/englisch) (1991)

G. Hirsch, A. Schmidt-Didczuhn unter Mitarbeit von E.-L. Winnacker: Gentechnikgesetz (GenTG) mit Gentechnik-Verordnungen, Kommentar (1991)

G. Hösel, H. von Lersner: Recht der Abfallbeseitigung des Bundes und der Länder. Kommentar zum Abfallgesetz, Nebengesetze und sonstige Vorschriften (Stand Januar 1994)

D. Jost (Hg): Die neue TA Luft: Aktuelle immissionsschutzrechtliche Anforderungen an den Anlagenbetreiber; Praxishandbuch für Planung und Betrieb von Anlagen mit problemnahen Erläuterungen von Technologien, Beispielen und Rechtsprechung (Stand Februar 1994)

M. Kloepfer: Umweltschutz. Textsammlung des Umweltrechts der Bundesrepublik Deutschland (Stand Oktober 1993)

A. Lorz: Pflanzenschutzrecht: Pflanzenschutzgesetz mit Rechtsverordnungen und Landesrecht (1989)

W. Zitzelsberger (Bearb.): Das neue Wasserrecht für die betriebliche Praxis: Recht und Technik der Abwasserbeseitigung, der Wasserversorgung, der Lagerung und des Transports wassergefährdender Stoffe; mit dem neuen Abwasserabgabengesetz, den neuen Mindestanforderungen für Abwassereinleitungen und sämtlichen praxisrelevanten Vorschriften (Stand März 1994)

9 Abkürzungsverzeichnis

< >	Die in Klammern gesetzte Vorschrift oder Bestimmung ist für den Zuordnungsbereich nur in sehr seltenen Fällen oder unter sehr speziellen Konstellationen von Bedeutung.
[ ]	1. Zuweisung nach Sicherheitsstufen 2. Nicht zum offiziellen Text gehörende Paragraphen- bzw. Kapitelüberschrift bei Gesetzen, Verordnungen oder anderen Regelwerken 3. Im Text verwiesene oder zitierte Literatur
4. BImSchV	Vierte Verordnung zur Durchführung des Bundes-Immissionsschutzgesetzes (Verordnung über genehmigungsbedürftige Anlagen - 4. BImSchV)
9. BImSchV	Neunte Verordnung zur Durchführung des Bundes-Immissionsschutzgesetzes (Verordnung über das Genehmigungsverfahren - 9. BImSchV)
11. BImSchV	Elfte Verordnung zur Durchführung des Bundes-Immissionsschutzgesetzes (Emissionserklärungsverordnung - 11. BImSchV)
12. BImSchV	Zwölfte Verordnung zur Durchführung des Bundes-Immissionsschutzgesetzes (Störfall-Verordnung)
AbfBestV	Abfallbestimmungs-Verordnung
AbfBetrBV	Verordnung über Betriebsbeauftragte für Abfall
AbfG	Abfallgesetz
AbfKlärV	Klärschlammverordnung
AbfRestÜberwV	Abfall- und Reststoffüberwachungs-Verordnung
ABL	Amtsblatt der Europäischen Gemeinschaft
Abs.	Absatz/Absätze
AbwHerkV	Abwasserherkunftsverordnung
ADR	Europäisches Übereinkommen über die internationale Beförderung gefährlicher Güter auf der Straße
AGB BfD Ausl	Allgemeine Geschäftsbedingungen der Deutschen Bundespost Postdienst für den Briefdienst Ausland
AGB BfD Inl	Allgemeine Geschäftsbedingungen der Deutschen Bundespost Postdienst für den Briefdienst Inland
AGB FrD Ausl	Allgemeine Geschäftsbedingungen der Deutschen Bundespost Postdienst für den Frachtdienst Ausland

AGB FrD Inl	Allgemeine Geschäftsbedingungen der Deutschen Bundespost Postdienst für den Frachtdienst Inland
AllgAbw VwV	Allgemeine Abwasser Verwaltungsvorschrift
Anm.	Anmerkung
Art.	Artikel
AtomG	Atomgesetz
ber.	berichtigt
BGA	Bundesgesundheitsamt
BGBl.	Bundesgesetzblatt
BGenTGKostV	Bundeskostenverordnung zum Gentechnikgesetz
BImSchG	Bundes-Immissionsschutzgesetz
BSeuchG	Bundes-Seuchengesetz
bzw.	beziehungsweise
ChemG	Chemikaliengesetz
d. h.	das heißt
DampfKV	Dampfkesselverordnung
DruckbehV	Druckbehälterverordnung
EG	Europäische Gemeinschaft
ElexV	Verordnung über elektrische Anlagen in explosionsgefährdeten Räumen
g. d.	geändert durch
GBGG	Gesetz über die Beförderung gefährlicher Güter
gdV	geändert durch Verordnung
GefStoffV	Gefahrstoffverordnung
GenTAnhV	Gentechnik-Anhörungsverordnung
GenTAufzV	Gentechnik-Aufzeichnungsverordnung
GenTG	Gentechnikgesetz
GenTSV	Gentechnik-Sicherheitsverordnung
GenTVfV	Gentechnik-Verfahrensverordnung
Ges.	Gesetz
ggf.	gegebenenfalls

GGAV	Gefahrgut-Ausnahmeverordnung
GGVE/RID	Gefahrgutverordnung Eisenbahn
GGVS/ADR	Gefahrgutverordnung Straße
GSG	Gerätesicherheitsgesetz
GVO	gentechnisch veränderte Organismen
Hg	Herausgeber
i. d. F.	in der Fassung
i. S.	im Sinne
IATA Res. 618	International Air Transport Association (IATA) Gefahrgutvorschriften (Anlage A zur IATA Resolution 618)
i. V.	in Verbindung
iVm	in Verbindung mit
Merkblatt LAGA	Merkblatt über die Vermeidung und Entsorgung von Abfällen aus öffentlichen und privaten Einrichtungen des Gesundheitsdienstes der LAGA-AG
Nr.	Nummer(n)
o. g.	oben genannte/r/s
OECD	ORGANISATION FOR ECONOMIC COOPERATION AND DEVELOPMENT
PflBeschV	Pflanzenbeschauverordnung
PflSchG	Pflanzenschutzgesetz
RahmenAbwVwV/ Rahmen-Abwasser VwV	Rahmen-Abwasser Verwaltungsvorschrift
Rdnr.	Randnummer(n)
RestBestV	Reststoffbestimmungs-Verordnung
RID	Réglement Internationale concernant le transport des Merchandises dangereauses par chemin de fer
S 1	Sicherheitsstufe 1
S 2	Sicherheitsstufe 2
S 3	Sicherheitsstufe 3
S 4	Sicherheitsstufe 4
S.	Seite

SichBio B001	Merkblätter Sichere Biotechnologie B001: Einführung, Begriffe, Vorschriften
SichBio B002	Merkblätter Sichere Biotechnologie B002: Ausstattung und organisatorische Maßnahmen: Laboratorien
SichBio B003	Merkblätter Sichere Biotechnologie B003: Ausstattung und organisatorische Maßnahmen: Betrieb
SichBio B004	Merkblätter Sichere Biotechnologie B004: Eingruppierung von Viren
SichBio B005	Merkblätter Sichere Biotechnologie B005: Eingruppierung von Parasiten
SichBio B006	Merkblätter Sichere Biotechnologie B006: Eingruppierung von Bakterien
SichBio B007	Merkblätter Sichere Biotechnologie B007: Eingruppierung von Pilzen
SichBio B008	Merkblätter Sichere Biotechnologie B008: Einstufung gentechnischer Arbeiten
SichBio B009	Merkblätter Sichere Biotechnologie B009: Eingruppierung von Zellkulturen
sog.	sogenannte/r
StrlSchV	Strahlenschutzverordnung
TA Abfall 1	Zweite allgemeine Verwaltungsvorschrift zum Abfallgesetz (TA Abfall) Teil 1
TierKBG	Tierkörperbeseitigungsgesetz
TierSchG	Tierschutzgesetz
TierSErrV	Tierseuchenerreger-Verordnung
TierSErrEinfV	Tierseuchenerreger-Einfuhr-Verordnung
TierSG	Tierseuchengesetz
u. a.	unter anderem
UVV	Unfallverhütungsvorschrift
UWS	Umweltschutz
v.	vom
VbF	Verordnung über brennbare Flüssigkeiten

VBG 102	Unfallverhütungsvorschrift Abschnitt 31 Biotechnologie
VBG 103	Unfallverhütungsvorschrift 103 Gesundheitsdienst
vergl.	vergleiche
VO	Verordnung
VwVwS	Verwaltungsvorschrift wassergefährdende Stoffe
WGK	Wassergefährdungsklassen
WHG	Wasserhaushaltsgesetz
z. B.	zum Beispiel
z. T.	zum Teil
ZKBSV	ZKBS-Verordnung
zul.	zuletzt

Band 1 "Biologische Sicherheit"

1	**Einführung in den Themenkomplex "Biologische Sicherheit"**
1.1	Vorbemerkungen
1.2	Entwicklung der Gentechnik
1.3	Grundlagen der Gentechnik
1.4	Anwendung der Gentechnik
1.5	Sicherheit in der Gentechnik
1.6	Schlußbemerkung
2	**Aspekte der biologischen Sicherheit**
2.1	Einteilung der Mikroorganismen in Risikogruppen
2.1.1	Identifizierung von Mikroorganismen und Viren
2.1.1.1	Zur Taxonomie von Mikroorganismen
2.1.1.2	Zweck der Identifizierung
2.1.1.3	Die Identifizierung von Bakterien
2.1.1.4	Die Praxis der Bakterienidentifizierung
2.1.1.5	Die Identifizierung von Pilzkulturen
2.1.1.6	Die Praxis der Identifizierung von Pilzkulturen
2.1.1.7	Identifizierung von Viren
2.1.2	Gefährdungspotentiale von biologischen Agenzien
2.1.2.1	Allgemeines
2.1.2.2	Kriterien für die Beurteilung von natürlichen biologischen Agenzien im Hinblick auf das Gefährdungspotential
2.1.2.3	Risikobewertung der natütlichen Arbeitsstoffe nach ihrem Gefährdungspotential, vorwiegend gegenüber Menschen
2.1.2.4	Risikobewertung der nat. biol. Agenzien nach ihrem Gefährdungspotential gegenüber anderen Rechtsgütern nach § 1 GenTG
2.2	Einteilung von Arbeiten mit gentechnisch veränderten Organismen entsprechend den Sicherheitsstufen (§ 7 GenTG, EG-Richtlinien u.a.)
2.2.1	Sicherheitskonzepte (NIH, OECD)
2.2.2	Einteilung von Arbeiten in Sicherheitsstufen nach GenTG/GenTSV
2.2.2.1	Begriffsbestimmungen im Gentechnikrecht
2.2.2.2	Grundlagen der Sicherheitseinstufung (§ 7 GenTG, § 4 GenTSV)
2.2.2.3	Risikobewertung von Organismen (§ 5 GenTSV)
2.2.2.4	Biologische Sicherheitsmaßnahmen (§ 6 GenTSV, Anhang II GenTSV)
2.2.2.5	Sicherheitseinstufung (§ 7 GenTSV)
2.3	Gentechnisch veränderte Organismen (GVO) außerhalb gentechnischer Anlagen
2.3.1	Kriterien der Umweltgefährdung unterschiedlicher Anwendungsformen der Gentechnik
2.3.2	Freisetzungswege
2.3.3	Einfluß biologischer Parameter auf Belastungsvorgersagen
2.3.4	Auswirkungen (Effekte) auf Lebewesen und Umwelt
2.3.5	*Escherichia coli* K-12 als biologischer Sicherheitsstamm

Band 2 "Containment"

1	**Allgemeine Sicherheitsmaßnahmen**
1.1	Gute mikrobiologische Technik (GMT)
1.2	Hygieneplan
1.3	Qualitätsmanagement
2	**Verfahrenstechnik**
2.1	Anzucht des Impfmaterials für die Produktion
2.2	Rohstoffe
2.3	Sterilisation
2.4	Sterilhaltung
2.5	Fermentation
2.6	Technische Kriterien des Bioreaktors
2.7	Abernten und Abtöten
2.8	Zusammenstellung der Sicherheitsmaßnahmen in der Fermentation
2.9	Abwasserbehandlung
2.10	Isolation
3	**Anlagentechnik**
3.1	Laboratorien
3.1.1	Gebäude/Gebäude- und Haustechnik
3.1.2	Einrichtungen
3.1.3	Meß- und Regeltechnik
3.2	Produktion
3.2.1	Gebäude/Gebäude- und Haustechnik
3.2.2	Bioreaktor und Bioreaktorperipherie
3.2.3	Aufarbeitungsapparate
3.2.4	Elektro-, Meß- und Regeltechnik

Band 3 "Systemtechnik"

1	**Erfassung, Beschreibung und Bewertung der biologischen Risiken**
1.1	Ausgangslage
1.2	Vorgehen
1.3	Analyse anhand der Kausalkette
1.4	Biologische Systeme und Risikogruppen
1.5	Belastungsanalyse
1.6	Sicherheits- oder Gefährdungsanalyse
1.7	Risikobewertung
2	**Erfassung, Beschreibung und Bewertung der technischen Maßnahmen**
2.1	Untersuchungsmethoden der Anlagen und Verfahren
2.2	Sinnvolle Bausteine der Systemanalyse
2.3	Qualitätssicherung der Anlagenplanung, der Anlagenerrichtung und des Anlagenbetriebs
3	**Erfassung, Beschreibung und Bewertung der organisatorischen Maßnahmen**
3.1	Ausbildung
3.2	Personal/Bedienung
4	**Systembezogene Sicherheitsbewertung**
4.1	Beispiel

Band 4.1
"Umweltschutz - Regelwerke für den Umweltschutz"

1	**Einleitung**
1.1	Vorbemerkung
1.2	Aufgabenstellung und Lösungsstrategie
2	**Einteilung zu den Regelwerken**
2.1	Gentechnikrechtliche Regelwerke
2.2	Umweltschutzregelwerke mit allgemeiner Bedeutung für gentechnische Anlagen und gentechnisches Arbeiten
2.3	Spezialregelungen mit umweltschutzrelevanten Bestimmungen für gentechnische Anlagen und gentechnisches Arbeiten im Einzelfall
3	**Ordnungsschema und Übersichtsmatrix als Nutzungshilfen**
3.1	Erläuterungen zum Ordnungsschema und zu den dort aufgeführten gentechnischen Teilaspekten
3.2	Übersichtsmatrix zur gezielten Nutzung der einzelnen Umweltschutzregelwerke
4	**Die Regelwerke im Überblick**
5	**Gentechnikrechtliche Regelwerke**
5.1	Vorbemerkung
5.2	Detailfassung mit Hinweisen
6	**Umweltschutz-Regelwerke mit allgemeiner Bedeutung für gentechnische Anlagen und gentechnische Arbeiten**
6.1	Regelwerke - Abfall
6.2	Regelwerke Wasser- und Gewässerschutz
6.3	Regelwerke Luftreinhaltung
6.4	Spezialregelungen mit umweltschutzrelevanten Bestimmungen für gentechnische Anlagen und gentechnisches Arbeiten im Einzelfall
7	**Zusammenfassende Darstellung der regulatorischen Situation im Umweltschutzbereich mit Blick auf die Gentechnik**
8	**Literaturverzeichnis**
9	**Abkürzungsverzeichnis**

Band 4.2
"Umweltschutz - Technische und organisatorische Maßnahmen für die Abfall-, Abwasser- und Abluftbehandlung"

1	**Biologische Grundlagen für die Anforderungen an Abwasser-, Abfall- und Abluftbehandlung**
1.1	Eigenschaften der GVO und Umweltschutzmaßnahmen
1.2	Umweltrelevante Analyse der Belastung durch GVO mit Schwergewicht auf der Schnittstelle Anlage/Umwelt
1.3	Sicherheits- und Gefährdungskriterien als Grundlage für Umweltschutzmaßnahmen
2	**Technische Ausstattung**
2.1	Einleitung
2.2	Gebäude
2.3	Technische Ausrüstung
3	**Entsorgung aus gentechnischen Laboratorien**
3.1	Gesetzliche und untergesetzliche Regelungen
3.2	Methoden zur Behandlung von Abwasser, Abfall und Abluft aus gentechnischen Laboratorien
3.3	Klassifizierung der gentechnischen Laboratorien und daraus resultierende spezielle Entsorgungsanforderungen
3.4	Besondere Abfallarten
4	**Entsorgung aus gentechnischen Produktionseinrichtungen**
4.1	Zu- und Abluftanlagen
4.2	Abwasserbehandlung
4.3	Abfälle und Reststoffe
5	**Personal**
5.1	Einleitung, gesetzliche Regelungen, Grundregeln guter mikrobiologischer Technik
5.2	Beschäftigte mit gentechnischen Arbeiten
5.3	Aus-/Weiterbildung
5.4	Motivation
5.5	Arbeitsmedizinische Vorsorgeuntersuchung
6	**Umweltschutz-Kontrollen**
6.1	Selbstkontrolle
6.2	Behördliche Kontrolle
7	**Vorgehen bei Betriebsstörungen**
7.1	Unfallmaßnahmen
7.2	Notfallpläne

Band 5 "Monitoring"

1	Einleitung
2	Allgemeine Grundlagen der Molekularbiologie: Gene, Gentechnik, Anwendungsgebiete und Konzepte der biologischen Sicherheit
3	Probensammeln und Probenvorbereitung
4	**Nachweisverfahren für Mikroorganismen**
4.1	Mikrobiologie
4.2	Mikroskopie
4.3	Immunologie
4.4	Biophysik und Biochemie
4.5	Nukleinsäuretechniken
5	**Eigenschaften gentechnisch veränderter Mikroorganismen**
6	**Gentransfer**
7	**Nachweis von Kontaminanten in Zellkulturen**
8	**Nachweisverfahren für nicht organismische biologisch aktive Substanzen aus biologischen Agenzien**
9	**Monitoring von Wirkungen**
9.1	Einfluß auf Mensch, Tier, Pflanze
9.2	Umwelteinflüsse
11	**Modellsysteme zur Risikoermittlung**
11.1	Labormaßstab, Produktion, "GILSP"
11.2	Umwelt, Mikrokosmen, Feldversuche
12	**Durchführung und Ergebnisse von Monitoring-Programmen**

Band 6 "Regelwerke"

1	**Gesetzliche Vorschriften (außer den gentechnikrechtlichen Vorschriften)**
1.1	Gentechnikrechtliche Vorschriften
1.2	Seuchenrechtliche Vorschriften
1.3	Spezielle umweltschutzrechtliche Vorschriften
1.4	Sonstige Rechtsvorschriften
1.5	Verfahrens- und prozeßrechtliche Vorschriften
2	**Deutsche Empfehlungen, Richtlinien, technische Anweisungen, allgemeine Verwaltungsvorschriften und sonstige untergesetzliche Regelwerke**
2.1	Entscheidungen des Länderausschusses Gentechnik
2.2	Stellungnahmen der ZKBS
2.3	Verwaltungsvorschriften, untergesetzliche technische Regelwerke
3	**Vorschriften, die für den Arbeitsschutz beim Betrieb gentechnischer Anlagen zu berücksichtigen sind**
4	**Formblätter**
5	**Europarechtliche Regelungen**
5.1	Europarechtliche Vorbemerkungen
6	**Völkerrechtliche Vorschriften**
7	**Internationale Empfehlungen, Richtlinien und sonstige nichtverbindliche Standards**
8	**Wichtige ausländische Regelungen**
8.1	Vereinigte Staaten von Amerika
8.2	Japan
8.3	Schlußfolgerungen